IBM教育学院教育培养计划指定教材
英特尔软件学院教育培养计划指定教材

数据库管理

Database Management

师鸣若　张彦丽　马传连　编著

科学出版社
www.sciencep.com

·北京·

内 容 简 介

本书详细介绍了 SQL Server 数据库的基础知识、语言基础以及利用 SQL Server 2000 进行数据库开发等内容，还讲解了 DB2 数据库的基本知识。全书利用大量示例对重点内容进行讲解、分析，并强调可操作性，对于每一个例子都有详细的操作步骤。

本书共 14 章，内容包括数据库基础、安装与卸载 SQL Server 2000、企业管理器与查询分析器、SQL Server 2000 的部署、数据表的创建与编辑、TSQL、视图技术、SQL Server 2000 中的索引技术、存储过程、触发器概述、事务、用户和安全性管理、备份和恢复以及 DB2 基础。

本书适合于 SQL Server 数据库设计领域的初学者和高级开发者，同时可作为大专院校相关专业的教材。本书已被选为"IBM 教育学院"、"英特尔软件学院"教育培养计划指定教材。

需要本书或技术支持的读者，请与北京清河 6 号信箱（邮编：100085）发行部联系，电话：010-62978181（总机）转发行部、010-82702675（邮购），传真：010-82702698，E-mail：tbd@bhp.com.cn。

图书在版编目（CIP）数据

数据库管理/师鸣若，张彦丽，马传连编著．—北京：科学出版社，2009

IBM 教育学院教育培养计划指定教材．英特尔软件学院教育培养计划指定教材

ISBN 978-7-03-025493-1

Ⅰ．数… Ⅱ．①师… ②张… ③马… Ⅲ．数据库管理系统—职业教育—教材 Ⅳ．TP311.13

中国版本图书馆 CIP 数据核字（2009）第 157951 号

责任编辑：邓伟 ／责任校对：马君
责任印刷：密东 ／封面设计：青青果园

科学出版社 出版
北京东黄城根北街 16 号
邮政编码：100717
http://www.sciencep.com

北京市密东印刷有限公司印刷
科学出版社发行 各地新华书店经销

*

2009 年 11 月第 1 版 开本：787mm×1092mm 1/16
2009 年 11 月第 1 次印刷 印张：17
印数：1—2 000 字数：394 千字

定价：32.00 元

前 言

IBM 是关系型数据库的鼻祖，它开创了人们对业务数据的管理和应用的新纪元。SQL(Structured Query Language，结构查询语言)是一个功能强大的数据库语言，通常使用于数据库的通讯。ANSI（美国国家标准学会）声称，SQL 是关系数据库管理系统的标准语言。SQL 语句通常用于完成一些数据库的操作任务，比如在数据库中更新数据，或者从数据库中检索数据。使用 SQL 的常见关系数据库管理系统有：Oracle、Sybase、Microsoft SQL Server、Access、Ingres 等。虽然绝大多数的数据库系统使用 SQL，但是它们同样有另外的专有扩展功能用于它们的系统。标准的 SQL 命令，比如 Select、Insert、Update、Delete、Create 和 Drop 常常被用于完成绝大多数数据库的操作。

SQL Server 2000 是微软公司的旗舰企业级数据库产品，它是在 SQL Server 7.0 建立的坚固基础之上产生的，并对 SQL Server 7.0 做了大量的扩展。SQL Server 2000 通过对高端硬件平台以及最新网络和存储技术的支持，可以为最大的 Web 站点和企业级的应用提供可扩展性和高可靠性。它具有完全的 Web 功能，支持扩展标记语言（XML）并且拥有一个新的、集成的数据挖掘引擎，使用户可以快速创建下一代的可扩展电子商务和数据仓库解决方案。本书还对 IBM 的 DB2 数据库的基础知识进行了讲解，使读者可以对 DB2 数据库有一个初步的认识。

本书适合于数据库设计领域的初学者和有一定基础的开发人员，同时还可作为院校的相关专业教材。

本书由师鸣若、张彦丽、马连传编著，书中的第 1 章、第 2 章、第 14 章由师鸣若负责，第 3 章~第 7 章由张彦丽负责，第 8 章~第 13 章由马连传负责。参与本书编写工作的还有普宁、丁国栋、白云、郭慧梅、马义词、姜中华、刘在强、王帅、荣建民、王飞、马喜等。

编 者

IBM 教育学院认证体系

IBM 教育学院认证体系是顺应 IT 认证市场规律，推陈出新的一项 IT 专业技能认证，拥有 IBM 教育学院认证资格的专业人士具有相应认证实际工作的基本能力和基本技能。

IBM 教育学院认证体系包括电子商务、Java 软件开发、软件测试、数据库管理、数据分析及数据建模、网络管理、IT 销售、IT 技术支持方向。

一、认证体系概述

IBM 教育学院认证体系提供了 8 个认证方向，它们所代表的专业水平相当于 IBM 认证电子商务师、IBM 认证软件开发员、IBM 认证数据库管理员、IBM 认证网络管理员、IBM 认证软件测试员、IBM 认证数据建模员、IBM 认证销售工程师、IBM 认证技术支持工程师。

- ❑ **IBM 认证电子商务师**：了解电子商务和信息技术的基础知识，掌握本专业知识的体系结构和整体概貌。主要内容包括：电子商务的基本概念和原理，电子商务的现状和发展，电子商务的特点、电子商务的类型、电子商务模型、计算机技术、程序设计、操作系统、编译系统、数据库系统、通信技术、网络技术、Internet、EDI 技术、电子支付技术、安全等技术的概述，电子商务系统的构成及其开发工具、电子商务整体解决方案与案例介绍。可从事网上信息交换与业务交流、网络营销、电子订单处理、网上采购、网页制作、网站后台管理等工作。

- ❑ **IBM 认证 Java 软件开发员**：具有 Java 软件开发的基本能力、掌握 Java 核心技术概念、掌握 Java 编码规则、掌握 JDBC 操作基础、熟悉理解 Java 远程方法调用、掌握 Java 网络编程基础。可从事中低端软件开发类工作。

- ❑ **IBM 认证数据库管理员**：具有数据库开发及管理的基本技能，熟悉并理解数据基本对象概念及操作，掌握数据库设计的基本原则。可从事数据库开发、数据库维护及管理工作。

- ❑ **IBM 认证网络管理员**：掌握负责规划、监督、控制网络资源的使用和网络的各种活动，以使网络的性能达到最优的技能。可以从事计算机网络运行、维护类工作。

- ❑ **IBM 认证软件测试员**：掌握软件测试的基本技能、熟悉并理解软件测试基本概念和测试的必要性、熟悉掌握测试用例的做成、熟悉掌握相关测试工具的使用。可从事软件测试类工作。

- ❑ **IBM 认证数据建模员**：掌握需求开发与需求管理的理念，建立正确的需求观，掌握需求工程总体框架；需求开发和需求管理的方法与使用原则；需求的业务需求、用户需求和功能需求三个层次之间的关系、作用、权利与责任；需求获取、分析、编写和确认的方法与手段；需求原型的管理和实现；建模技术和需求规格说明书的编写方法；变更控制、版本控制、需求状态跟踪和需求跟踪的技术和方法。可从事数据库需求分析、架构分析及数据库模型设计工作。

- ❑ **IBM 认证销售工程师**：掌握基本的销售技巧，提高学员对市场的敏感性和对市场的观察与分析力，具有独立管理和策划商品销售的能力。可从事和 IT 相关的各类销售工作。

❑ **技术支持工程师**：掌握 IT 技术，为企业计算机办公提供完整的解决方案和维护策略，并具有对新技术的敏感触觉，及时把握技术发展。可从事和 IT 相关的各类技术服务工作。

二、IBM 教育学院认证和途径

IBM 教育学院认证面向的是各大院校学生与 IBM 教育学院授权培训中心学员。要获得职业认证体系中的不同认证证书，都必须通过认证考试。

注：IBM 教育学院的技术认证，不需要考生预先具有任何认证证书，只需要通过相应的专项技术考试即可。

IBM 教育学院

目　　录

第1章 数据库基础

纵观当今的商用数据库市场，称之为群雄割据毫不为过。自20世纪70年代关系模型被提出后，由于其突出的优点，迅速被商用数据库系统所采用。据统计，20世纪70年代以来新发展的DBMS系统中，近百分之九十是采用关系数据模型，其中涌现出了许多性能优良的商品化关系数据库管理系统。例如，小型数据库系统FoxPro、ACCESS、PARADOX等，大型数据库系统DB2、INGRES、ORACLE、INFORMIX、SYBASE、SQL SERVER等。20世纪80年代和90年代是RDBMS产品发展和竞争的时代，各种产品经历了从集中到分布，从单机环境到网络环境，从支持信息管理到联机事务处理（OLTP），再到联机分析处理（OLAP）的发展过程。对关系模型的支持也逐步完善，系统的功能不断增强。

SQL Server是当今市场上功能最强大的数据库引擎之一。对于门外汉来说，学习SQL Server可能是件令人胆怯的事情，但事实上SQL Server掌握起来并不难。

为了能够更加系统地了解数据库，以下将对数据库的基础进行大概的介绍。

本章重点

◆ 数据模型
◆ 关系代数
◆ 关系数据库规范化理论

1.1 数据库的发展与现状

1. 对关系模型的支持

第一阶段（70年代）：RDBMS仅支持关系数据结构和基本的关系操作（选择、投影、连接）。例如：DBASE之流。

第二阶段（80年代）：对关系操作的支持已经比较完善，但是对数据完整性的支持仍然较差。此时，SQL语言已经成为关系数据库的标准，各家对SQL标准的支持还都是不错的（几乎全不是超水平发挥）。

第三阶段（90年代）：产品加强了数据完整性和安全性的性能。完整性的控制在核心层实现，克服了在工具层的完整性可能存在"旁路"的弊病。

2. 运行环境

第一阶段在大型、中性、小型机上运行的RDBMS一般为多用户系统，用户通过终端并发地存取、共享数据资源。微机上运行的一般为单用户版本。

第二阶段的产品在两个发展方向。一个方向是提高可移植性，使之能在多种硬件平台和操作系统下工作；另一个方向是数据库联网，向分布式系统发展，支持多种网络协议。

第三阶段的产品追求开放性，满足可移植性、可连接性、可伸缩性。

3. 系统构成

早期的产品主要提供数据定义、数据存取、数据控制等基本的操作和数据存储组织、并发控制、安全性完整性检查、系统恢复、数据库的重新组织和重新构造等基本功能。这些成为RDBMS 的核心功能。

第二阶段的产品以数据管理的基本功能为核心，着力开发外围软件系统，比如 FORMS 表格生成系统、REPORTS 报表系统、MENUS 菜单生成系统等。这些外围工具软件就是所谓的第四代应用开发环境，它们大大提高了数据库应用开发的效率。

4. 对应用的支持

RDBMS 的第一代产品主要用于信息管理领域，这些应用对联机速度的要求不是很高。

第二阶段的主要应用领域转移到了联机事务处理上，提高事务吞吐量，提高事务联机响应性能是各个商家的重点问题。相对应的关键实现技术是性能，提高 RDBMS 对联机事务响应速度；可靠性，由于联机事务不允许 RDBMS 间断运行，在发生故障、软硬件故障时均能有相应的恢复能力，保证联机事务的正常运行、撤销和恢复。保证数据的完整性和移植性。

第三阶段的热点是联机分析处理。用户希望数据库系统不仅能够迅速、完美地完成数据处理的任务，而且希望它能有一定的辅助决策的能力。

1.2　数据模型

在数据库技术中，一般用模型的概念描述数据库的结构与语义，对现实世界进行抽象。表示实体类型及实体间联系的模型称为数据模型。

数据模型是数据关系的结构形式，通常数据模型存在以下三种形式。

● 层次模型：树状结构（图 1-1）。
● 网络模型：图状结构（图 1-1）。
● 关系模型：数学化模型，关系结构的二维表（表 1-1）。

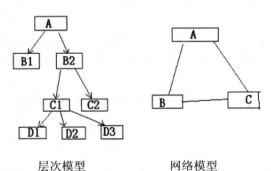

层次模型　　　　　　　网络模型

图 1-1　层次模型与网络模型

表 1-1　数学化模型二维表

编号	姓名	性别
1001	张三	男
1002	王平	女

编号	姓名	性别
1003	李燕	女
1004	马明	男

1.2.1　关系模型的基本概念

关系模型是目前最为流行的一种数据模型，用二维表格结构表示实体集，用关键码表示实体间的联系。

1. 关系模型的基本术语

在传统的数据库技术、关系模型和典型的关系数据库语言 SQL 中使用的术语有些不同，如表 1-2 所示。

表 1-2　基本术语

数据库技术的术语	关系模型术语	SQL 术语
记录类型	关系模型	基本表
记录	元组	行
文件	关系、实例	基本表、表格
属性、字段、数据项	属性	列

2. 键（key）

键（关键码）是关系模型的一个重要概念，有下列几种键。

● 超键（super key）：在关系模型中，能唯一标识元组的属性集称为超键。
● 候选键（candidate key）：如果一个属性集能唯一标识元组，且又不含有多余属性，那么这个属性集称为候选键。
● 主键（primary key）：关系模式中用户正在使用的候选键称为主键。一般，如不加说明，键是指主键。
● 外键（foreign key）：如果模式 R 中某属性集是其他模式的候选键，那么该属性集对模式 R 而言是外键。

关系中每一个属性都有一个取值范围，这个取值范围称为属性的值域。每一个属性对应一个值域，不同的属性可对应同一个值域。

3. 关系的定义

一个关系就是一张二维表。每个关系有一个关系名，在电脑中可以作为一个文件存储起来。关系模型遵循数据库的三级体系结构是：关系模式、关系子模式和存储模式。

4. 关系模式

数据库的概念模式定义为关系模式的集合。每个关系模式就是一个记录类型。关系模式的定义包括模式名、属性名、值域名以及模式的主键。由于不涉及到物理存储方面的细节，因此关系模式仅仅是对数据本身特性的描述。

【例 1.2.1】教学数据库有三个关系模式如图 1-2 所示，图 1-3 则是这个数据库的三个具体关系。

```
学生关系模式 S (S#, SNAME, AGE, SEX)
学生关系模式 SC (S#, C#, GRADE)
课程关系模式 C (C#, CNAME, TEACHER)
```

图 1-2　关系模式集

S

S#	SNAME	AGE	SEX
S1	Li	20	M
S4	Zhong	19	F
S2	Liu	20	M
S3	Chen	22	F
S8	Wu	18	F

SC

S#	C#	GRADE
S1	C1	90
S3	C1	80
S1	C2	70
S3	C2	85
S2	C3	95
S8	C3	65
S2	C4	80
S4	C4	80

C

C#	CNAME	TEACHER
C2	Maths	Ma
C4	Physics	Shi
C3	Chemistry	Zhou
C1	Database	Li

图 1-3　三个具体关系

5. 关系子模式

子模式是用户所用到的那部分数据的描述。除了指出用户用到的数据外，还应指出数据与模式中相应数据的联系，即指出子模式与模式之间的对应性。

【例 1.2.2】用户经常用到子模式 G（图 1-4）的数据，这个子模式的构造过程如图 1-5 所示。

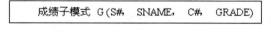

```
成绩子模式 G (S#, SNAME, C#, GRADE)
```

图 1-4　关系子模型

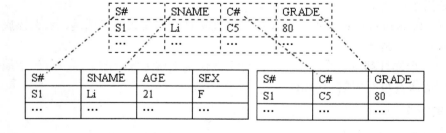

图 1-5　关系子模型 G 的定义

6. 存储模式

关系存储是作为文件看待的，每个元组就是一个记录。由于关系模式有键，因此存储一个关系可用散列方法或索引方法实现。如果关系的元组数据较少（100 个左右），那么也可以用"堆文件"方法实现（即没有特定的次序）。此外，还可以对任意的属性集建立辅助索引。

1.2.2　关系模型的三类完整性规则

为了保证数据库中数据与现实世界的一致性，关系数据库的数据与更新操作必须遵循下列三类完整性规则。

- 实体完整性规则（entity integrity rule）：这条规则要求关系中的元组在主键的属性上不能有空值。如果出现空值，那么主键值就起不了唯一标识元组的作用。
- 引用完整性规则（reference integrity rule）：这条规则要求"不允许引用不存在的元组"。这条规则也称为"参照完整性规则"。
- 用户定义的完整性规则：这是针对某一具体数据的约束条件，由应用环境决定。它反映某一具体应用所涉及的数据必须满足的语义要求。系统提供定义和检验这类完整性的机制，以便用统一的系统方法处理它们，不再由应用程序承担这项工作。例如将学生的年龄定义为两位整数，范围还太大，可以进一步限制为 15—30 之间。

1.2.3　关系模型的形式定义

关系模型由三部分组成：数据结构、数据操作和完整性规则。

- 数据结构：数据库中全部数据及其相互联系都被组织成关系（即二维表格）的形式。关系模型只有一种数据结构——关系。
- 数据操作：关系模型提供一组完备的关系运算，以支持对数据库的各种操作。关系运算的理论是关系代数和关系演算。关系数据库的数据操纵语言（DML）以关系运算理论为基础来实现。
- 完整性规则：关系模型有三类完整性规则（在 1.2.2 节已经介绍）。

1.2.4　ER 模型向关系的转换

ER 模型的主要成分是实体类型和联系类型。

对于实体类型，可以将每个实体类型转换成一个关系模式，实体的属性为关系的属性，实体标识符为关系式的键。

对于联系类型，要视不同情况作不同处理。

- 若实体间联系是 1∶1，可以在两个实体类型转换成的两个关系模式中的任意一个模式内加入另一个模式的键和联系类型的属性。
- 若实体间联系是 1M，则在 M 端实体类型转换成的关系模式中加入 1 端实体类型的键和联系类型的属性。
- 若实体间联系是 M∶N 联系，则将联系类型也转换成为关系模式，其属性为两端实体类型的键加上联系类型的属性，其键为两端实体类型键的组合。

1.3　关系代数

关系数据库的查询语言分成以下两大类。

- 关系代数语言：查询操作是以集合操作为基础的运算。

● 关系演算语言：查询操作是以谓词演算为基础的运算。

关系代数是以集合为基础发展起来的，它是以关系为运算对象的一组高级运算的集合。

在此只介绍关系代数运算基本的关系操作，如对其他方面有兴趣可以参照有关的书籍。

1. 并（union）

设关系 R 和关系 S 具有相同的目 n（即两个关系都有 n 个属性），且相应的属性取自同一个域，则关系 R 与关系 S 的并由属于 R 或属于 S 的元组组成。其结果关系仍为 n 目关系。记作：

$R \cup S = \{t | t \in R \lor t \in S\}$

2. 差（difference）

设关系 R 和关系 S 具有相同的目 n，且相应的属性取自同一个域，则关系 R 与关系 S 的差由属于 R 而不属于 S 的所有元组组成。其结果关系仍为 n 目关系。记作：

$R - S = \{t | t \in R \land t \neg \in S\}$ （$\neg \in$ 表示不属于）

3. 笛卡儿积（cartesian product）

给定一组域 $D_1, D_2, \cdots, D_n$，这些域中可以有相同的。$D_1, D_2, \cdots, D_n$ 的笛卡儿积如下。

$D_1 \times D_2 \times \cdots \times D_n = \{(d_1, d_2, \cdots, d_n) | d_i \in D_i, (i=1,2,\cdots,n)\}$

其中每一个元素 $(d_1, d_2, \cdots, d_n)$ 叫做一个 n 元组或简称元组。元组中的每一个值 d_i 叫做一个分量。

若 D_i（$i=1,2,\cdots,n$）为有限集，其基数为 m_i（$i=1,2,\cdots,n$），则 $D_1 \times D_2 \times \cdots \times D_n$ 的基数 M 为 m_i 的积。

4. 投影（projection）

关系 R 上的投影是从 R 中选择出若干属性列组成新的关系。记作：$\Pi A(R) = \{t[A] | t \in R\}$，其中 A 为 R 中的属性列。

5. 选择（selection）

选择又称为限制（Restriction）。它是在关系 R 中选择满足给定条件的元组，记作：

$\sigma F(R) = \{t | t \in R \land F(t) = '真'\}$

其中 F 表示选择条件，它是一个逻辑表达式，取逻辑值"真"或"假"。

逻辑表达式 F 的基本形式为：$X1 \theta Y1 [\varphi X2 \theta Y2] \ldots [\varphi Xn \theta Yn]$

θ 表示比较运算符，它可以是 >、≥、<、≤、= 或 ≠。X1、Y1 等是属性名、常量或简单函数。属性名也可以用它的序号来代替。φ 表示逻辑运算符，它可以是 ⅂、∧ 或 ∨。[ ] 中的值表示任选项，即[ ]中的部分可以要也可以不要。…表示上述格式可以重复下去。

因此选择运算实际上是从关系 R 中选取使逻辑表达式 F 为真的元组。这是从行的角度进行的运算。

6. 交（intersection）

设关系 R 和关系 S 具有相同的目 n，且相应的属性取自同一个域，则关系 R 与关系 S 的交由既属于 R 又属于 S 的元组组成。其结果关系仍为 n 目关系。记作：

$R \cap S = \{t | t \in R \land t \in S\}$

【例 1.3.1】图 1-6 有两个关系 R 和 S。图 1-7 的（a）和（b）分别表示 R∪S 和 R—S。（c）表示 R×S。此处 R 和 S 的属性名相同，就在属性名前标上相应的关系名，如 R.A，S.A 等。（d）表示 ΠA，C（R），即 Π1，3（R）。（e）表示 σB='b'（R），（f）表示 R∩S。

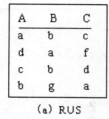

图 1-6 两个关系

(左) （a）关系 R

A	B	C
a	b	c
d	a	f
c	b	d

(右) （b）关系

A	B	C
b	g	a
d	a	f

7. 连接（join）

连接也称为 θ 连接。它是从两个关系的笛卡尔积中选取属性间满足一定条件的元组。记作：

$$R \underset{A \theta B}{\bowtie} S = \{ \widehat{t_r t_s} \mid t_r \in R \wedge t_s \in S \wedge t_r[A] \; \theta \; t_s[B] \}$$

其中 A 和 B 分别为 R 和 S 上度数相等且可比的属性组。θ 是比较运算符。连接运算从 R 和 S 的笛卡尔积 R×S 中选取（R 关系）在 A 属性组上的值与（S 关系）在 B 属性组上的值满足比较关系 θ 的元组。

（a）RUS

A	B	C
a	b	c
d	a	f
c	b	d
b	g	a

（b）R—S

A	B	C
a	b	c
c	b	d

（c）R×S

R.A	R.B	R.C	S.A	S.B	S.C
a	b	c	d	g	a
a	b	c	d	a	f
d	a	f	b	g	a
d	a	f	b	a	f
c	b	d	b	g	a
c	b	d	b	a	f

（d）ΠA,C(R)

A	C
a	c
d	f
c	d

（e）σB='b'(R)

A	B	C
a	b	c
c	b	d

（f）R∩S

A	B	C
a	b	c
c	b	d

图 1-7 关系代数操作

连接运算中有两种最为重要也最为常用的连接，一种是等值连接（equi-join），另一种是自然连接（Natural join）。

θ 为 "＝" 的连接运算称为等值连接。它是从关系 R 与 S 的笛卡尔积中选取 A、B 属性值相等的那些元组，即等值连接如下。

$$R \underset{A=B}{\bowtie} S = \{ \widehat{t_r \ t_s} | t_r \in R \wedge t_s \in S \wedge t_r[A] = t_s[B] \}$$

自然连接（Natural join）是一种特殊的等值连接，它要求两个关系中进行比较的分量必须是相同的属性组，并且要在结果中把重复的属性去掉。即若 R 和 S 具有相同的属性组 B，则自然连接可记作：

$$R \bowtie S = \{ \widehat{t_r \ t_s} | t_r \in R \wedge t_s \in S \wedge t_r[B] = t_s[B] \}$$

一般的连接操作是从行的角度进行运算。但自然连接还需要取消了重复列，所以是同时从行和列的角度进行运算。

【例 1.3.2】图 1-8 有（a）、（b）两个关系 R 和 S，（c）表示 R⋈S。

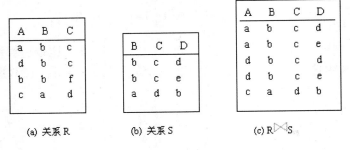

(a) 关系 R   (b) 关系 S   (c) R⋈S

图 1-8 自然联接例子

8. 除（division）

给定关系 R（X，Y）和 S（Y，Z），其中 X，Y，Z 为属性组。R 中的 Y 与 S 中的 Y；可以有不同的属性名，但必须出自相同的域集。R 与 S 的除运算得到一个新的关系 P（X），P 是 R 中满足下列条件的元组在 X 属性列上的投影，即元组在 X 上分量值 x 的象集 Yx 包含 S 在 Y 上投影的集合。记作：

$$R \div S = \{ t_r[X] | t_r \in R \wedge Yx \supseteq \Pi Y(S) \}$$

其中 Yx 为 x 在 R 中的象集，x=$t_r[X]$。

【例 1.3.3】图 1-9 有（a）、（b）两个关系 R 和 S，（c）表示 R÷S。

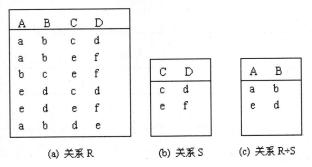

(a) 关系 R   (b) 关系 S   (c) 关系 R÷S

图 1-9 除法操作的例子

1.4 关系数据库规范化理论

在关系模型中，一个数据库模式是关系模式的集合。关系数据库的规范化理论（即"模式设计理论"），主要研究如何从多种可能的组合中选取一个合适的、性能好的关系模式的集合作为数据库模式。

本节将介绍函数依赖、模式分解特性、范式等基本概念。

1.4.1 关系模式的问题

一个关系模式应当是一个五元组。

R 〈U,D,DOM,F〉

其中关系名 R 是符号化的元组语义；一组属性 U；属性组 U 中属性所来自的域 D；属性到域的映射 DOM；属性组 U 上的一组数据依赖 F。

- 由于 D 和 DOM 对模式设计关系不大，因此在本章中把关系模式看作是一个三元组 R 〈U,F〉。
- 当且仅当 U 上的一个关系 r 满足 F 时，r 称为关系模式 R 〈U,F〉的一个关系。
- 关系，作为一张二维表，对它有一个最起码的要求：每一个分量必须是不可分的数据项。满足了这个条件的关系模式就属于第一范式（1NF）。
- 研究模式设计是研究设计一个"好"的（没有"毛病"的）关系模式的办法。数据依赖是通过一个关系中属性间值的相等与否体现出来的数据间的相互关系。它是现实世界属性间相互联系的抽象，是数据内在的性质，是语义的体现。现在人们已经提出了许多种类型的数据依赖，其中最重要的是函数依赖（Functional Dependency 简记为 FD）和多值依赖（Multivalued Dependency 简记为 MVD）。
- 函数依赖极为普遍地存在于现实生活中，比如描述一个学生的关系，可以有学号（SNO）、姓名（SNAME）、系名（SDEPT）等几个属性。由于一个学号只对应一个学生，一个学生只在一个系学习，因而当"学号"值确定之后，姓名和该生所在系的值也就被唯一地确定了。就像自变量 x 确定之后，相应的函数值 f(x) 也就唯一地确定了一样。SNO 函数决定 SNAME 和 SDEPT，或者说 SNAME 和 SDEPT 函数依赖于 SNO，记为：SNO→SNAME，SNO→SDEPT。

现在建立一个数据库来描述学生的一些情况。

面临的对象有学生（用学号 SNO 描述）、系（用系名 SDEPT 描述）、系负责人（用其姓名 MN 描述）、课程（用课程名 CNAME 描述）和成绩（G）。

现实世界的已知事实如下。

- 一个系有若干学生，但一个学生只属于一个系。
- 一个系只有一名（正职）负责人。
- 一个学生可以选修多门课程，每门课程有若干学生选修。
- 每个学生学习每一门课程有一个成绩。

如果只考虑函数依赖这一种数据依赖，就得到了一个描述学校的数据库模式 S 〈U，F〉，它由一个单一的关系模式构成，如下。

U = { SNO，SDEPT，MN，CNAME，G }

F = { SNO→SDEPT，SDEPT→MN，(SNO，CNAME)→G }

1. 插入异常

如果一个系刚成立尚无学生，或者虽然有了学生但尚未安排课程。那么就无法把这个系及其负责人的信息存入数据库。

2. 删除异常

反过来，如果某个系的学生全部毕业了，在删除该系学生选修课程的同时，把这个系及其负责人的信息也丢掉了。

3. 冗余太大

比如，每一个系负责人的姓名要与该系每一个学生的每一门功课的成绩出现的次数一样多。这样，一方面浪费存储，另一方面系统要付出很大的代价来维护数据库的完整性。如果系负责人更换后，就必须逐一修改有关的每一个元组。

为什么会发生插入异常和删除异常呢？

这是因为这个模式中的函数依赖存在某些不好的性质。假如把这个单一的模式改造一下，分成三个关系模式，如下。

S〈SNO，SDEPT，SNO→SDEPT〉；
SG〈SNO，CNAME，G，(SNO，CNAME)→G〉；
DEPT〈SDEPT，MN，SDEPT→MN〉；

这三个模式都不会发生插入异常、删除异常的毛病，数据的冗余也得到了控制。

一个模式的函数依赖会有哪些不好的性质，如何改造一个不好的模式，这是规范化理论讨论的内容。

关系数据库规范化理论主要包括以下三方面的内容。

- 数据依赖：指数据之间存在的各种联系和约束，例如键（key）就是一种依赖。函数依赖是最基本的一种依赖。
- 范式：模式分解的标准形式。
- 模式设计方法：设计规范的数据库模式的方法。

1.4.2 函数依赖

【定义 1.1】设 R(U) 是属性集 U 上的关系模式。X 和 Y 是 U 的子集。若对于 R(U) 的任意一个可能的关系 r，r 中不可能存在两个元组在 X 上的属性值相等，而在 Y 上的属性值不等，则称 X 函数确定 Y 或 Y 函数依赖于 X，记作 X→Y。

下面介绍一些术语和记号。

- X→Y，但 $Y \nsubseteq X$，则称 X→Y 是非平凡的函数依赖。若不特别声明，总是讨论非平凡的函数依赖。
- X→Y，但 $Y \subseteq X$，则称 X→Y 是平凡的函数依赖。
- 若 X→Y，则 X 叫做决定因素（Determinant）。
- 若 X→Y，且 Y→X，则记作 X←→Y。
- 若 Y 不函数依赖于 X，则记作 X$\nrightarrow$Y。

【定义 1.2】在 R(U) 中，如果 X→Y，并且对于 X 的任何一个真子集 X'，都有 X'$\nrightarrow$Y，则称 Y 对 X 完全函数依赖，记作：$X \xrightarrow{f} Y$。

若 X→Y，但 Y 不完全函数依赖于 X，则称 Y 对 X 部分函数依赖，记作 $X \xrightarrow{p} Y$。

【定义 1.3】在 R（U）中，如果 X→Y，$Y \nsubseteq X$，Y$\nrightarrow$X，Y→Z，则称 Z 对 X 传递函数依赖。

加上条件 $Y \nrightarrow X$ 是因为如果 $Y \rightarrow X$，则 $X \longleftrightarrow Y$，实际上是 $X \xrightarrow{\text{直接}} Z$，是直接函数依赖而不是传递函数依赖。

1.4.3　范式

关系数据库中的关系是要满足一定要求的，满足不同程度要求的为不同范式。满足最低要求的叫第一范式，简称 1NF。在第一范式中满足进一步要求的为第二范式，其余以此类推。

R 为第几范式就可以写成 $R \in xNF$。

对于各种范式之间的联系有 $5NF \subset 4NF \subset BCNF \subset 3NF \subset 2NF \subset 1NF$ 成立。

一个低一级范式的关系模式，通过模式分解可以转换为若干个高一级范式的关系模式的集合，这种过程就叫规范化。

1.4.4　2NF 范式

【定义 1.4】若 $R \in 1NF$，且每一个非主属性完全函数依赖于码，则 $R \in 2NF$。

下面举一个不是 2NF 的例子。

关系模式 S-L-C（SNO,SDEPT,SLOC,CNO,G），其中 SLOC 为学生的住处，且每个系的学生住在同一个地方。这里码为（SNO,CNO）。函数依赖如下。

$(SNO,CNO) \xrightarrow{f} G$

$SNO \rightarrow SDEPT, (SNO,CNO) \xrightarrow{f} SDEPT$

$SNO \rightarrow SLOC, (SNO,CNO) \xrightarrow{f} SLOC$

一个关系模式 R 不属于 2NF，就会产生插入异常、删除异常、冗余度大。

分析上面的例子，可以发现问题在于有两种非主属性。一种如 G，它对码是完全函数依赖。另一种如 SDEPT、SLOC 对码不是完全函数依赖。解决的办法是用投影分解把关系模式 S-L-C 分解为两个关系模式。

SC（SNO,CNO,G）

S-L（SNO,SDEPT,SLOC）

关系模式 SC 的码为（SNO,CNO），关系模式 S-L 的码为 SNO，这样就使得非主属性对码都是完全函数依赖了。

1.4.5　3NF 范式

【定义 1.5】关系模式 R〈U,F〉中若不存在这样的码 X，属性组 Y 及非主属性 $Z(Z \subsetneq Y)$ 使得 $X \rightarrow Y$，$(Y \nrightarrow X)$ $Y \rightarrow Z$ 成立，则称 R〈U,F〉$\in 3NF$。

由定义 1.5 可以证明，若 $R \in 3NF$，则每一个非主属性既不部分依赖于码也不传递依赖于码。

一个关系模式 R 若不是 3NF，也会产生插入异常、删除异常、冗余度大等问题。

解决的办法同样是将 S-L 分解为 S-D〈SNO，SDEPT〉D-L〈SDEPT，SLOC〉。分解后的关系模式 S-D 与 D-L 中不再存在传递依赖。

1.4.6 4NF 范式

【定义 1.6】关系模式 R〈U，F〉∈1NF，如果对于 R 的每个非平凡多值依赖 X→→Y〈Y，X〉，X 都含有码，则称 R〈U，F〉∈4NF。

4NF 就是限制关系模式的属性之间不允许有非平凡且非函数依赖的多值依赖。因为根据定义，对于每一个非平凡的多值依赖 X→→Y，X 都含有候选码，于是就有 X→Y，所以 4NF 所允许的非平凡的多值依赖实际上是函数依赖。

显然，如果一个关系模式是 4NF，则必为 BCNF。

多值依赖的毛病在于数据冗余太大。可以用投影分解的方法消去非平凡且非函数依赖的多值依赖。

函数依赖和多值依赖是两种最重要的数据依赖。如果只考虑函数依赖，则属于 BCNF 的关系模式规范化程度已最高了。如果考虑多值依赖，则属于 4NF 的关系模式规范化程度是最高的。

1.4.7 BCNF 范式

【定义 1.7】关系模式 R〈U，F〉∈1NF。若 X→Y 且 YX 时 X 必含有码，则 R〈U，F〉∈BCNF。也就是说，关系模式 R〈U，F〉中，若每一个决定因素都包含码，则 R〈U，F〉∈BCNF。

由 BCNF 的定义可以得到的结论是，一个满足 BCNF 的关系模式包括以下几点。

- 所有非主属性对每一个码都是完全函数依赖。
- 所有的主属性对每一个不包含它的码，也是完全函数依赖。
- 没有任何属性完全函数依赖于非码的任何一组属性。

下面用几个例子说明属于 3NF 的关系模式有的属于 BCNF，但有的不属于 BCNF。

【例 1.4.1】关系模式 SJP（S，J，P）中，S 是学生，J 表示课程，P 表示名次。每一个学生选修每门课程的成绩有一定的名次，每门课程中每一名次只有一个学生（即没有并列名次）。由语义可得到如下的函数依赖。

（S，J）→P，（J，P）→S

所以（S，J）与（J，P）都可以作为候选码。这两个码各由两个属性组成，而且它们是相交的。这个关系模式中显然没有属性对码传递依赖或部分依赖。所以 SJP∈3NF，而且除（S，J）与（J，P）以外没有其他决定因素，所以 SJP∈BCNF。

【例 1.4.2】关系模式 STJ（S，T，J）中，S 表示学生，T 表示教师，J 表示课程。每一教师只教一门课。每门课有若干教师，某一学生选定某门课，就对应一个固定的教师。由语义可得到如下的函数依赖。

（S，J）→T；（S，T）→J；T→J。

这里（S，J），（S，T）都是候选码。

STJ 是 3NF，因为没有任何非主属性对码传递依赖或部分依赖。但 STJ 不是 BCNF 关系，因为 T 是决定因素，而 T 不包含码。

3NF 的"不彻底性"表现在可能存在主属性对码的部分依赖和传递依赖。非 BCNF 的关系模式也可以通过分解成为 BCNF。例如 STJ 可分解为 ST（S，T）与 TJ（T，J），它们都是 BCNF。

一个模式中的关系模式如果都属于 BCNF，那么在函数依赖范畴内，它已实现了彻底的分离，已消除了插入和删除的异常。

1.5 Codd 博士关于数据库模型的十三条准则

前面章节对数据库有了一个基本的认识，那么进一步讲解关系数据库的模型。关系数据库是最通用的一种数据存储模型，它是由 E.F.Codd 博士 1970 年在一篇名为"一种存储大型共享数据的关系模型"的富有创意的论文中提出的。SQL 语言（一种非过程化的语言，它使得建立关系型数据库成为可能，第 6 章会做详细介绍）采用了 Codd 博士为关系数据库模型定义的十三条原则。

（1）关系型 DBRS（数据库管理系统）必须能完全通过它的关系能力来管理数据库。

（2）信息准则。关系数据库（包括表和列名）的所有信息都被清楚地表示成表中的数值。

（3）保证访问。保证关系数据库中的每一个数值都可用表名、主键名和列名的组合来访问。

（4）支持系统空值。DBMS 对空值（未知或不可使用的数据）应提供系统支持。空值不同于缺省值，它独立于任何域。

（5）主动的、在线的关系型数据字典。在逻辑上，数据库的描述及其内容都被表示为表的形式，并能用数据库语言进行查询。

（6）统一的数据子语言。至少有一种支持语言，该语言应具有严格、统一的语法格，必须支持数据定义、数据操作、完整性规则、授权和事务处理。

（7）视图更新原则。所有理论上可更新的视图也可以被系统更新。

（8）集合级的插入、更新和删除。DBMS 不仅支持集合级上的检索，还应支持集合级上的插入、更新和删除。

（9）物理数据的独立性。当数据的存储结构或数据的物理存取方法改变时，应用程序和其他特殊程序在逻辑上应不受影响。

（10）逻辑数据独立性。当表结构改变时，应用程序和其他特殊程序应尽可能地保持逻辑上不受影响。

（11）数据完整性的独立性。数据库语言必须能够定义完整性规则。这些规则必须存储在联机数据字典中，不能被忽略。

（12）分布独立性。当首次引入分布式数据或数据重新分布时，应用程序和其他特殊程序在逻辑上应不受影响。

（13）无损害准则。决不能用一种低级的语言绕过用数据库语言定义的完整性规则。

Codd 为 RDBMS 提供的思想是使用关系代数的数学概念将数据划分成集合和相关的公共子集。由于信息可以自然地分成不同的集合，Codd 用集合来组织数据库系统。在关系模型下，数据被分成类似于表结构的集合。这个表结构由不同的数据成分（称作列或字段）组成。一组字段的单一集合被称作记录或行。

1.6 本章小结

本章从数据库的发展与现状着手介绍了与数据库系统有关的数据模型、关系代数以及关系数据库规范化理论，希望有关理论对读者以后的学习有所帮助。由于本书的侧重点不同，每个理论不能一一详述，请参考有关书籍。

第2章 安装与卸载 SQL Server 2000

SQL Server 2000 是微软公司发布的大型数据库服务器，其性能指标在各方面都有赶超 Oracle 数据库的趋势。在经历了 SQL Server 6.5 和 7.0 两个版本后，微软公司的以 SQL Server 为代表的成熟的数据库技术应用越来越广泛。以前各种关于 SQL Server 的文章，都会将其定位成中小型应用方面，其实对于 SQL Server 2000 版本来说这是一种误解。SQL Server 2000 提供了大容量的数据存储、快速的数据查询、方便的向导和工具以及友好的用户界面。SQL Server 2000 还扩展了 SQL Server 7.0 的功能，增强了可靠性和易用性，增加了许多功能，成为了在大规模在线事务处理（OLTP）、数据仓库和电子商务等应用程序方面一个非常出色的数据库平台。

虽然 SQL Server 2000 提供了非常简易方便的缺省安装和使用模式，对于系统管理员来说，为了在以后更加顺利地使用 SQL Server 2000 数据库，还是要对它的正确安装和配置以及卸载进行必要的了解。

SQL Server 2000 的安装与升级因其软件版本的不同，而需要选择不同的操作系统。因此要安装 SQL Server 2000，需要了解 SQL Server 2000 的版本及其系统需求，以及安装过程中如何进行 SQL Server 2000 的配置。

本章重点

◆ SQL Server 2000 的版本与系统需求
◆ SQL Server 2000 的安装
◆ SQL Server 2000 的卸载

2.1 SQL Server 2000 的版本与系统需求

2.1.1 SQL Server 2000 的版本

在 SQL Server 2000 中，有 7 个不同的版本，这些版本包括企业版、标准版、个人版、开发版、桌面引擎版、Windows CE 版和企业评估版。

● 企业版（Enterprise Edition）：支持所有的 SQL Server 2000 特性，可作为大型 Web 站点，企业 OLTP（联机事务处理）以及数据仓库系统等的产品数据库服务器，支持数十个 TB 字节。

● 标准版（Standard Edition）：用于小型的工作组或部门的服务器。

● 个人版（Personal Edition）：用于单机系统或客户机存储本地数据。

● 开发版（Developer Edition）：用于程序员开发数据库应用程序，这些程序需要 SQL Server 2000 作为数据存储设备，此版本支持企业版的所有功能，但是它只用于开发和测试应用程序系统，一般不用做生产服务器。

● 桌面引擎版（Desktop Engine Edition）：主要用于独立软件厂商在他们的应用程序中打包进 SQL Server 数据库管理系统。

● Windows CE 版：主要用于在 Microsoft Windows CE 设备上存储数据。可以使用 SQL

Server 2000 的企业版和标准版来复制数据，使得 Windows CE 数据可以和主数据库中的数据同步化。

● 企业评估版：是一种可从微软网站上免费下载的一种数据库版本。这种版本主要用来测试 SQL Server 2000 的功能，有使用天数的限制。

SQL Server 2000 还支持从低级版本向高级版本的升级。例如可以从 SQL Server 2000 的个人版升级到 SQL Server 2000 的企业版或标准版，也可以从 SQL Server 2000 的标准版升级到 SQL Server 2000 的企业版等。

2.1.2 SQL Server 2000 的系统需求

在安装之前应确保电脑能满足 SQL Server 2000 的硬件和软件需求。在一个的 Microsoft Windows NT 的电脑上安装 SQL Server，并且还希望该 Server 能与其他客户机和服务器通信时，就应该建立一个或者多个域用户账户。

为了正确安装 SQL Server 2000 或者 SQL Server 2000 客户端管理工具和库，满足正常的 SQL Server 2000 的运行要求，电脑配置的最低硬件要求如下。

1. 硬件需求

（1）电脑。Intel 或其他兼容电脑，主频在 Pentium 166 MHz 以上。
（2）内存。Enterprise 版本需要 64 MB，Standard 版本需要 32 MB。
（3）SQL Server 2000 不同安装情况所需的硬盘空间如下。
● 完全安装（Full）180 MB。
● 典型安装（Typical）170 MB。
● 最小安装（minimum）65 MB。
● 只安装管理工具（Client tools only）90 MB。
● Analysis Services 50 MB。
● English Query 12 MB。

2. 软件需求

不同的 SQL Server 2000 版本要求的软件环境也不一样。因此，了解系统对软件的要求是安装 SQL Server 2000 不可缺少的知识。各种不同的 SQL Server 2000 版本对软件的具体要求如下。

（1）操作系统。

各常用的操作系统与可安装的 SQL Server 2000 的版本关系如表 2-1 所示，其中 Y 表示可安装的对应版本，N 表示不能安装的对应版本。

表 2-1 操作系统与可安装的 SQL Server 2000 版本的关系

操作系统	Enterprise	Standard	Personal	Developer
Windows 2000 Advanced Server	Y	Y	Y	Y
Windows 2000 Data Center Server	Y	Y	Y	Y
Windows 2000 Server	N	Y	Y	Y
Windows 2000 Professional	N	N	Y	Y
Windows 98	N	N	Y	N
Windows NT Server	Y	Y	Y	Y

操作系统	Enterprise	Standard	Personal	Developer
Windows NT Server 4.0	N	Y	Y	Y
Windows NT Workstation 4.0	N	N	Y	Y

注意：上表中的 Windows NT Server 4.0 系列操作系统需要安装 Service Pack 5 或更高级的压缩包软件。

（2）网络软件。

如果使用的操作系统是 Microsoft Windows NT、Windows 2000、Windows 98 或 Windows 95，无需再额外安装网络软件，SQL Server 2000 支持 Windows NT Workstation、Windows 2000、Professional、Windows 98、Windows 95、Apple Macintosh OS/2 以及 UNIX 客户端连接。

除了上面的需求之外，对于 Internet Explorer 也有一定的要求。为了成功地安装 SQL Server 2000，必须安装 Internet Explorer 5.0。这是对所有版本的最低要求。

2.2　安装 SQL Server 2000

安装 SQL Server 2000 比较简单，其过程与其他 Microsoft Windows 系列产品类似。

以安装 SQL Server 2000 Developer Edition 为例，具体安装过程如下。

步骤 1　安装 SQL Server 2000 组件。将 SQL Server 2000 安装盘放入光驱，将出现图 2-1 所示的界面，选择安装 SQL Server 2000 组件。

图 2-1　SQL Server 2000 安装初始化界面

说明：如果安装光盘没有自动运行，请双击光盘根目录中的 Aoutorun.exe。SQL Server 的个人版本可以带有 10 个左右的用户，适用于单机和 Windows 98，属于 MB 级的数据库。标准版本可以带有 100 个左右的用户，属于 GB 级的数据库。企业版本可以带有 1000 个左右的用户，属于 TB 级的数据库。在选择安装哪个版本时，应根据具体的需要来决定。

步骤 2　选择"安装数据库服务器"。在图 2-2 界面中选择"安装数据库服务器"一项，安装向导会引导进行下一步工作，在图 2-3 中单击"下一步"按钮。

  说明："安装数据库服务器"选项表示安装 SQL Server 2000 系统；"安装 Analysis Service"
      表示安装分析服务，该服务可进行 SQL Server 2000 数据仓库的分析和使用；"安装
      English Query"表示安装可以直接使用英语语句进行数据库查询的英语服务。

图 2-2　选择安装数据库服务器

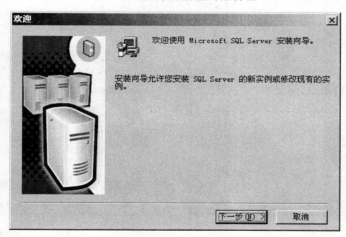

图 2-3　安装数据库向导

  步骤 3　在本地电脑安装 SQL Server 2000。如图 2-4 所示，在电脑名称对话框中"本地电
脑"是默认选项。选择在本地电脑进行安装，单击"下一步"按钮。

  说明："本地电脑"选项表示安装在本地电脑上，"远程电脑"表示安装到远程电脑上，"虚
      拟服务器" 表示安装到虚拟电脑中。

  步骤 4　创建一个 SQL Server 实例。在图 2-5 所示的界面中选择"创建新的 SQL Server 实
例，或安装'客户端工具'"，然后单击"下一步"按钮。

  说明："创建新的 SQL Server 实例，或安装'客户端工具'"用于创建一个新的 SQL Server
      实例，这是一个默认的选项。"对现有的 SQL Server 实例进行升级，添加或删除组

件"用于对 SQL Server 2000 进行各种修改，例如升级、删除或在已有的实例中增加组件。由于这是第一次安装，所以该选项是灰色的，不能使用。"高级选项"用于一些高级安装选项的设置，例如准备执行无值守安装等。

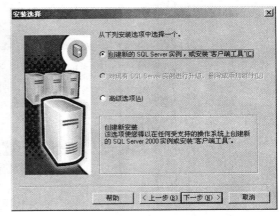

图 2-4　选择安装位置　　　　　　　　图 2-5　创建一个 SQL Server 实例

　　步骤 5　填写用户信息。接下来在图 2-6 所示的界面中填写用户及公司名称，单击"下一步"按钮。

　　步骤 6　接受协议。阅读完毕图 2-7 中所示的"软件许可证协议"后，单击"是"按钮接受协议继续安装。

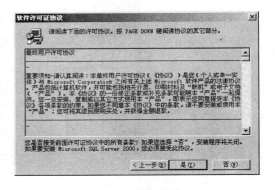

图 2-6　填写用户信息　　　　　　　　图 2-7　接受协议

　　步骤 7　安装"服务器与客户端工具"。在图 2-8 界面中，选择"服务器和客户端工具"，单击"下一步"按钮进行安装。

　　说明："仅客户端工具"选项只安装客户端工具，当已经有了数据库服务器且只需要安装客户端工具时，应选择该选项。"服务器和客户端工具"选项用于安装数据库服务器和客户机工具，这是安装 SQL Server 实例服务器的选项。"仅连接"选项用于应用程序开发时使用，只是安装连接工具，使用该选项，只能通过应用程序访问数据库服务器。

　　步骤 8　填写实例名。在图 2-9 界面中，即可以选择"默认"复选框进行安装，也可以取消默认选择，在"实例名"文本框中重新填写实例名，然后单击"下一步"按钮。

步骤9　选择安装类型与路径。在图 2-10 安装类型界面中，提供了三种安装类型：典型、最小和自定义。在目的文件夹对话框中，单击"浏览"可以更改"程序文件"和"数据文件"的安装路径。完成上述操作后，单击"下一步"按钮继续安装。

说明："典型"选项是系统的默认安装选项，是最常使用的安装选项，建议大多数用户使用这种安装类型。"最小"选项是安装系统必不可少的选项，这种类型需要的机器资源比较少。"自定义"选项允许用户自己选择希望安装的内容，是一种比较高级的安装选项，一般适合有经验的用户进行安装。系统默认的安装位置是"C:\Program Files\SQL Server 2000"，如果希望改变系统的安装位置，可以单击"浏览"按钮来选择安装位置。

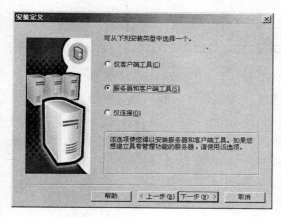

图 2-8　安装"服务器与客户端工具"　　　　　　图 2-9　填写实例名

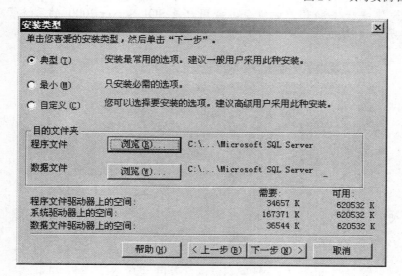

图 2-10　选择安装类型与路径

步骤 10　选择安装组件。如果在上步操作中选择了"自定义"类型安装，则需在图 2-11 所示界面中选择需要安装的组件。

说明：在该窗口有两个列表框。"组件"列表框用于选择将要安装的组件，而"子组件"列表框用于选择某一组件中的子组件。

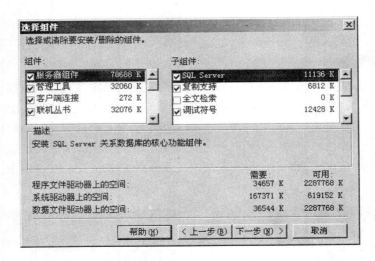

图 2-11 选择安装组件

步骤 11 填写服务账户信息。一般选择默认选项（图 2-12），然后填写电脑的域密码。

说明：如果选择指定服务器所用的账号就需要指定一个用户、口令和域名。当服务启动的时候，系统就会用指定的账号和口令去做登录，如果用户账户被删除或者口令被更改，服务将无法启动，因此最好创建一个专门的账号供服务使用，并且不要更改这个账号的口令。

步骤 12 选择身份验证模式。如图 2-13 所示，选择默认选项（Windows 身份验证模式）。

说明：SQL Server 2000 有两种认证模式。Windows 认证模式和混合认证模式。"混合认证模式"需要提供 sa 用户的口令，sa 用户是 SQL Server 2000 的系统管理员，拥有系统的所用权限。

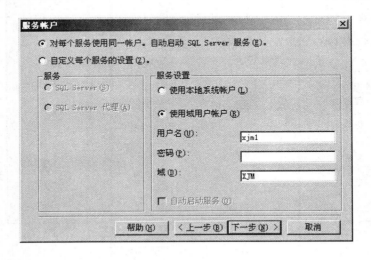

图 2-12 填写服务账户信息

步骤 13 设置排序规则。按照系统默认的设置进行安装，如图 2-14 所示。

注意：SQL Server 在安装时选择的字符集（排序规则指示器下的内容）在今后的使用过程中无法进行修改，且 SQL Server 只能使用一个字符集，因此除非要与其他特定设置的 SQL Server 数据库的相应设置保持一致时，才需要更改排序规则。

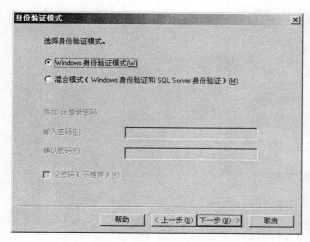

图 2-13　选择身份验证模式

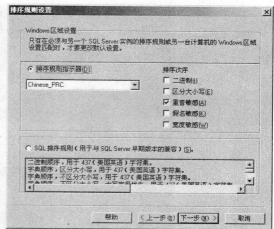

图 2-14　设置排序规则

步骤 14　设置网络库。按照系统默认的设置进行安装，如图 2-15 所示。

注意： 网络库是指 SQL Server 系统级的通讯协议，是位于通常所说的网络层协议之上的较高层次协议。SQL Server 2000 使用网络库在运行 SQL Server 的客户机和服务器之间来回传送网络包。这些网络库由动态连接库（DLL）实现，通过使用指定的进程间通信机制，执行要求通信的网络操作。一个服务器可以同时监听多个网络库。

步骤 15　复制文件。在如图 2-16 所示"开始复制文件"对话框中单击"下一步"按钮，将出现复制文件过程界面，如图 2-17 所示。

说明： 在安装进程进度窗口中，显示系统正在进行的工作，例如拷贝文件、安装有关的服务、系统配置等，直到系统安装成功为止。

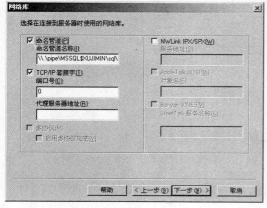

图 2-15　设置网络库

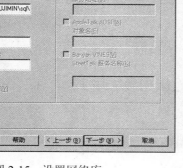

图 2-16　复制文件

步骤 16　安装完毕。文件复制完毕后在图 2-18 界面中单击"完成"按钮，完成对 SQL Server 2000 的安装。

说明： SQL Server 2000 安装完成后，必须重新启动电脑之后才能使用。

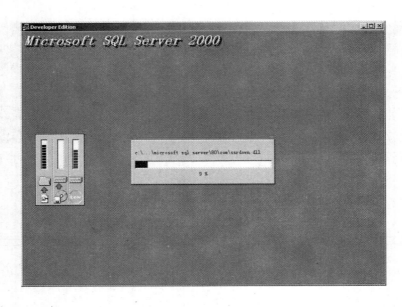

图 2-17　复制文件过程

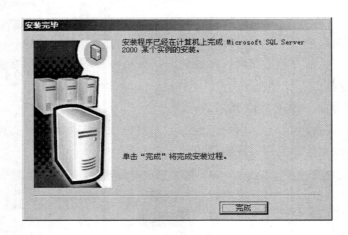

图 2-18　安装完毕

2.3　SQL Server 2000 的卸载

每个命名的 SQL Server 2000 的实例必须单独删除，不能删除 SQL Server 2000 的个别组件。若要删除组件，必须删除整个组件。

卸载 SQL Server 2000 的方法有以下两种。

- 打开"控制面板"，进入"添加/删除程序"，选择 Microsoft SQL Server 2000，如图 2-19 所示。单击"更改/删除"按钮，系统会提示图 2-20 所示的信息，单击"是(Y)"按钮即可完成对 SQL Server 2000 的卸载。
- 运行 SQL Server 2000 的安装程序，选择"卸载"选项。

注意：删除 SQL Server 2000 之前要退出所有应用程序，包括 Windows NT 时间查看器、注册表编译器和所有的 SQL Server 2000 应用程序以及所有依赖于它的应用程序。

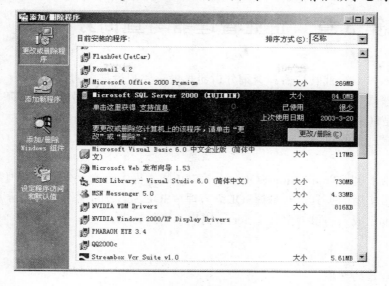

图 2-19　添加/删除程序

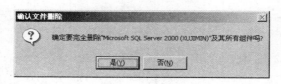

图 2-20　提示信息

2.4　本章小结

本章讲述了如何安装和卸载 SQL Server，其中许多设置牵涉到的 Windows NT 相关知识可以从 Windows NT 或 Windows 2000 系列操作系统的帮助文件中查询到相关信息。

2.5　练　习

1. 选择安装 SQL Server 2000 的一个版本。
2. 把已经安装好的 SQL Server 2000 从系统中卸载。

第 3 章　企业管理器与查询分析器

在 SQL Server 中，企业管理器和查询分析器是最重要和最常用的管理工具，其他管理工具都可以从企业管理器中调用执行，本章将简要介绍企业管理器和查询分析器的基本用法。

企业管理器是 SQL Server 中最重要的管理工具，在使用 SQL Server 的过程中大部分的时间都是和它打交道，通过企业管理器可以管理所有的数据库系统工作和服务器工作，可以调用其他的管理开发工具。

查询分析器用于执行 Transaction-SQL 命令等 SQL 脚本程序查询、分析或处理数据库中的数据。这是一个非常实用的工具，对掌握 SQL 语言理解 SQL Server 的工作有很大帮助，使用查询分析器的熟练程度已成为衡量一个 SQL Server 用户水平的标准。

本章重点

◆　企业管理器的环境
◆　SQL Server 服务器的启动
◆　注册服务器
◆　连接与断开服务器
◆　配置服务器
◆　对象的 SQL 脚本
◆　调用 SQL Server 工具和向导
◆　查询分析器的基本使用

3.1　企业管理器的环境

企业管理器是 MMC 的"快捷"形式，它促使了对多个 SQL Server 系统的集中化管理，可以运行在 Windows 9X 或者 Windows NT 系统上，并且企业管理器提供了访问全部，SQL Server 2000 服务器和数据库配置选项的能力。

若要启动 SQL Server 2000 企业管理器，可以选择"开始"菜单中"SQL Server"程序组中的"企业管理器"图标。在安装了 Windows 2000 的电脑上，可通过"控制面板"中的电脑管理启动 SQL Server 2000 企业管理器。通过电脑管理启动的 MMC 管理单元不能打开默认情况下启用的子窗口。

（1）启动企业管理器后，界面如图 3-1 所示。

（2）展开"Microsoft SQL Server"和"SQL Server 组"以及服务器名称（一般是自己的机器名称）树形列表，如图 3-2 所示。

可以看到企业管理器的界面是一个标准的 Windows 界面，由标题栏、菜单栏、工具条、树窗口和任务对象窗口（又称任务板）组成。企业管理器的菜单栏分为两层，上一层是主菜单栏，下一层是控制台菜单栏，主菜单在程序运行的过程中基本保持不变。控制台菜单栏中的菜单则是会随着所进行操作的不同而显示不同的菜单内容。其中"操作"和"查看"两个菜单是最明显，会随着所进行操作的不同而显示不同的菜单项，尤其是操作菜单。它的菜单项与当时的快捷菜单的内容相同。而"工具"菜单的菜单项在使用企业管理器的过程中是保持不变的，只是因操作的不同而启用或禁用不同的菜单项。企业管理器的工具栏也是动态的，会随着所进行操作的不同而增加或减少图标。

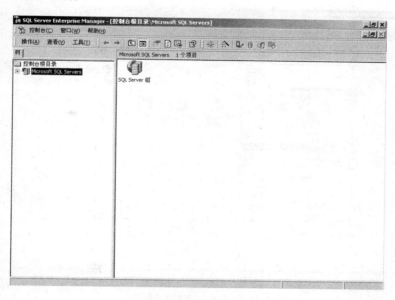

图 3-1　企业管理器启动界面

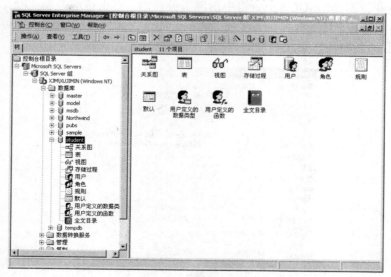

图 3-2　企业管理器展开界面

3.2　SQL Server 服务器的启动

启动服务器的方法有以下几种。

1. 用企业管理器启动

步骤1　在企业管理器的SQL Server组中用左键单击所要启动的服务器，或在所要启动的服务器上右击，从快捷菜单中选择"启动"项即可启动，如图3-3所示。

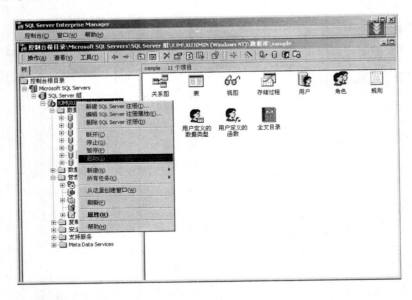

图 3-3　用企业管理器启动服务

步骤2　在企业管理器的SQL Server组中出现服务器后，右击该服务器（llz），再单击"属性"，打开如图3-4所示的对话框。在"常规"选项卡的"在操作系统启动时自动启动策略"选项组中，选中的服务会在操作系统启动时自动启动。

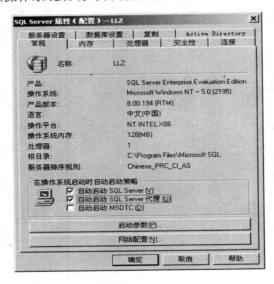

图 3-4　"属性"对话框

2. 用 SQL Server 服务管理器启动

步骤1　从"开始"菜单"SQL Server"程序组中选择"服务管理器"选项启动服务管理器。

步骤2　在服务管理器中选择要启动的服务器和服务选项。

步骤3　在服务管理器中单击"开始/继续"按钮启动服务器，如图3-5所示。

3. 自动启动服务器

要在操作系统启动时启动服务器，可以在服务管理器中选择"自动启动"选项，也可以在操作系统的计划任务中设置，或在服务器属性中配置指定服务器。

4. 用命令启动

可以使用命令"net start sqlserver"或"sqlservr"来启动服务器，其中"net start sqlserver"命令不带参数。与之相应的命令还有暂停服务器命令"net pause"。继续服务命令"net continue"。停止服务器命令"net stop"等。sqlservr命令比较复杂，可以加带许多参数，其语法如下所示。

图3-5　用 SQL Server 服务管理器启动

sqlservr [-c] [-dmaster_path] [-f] [-eerror_log_path] [-lmaster_log_path] [-m]
[-n] [-pprecision_level] [-sregistry_key] [-Ttrace#] [-v] [-x]

参数说明如下。

- -c：指明 SQL Server 独立于 NT 服务管理控制而启动。使用此参数可以缩短启动 SQL Server 的时间，但是用它之后就不能通过 SQL Server 服务管理器或 net 系列命令来暂停或停止 SQL Server，并且在退出操作系统前必须先关闭 SQL Server。
- -dmaster_path：指明 master 数据库的全路径（在-d 和 master_path.之间没有空格）。
- -f：用最低配置启动服务器。
- -eerror_log_path：指明 error log 文件的全路径（在-e 和 error_log_path 之间没有空格）。
- -lmaster_log_path：指明 master 数据库的 transaction log 文件的全路径（在-l 和 master_log_path 之间没有空格）。
- -m：指明用单用户方式启动 SQL Server。
- -n：指明不使用 Windows NT 的程序日志来登记 SQL Server 的事件。如果使用了此参数，则最好同时使用-e 参数，否则 SQL Server 事件就不会被纪录。
- -pprecision_level：指明 decimal 和 numeric 数据类型的最高精度（在-p 和 precision_level 之间没有空格）。precision_level 取值范围为 1 到 38。不用此参数时，系统默认为 28。使用此参数而不指明具体精度时，系统默认为 38。
- -sregistry_key：指明要根据注册表中 registry_key 下的参数选项来启动 SQL Server。
- -Ttrace#：指明随 SQL Server 启动一个指定的跟踪标记 trace#（-T 为大写）。
- -v：启动时显示 SQL Server 的版本号。
- -x：不使用 CPU 信息统计。

3.3　注册服务器

服务器注册是使用 SQL Server 2000 关系型数据库产品的第一项任务。SQL Server 2000 关系型数据库产品采用了客户机/服务器体系结构，客户机和服务器之间的请求和回应是通过使用 Transact-SQL 语言来实现的。这种客户机/服务器体系结构是一种分布式的计算结构，它集中了集中式体系结构的大中型主机系统的优点，具有更好的系统开放性和可扩展性。客户机/服务器体系结构就是把一个大型的电脑应用系统变为多个互相独立的子系统，服务器是整个应用系统资源的存储与管理中心，客户机则具有相应的处理功能。因此，服务器在客户机/服务器体系结构中处于中心地位。

服务器注册向导就是帮助用户快速地注册一个或多个 SQL Server。在使用该向导时，要先启动 SQL Server 管理器，展开 Microsoft SQL Server，会出现系统中所有的服务器组，在每个服务器组下列出的是属于本组的服务器。

下面介绍如何注册一个新的服务器。

1. 新建 SQL Server 组

在"操作"菜单中选择"新建 SQL Server 组"命令或者右击"SQL Server 组"，在弹出的菜单中选择"新建 SQL Server 组"命令，如图 3-6 所示。

随后出现如图 3-7 所示的窗口，为该组输入唯一的名称。这里输入"新建组"。

从下列组级别中选择。

- 顶层组：指定组出现在 SQL Server 企业管理器窗口控制台树的顶层。
- 下面项目的子组：如果选了此选项，则需要选择一个希望新建组位于其下的顶层组，新建组作为指定服务器组的子组出现。

重复上面的步骤，可以创建每个新服务器组。

在 Windows NT 或 Windows 2000 中，使用"net start"和"net stop"命令停止或开始每个服务。SQL Server 2000 支持在运行 Windows NT 或 Windows 2000 电脑上的有多个 SQL Server 实例。每个实例都有自己的 SQL Server 服务、SQL Server 代理服务复本。Microsoft 搜索服务或 MS DTC 服务只有单个复本，这些服务可由电脑上运行的多个 SQL Server 实例共享。

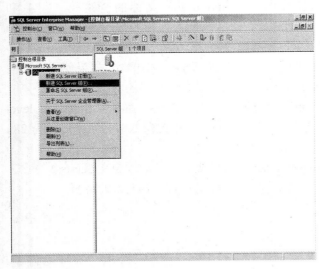

图 3-6　用 SQL Server 新建服务器组

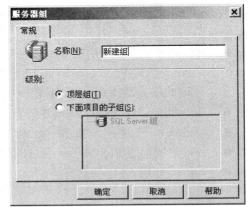

图 3-7　新建服务器组

2. 使用注册向导注册服务器

步骤 1　在"企业管理器"的"操作"菜单中选择"新建 SQL Server 注册"菜单项，第一次选择时就会出现如图 3-8 所示的"服务器注册向导"对话框。如果在该对话框中如图 3-8 所示选择了复选框，单击"下一步"按钮后会打开"服务器注册属性"对话框，如图 3-9 所示。也可以用右键选择单击 Microsoft SQL Servers 或 SQL Server 组，从快捷菜单中选择"新建 SQL Server 注册"命令。

步骤 2   如果不选择复选框，单击"下一步"按钮后，要在出现的对话框中选择或输入服务器名称，然后单击"添加"按钮，如图 3-10 所示。

步骤 3   单击"下一步"按钮后选择要使用的身份认证方式，即使用 Windows NT 身份认证或 SQL Server 身份认证。Windows NT 身份认证可以使用一个 Windows NT 登录账号和口令，而使用 SQL Server 身份认证，则必须在随后出现的对话框中输入相应的 SQL Server 账号及口令，如图 3-11 和图 3-12 所示。

步骤 4   单击"下一步"按钮后，在出现的对话框中选择一个服务器组或创建一个新的服务器组，如图 3-13 所示。

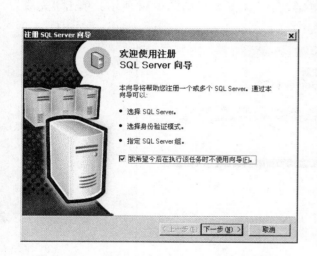

图 3-8   "SQL Server 注册向导"对话框

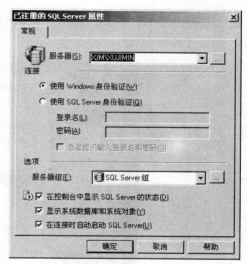

图 3-9   "SQL Server 注册属性"对话框

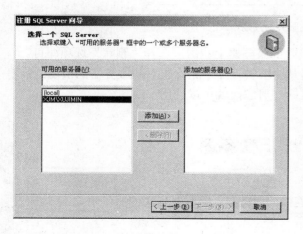

图 3-10   选择或创建服务器名称

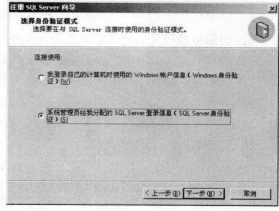

图 3-11   选择身份认证方式

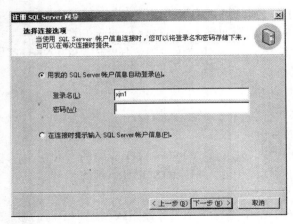
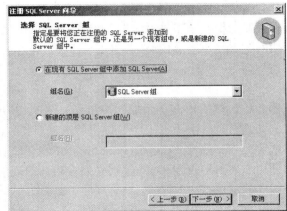

图 3-12　输入 SQL Server 账号与口令　　　　图 3-13　选择服务器组或创建服务器组

步骤 5　单击"下一步"按钮，出现"确定注册"对话框，如图 3-14 所示。单击"完成"按钮，则企业管理器将注册服务器。

图 3-14　完成服务器注册

与注册服务器相反的是删除服务器，在要删除的服务器上右击，选择"删除"选项即可。删除服务器并不会从电脑中将服务器删除，只是从企业管理器中删除了对此服务器的引用。需要再次使用此服务器时，只需在企业管理器中重新注册它，就可以使用了。

3.4　连接与断开服务器

在企业管理器的 SQL Server 组中单击所要连接的服务器，或在要启动的服务器上右击，在快捷菜单中选择"连接"选项即可，如图 3-15 所示。

在要断开的服务器上右击，在快捷菜单中选择"断开"选项就可以断开服务器，如图 3-16 所示。在关闭企业管理器时，也会自动断开服务器。

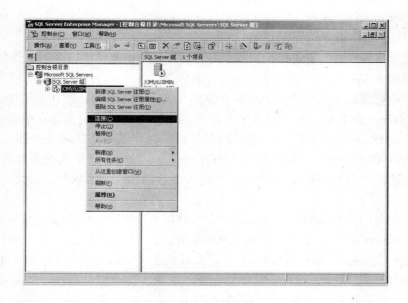

图 3-15   连接服务器

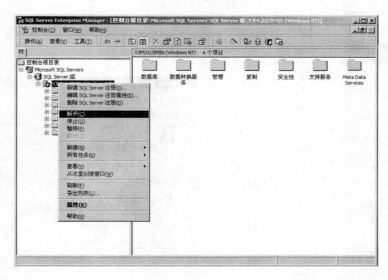

图 3-16   断开服务器

3.5   配置服务器

  在大多数的情况下，无需重新配置服务器。在 SQL Server 安装过程中将按照默认设置对服务器组件进行配置，在安装结束后可以立即运行 SQL Server。但是有时也需要进行服务器管理，例如要添加新的服务器、设置特定的服务器配置、更改网络连接或者设置服务器配置选项以提高 SQL Server 性能。配置服务器的属性对于管理 SQL Server 来说很重要，可以通过以下两种方式来进行配置。

3.5.1 用企业管理器配置

（1）在企业管理器中右击要进行配置的服务器后，从快捷菜单中选择"属性"选项，会出现如图 3-17 所示的对话框，即可进行服务器的属性设置。

（2）使用企业管理器工具管理一个或多个 SQL Server 服务器时，有几个属性需要设置。

启动 SQL Server 企业管理器，展开一个服务器组，单击一个服务器，单击选择"工具"菜单的"选项"选项，出现如图 3-18 所示的对话框。在"常规"选项卡中指定企业管理器应用程序检查 MSSQL Server、SQL 邮件、SQL Server 代理、分布式事务处理协调器当前状态的频率，通过从下拉列表框中选择服务和输入合适的轮询间隔时间，以改变每个服务的轮询间隔时间。

企业管理器使用的 SQL Server 注册信息可以存储在本地的或者中央系统的 Windows NT 注册表中。当 SQL Server 注册信息存储在本地系统上时，这些信息可以是共享或专有的。当 SQL Server 注册存储在中央系统上时，这些信息可以在其他连接的系统中共享。为了在本地系统上存储企业管理器的 SQL Server 注册信息，要选择"本地读取/存储"选项。如果希望与其他本地或者远程用户共享这种注册信息，不要选中"与用户无关的读取/存储"复选框。否则，应选中该复选框共享本地的注册信息。为了使用远程系统上已有的注册信息，要选中"远程读取"选项，并且输入注册信息所在的服务器名称。

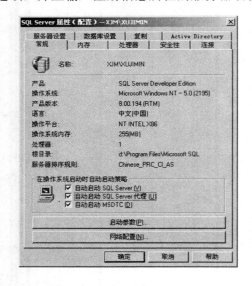

图 3-17　SQL Server 服务器属性设置

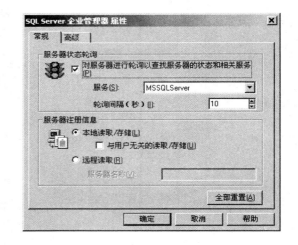

图 3-18　管理器的属性

设置链接服务器

可以通过配置链接服务器，允许 Microsoft SQL Server 对其他服务器上的 OLE DB 数据源执行命令。链接服务器具有以下优点。

● 远程服务器访问。

● 对整个企业内的异类数据源执行分布式查询、更新、命令和事务的能力。

● 能够以相似的方式确定不同的数据源。

设置链接服务器步骤如下。

步骤 1　展开服务器组中相应的服务器，再选中"安全性"，右击"链接服务器"，然后单击"新建链接服务器"命令，如图 3-19 所示。

步骤 2　单击"常规"选项卡，在"链接服务器"框中，输入要链接的服务器名称，如图 3-20 所示。

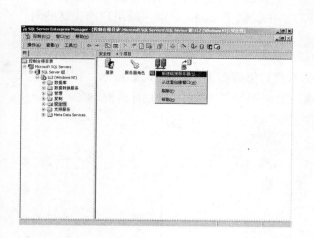

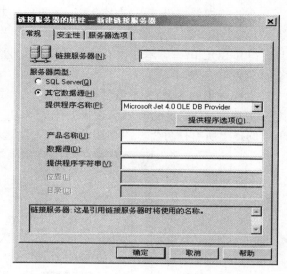

图 3-19　新建连接服务器　　　　　　　　　　　图 3-20　设置链接服务器

步骤 3　选择一个服务器类型，如果选择"其他数据源"，则必须指定提供程序的属性。

3.5.2　用控制面板配置

在 Windows 2000 和 Windows NT 中都可以从控制面板中双击"管理工具"，在出现的窗口中再双击"服务"图标，在打开的窗口中右击所要设置的服务名称，从快捷菜单中选择"属性"选项，就会打开如图 3-21 所示的对话框。在对话框中可分类进行配置。

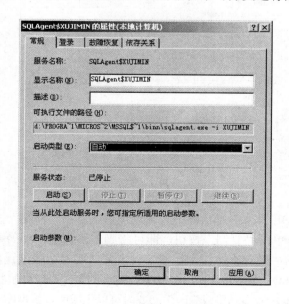

图 3-21　控制面板中的设置

3.6 对象的 SQL 脚本

企业管理器提供了可视化的界面，可以在其中建立数据库及其对象，如表、视图、缺省值等，不需要用户自己编辑程序代码。但对用户来说，了解这些对象是如何通过 SQL 语言建立的并取得其 SQL 语言脚本是很有好处的。在企业管理器中提供了工具，可以帮助用户产生这些对象的 SQL 语言脚本。

生成对象的 SQL 脚本方法如下。

步骤 1　在企业管理器中选择要生成 SQL 脚本的对象后右击，如图 3-22 所示。在快捷菜单中选择"所有任务"、"生成 SQL 脚本"选项，会出现如图 3-23 所示的对话框。

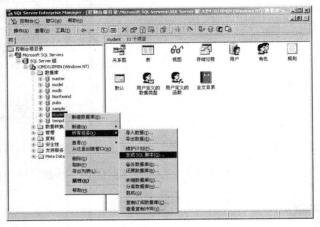

图 3-22　选择生成 SQL 脚本

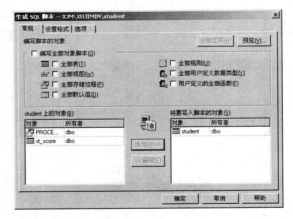

图 3-23　"生成 SQL 脚本"对话框

步骤 2　在"生成 SQL 脚本"对话框中设置选项后，单击"预览"按钮即会打开如图 3-24 所示的"预览"对话框。单击"复制"按钮，即可将脚本语句复制到剪贴板中。也可在"生成 SQL 脚本"对话框中单击"确定"按钮，在指定脚本文件名和存放位置后即可保存脚本。

由企业管理器产生的 SQL 脚本是一个后缀名为".sql"的文件，它实际上是一个文本文件，可以在企业管理器或其他文件编辑器中浏览或修改。必要时可以生成所有数据库对象的 SQL 脚本，作为对数据库的备份。当数据库损坏时，可以在 Query Analyzer 中运行此 SQL 脚本来重建数据库。

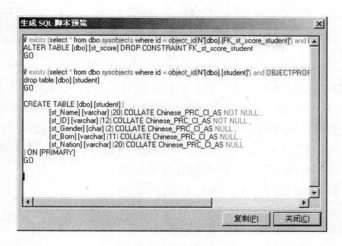

图 3-24 "SQL 脚本预览"对话框

3.7 调用 SQL Server 工具和向导

在企业管理器中可以很方便地调用其他 SQL Server 工具，如 SQL Server 查询分析器、SQL Server 跟踪器等，只需从"工具"菜单中选择相应的命令即可。

SQL Server 2000 中提供了大量的向导工具，可以引导用户完成一系列的数据库与服务器管理工作。在"工具"菜单中选择"向导"命令，或从工具栏中选择相应图标，就会出现如图 3-25 所示的"选择向导"对话框。从中选择想调用的 SQL Server 向导，就会出现类似于"服务器注册向导"对话框，操作十分简便。

另外，SQL Server 2000 改进了任务板，在其中添加了向导板块，使得向导的调用更简捷、直观。调用任务板的方法是在树窗口中选择某一服务器下"数据库"组中的一个数据库，再选择"查看"菜单中的"任务板"命令。然后在任务板窗口中选择"向导"页面，即可看到如图 3-26 所示的界面，从中可以选择所要调用的向导。

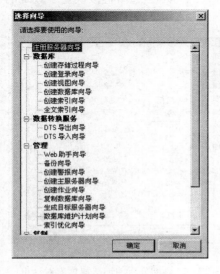

图 3-25 选择向导

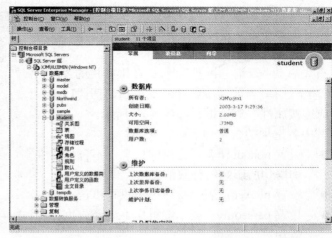

图 3-26 任务板

3.8 查询分析器

SQL Server 2000 的查询分析器允许输入 Transact-SQL 语句并且迅速地查看这些语句的结果。查询分析器是一种可以完成许多工作的多用途工具。可以在查询分析器中同时执行多个 Transact-SQL 语句，也可以执行脚本文件中的部分语句。查询分析器提供了一种图形化分析查询语句执行规划的方法，可以由查询分析器选择的数据检索方法，并且可以根据查询规划调整查询语句的执行，提出可以提高执行性能的优化索引建议。

具体来说查询分析器有以下优点。

- 彩色代码编辑器。
- 可以交互式执行各种 Transact-SQL 语句。
- 多查询窗口，且每一个查询窗口都有自己的连接。
- 可以定制选择结果集的查看方式。
- 可以使用对象浏览器显示数据库中的各种对象，加快查询速度。
- 支持上下文相关的帮助系统。
- 可以选择执行脚本文件中的全部内容或者部分内容。
- 图形化地显示执行规划，可以分析执行规划并且提出建议。
- 支持根据执行规划优化的可以提高性能的索引。
- 支持新的查询规划算法，改进了成本模型和规划选择模型，加快了查询进程的速度。
- 支持新的散列连接和合并连接算法，可以使用多索引操作。
- 支持单个查询语句在多个处理器上的并行执行。
- 支持使用 OLE DB 的分布式和多种环境的查询。

3.8.1 配置和使用查询分析器

1. 配置查询分析器

在使用查询分析器之前，首先要对其查询选项进行配置，因为这些选项直接决定了查询的显示结果和显示 SQL 语句执行计划的格式和内容。配置查询分析器主要有两种方法来实现：一种是通过查询分析器，另一种是通过 SET 命令。在这里只介绍前一种方法。

首先启动"查询分析器"，然后在工具栏的"查询"菜单下选择"当前连接属性.."菜单项，打开"LLZ 的当前连接属性"对话框，如图 3-27 所示。

其中各选项的含义如下。

- 设置 nocount：表示在返回信息中不包括查询语句所影响的行数信息。
- 设置 noexec：表示编译但不执行语句。
- 设置 parseonly：表示解析但不编译或执行语句。
- 设置 concat_null_yields_null：表示如果串

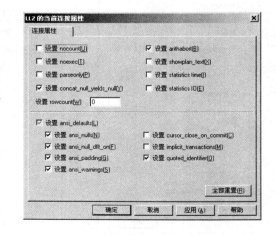

图 3-27 "查询分析的连接属性"对话框

联中的任何一个操作数为 NULL 则返回值为 NULL。

- 设置 rowcount：表示返回指定行数的查询结果集然后结束查询处理。
- 设置 arithabort：表示在查询处理中如果出现零做除数或运算溢出错误则终止查询。
- 设置 showplan_text：表示显示查询的执行信息。
- 设置 statistics time：表示显示解析编译执行语句所需要的时间，其单位为微秒。
- 设置 statistics IO：表示显示磁盘活动信息。
- 设置 status I/O：表示显示执行查询时磁盘活动的状态信息。
- 设置 ansi_default：表示按 SQL-92 标准设置下面的选项。

2. 使用查询分析器

在前面已经介绍了有关查询分析器的特性以及它所具有的功能。通常来说查询分析器主要可以帮助实现以下四大功能。

- 执行 SQL 语句。
- 分析查询计划。
- 显示查询统计情况。
- 实现索引分析。

下面以一个实例来讲解查询分析器是如何实现这些功能的，以及它又是怎样实现索引分析和查询计划分析的。

首先在文本编译器中输入以下的查询语句。

```
use pubs
select type, pub_id, price
from titles
where type = 'psychology'
order by type, pub_id, price
compute sum(price) by type, pub_id
compute sum(price) by type
```

然后选择"查询"菜单下的"显示查询计划"和"显示客户统计"选项，接着单击工具栏上的执行按钮执行查询。此时，在文本编辑器下面的三个标签页上分别显示查询的结果集、查询执行计划以及统计信息。

其中结果标签页的结果集如下。

```
type pub_id price
------------ ------ ---------------------
psychology 0736 7.0000
psychology 0736 7.9900
psychology 0736 10.9500
psychology 0736 19.9900
sum
===================
45.9300
type pub_id price
------------ ------ ---------------------
psychology 0877 21.5900
```

```
sum
(8 row(s) affected)
```

3.8.2 交互式操作

虽然数据库技术有了很大的发展，数据库管理系统提供了许多工具和向导，但是仍有许多管理和操作不能依靠图形界面来完成，还必须使用交互式命令来执行。目前，许多关系型的数据库供应商都在自己的数据库中采用了 SQL 语言。当前，最新的 SQL 语言是 ANSI SQL_99。Transact-SQL 语句是 ANSI SQL_99 在 SQL Server 数据库中的实现，它附加了一些语言元素，这些语言元素包括变量、运算符、函数、流程控制语言和注释。

在查询分析器中，使用了彩色代码元素编辑器。这样，在编辑器中书写查询语句时，系统会自动将该查询语句中的关键字等 Transact-SQL 语言元素用不同的颜色标识出来，可以醒目地检查这些语句的语法是否正确。显示的颜色可以根据自己的需要进行定制。

对于查询语句的结果集，也可以选择不同的显示方式。如果使用表格形式来显示结果集，那么完全可以像使用表一样操纵这些结果集中的内容。这些查询语句和结果集可以根据需要，存储在指定的脚本文件中。启动查询分析器，在"查询"菜单有几个选项，其中以文本形式显示结果集如图 3-28 所示，以表格形式显示结果集如图 3-29 所示。

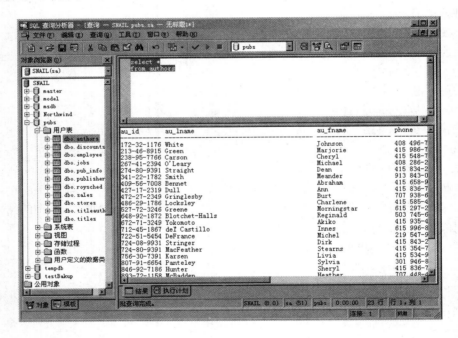

图 3-28　查询分析器－文本结果集

查询分析器提供了多个查询窗口。这些同时打开的查询窗口都是分别表示一个线程，即分别对应一个用户连接。因此这些查询窗口都是互相独立的，窗口中的内容都是独立执行的。

在查询分析器中可以执行脚本中的内容。脚本文件是存放许多 Transact-SQL 语句的系统文件。在查询分析器中，既可以执行该脚本文件中的全部语句内容，也可以根据需要选择一部分语句来执行。

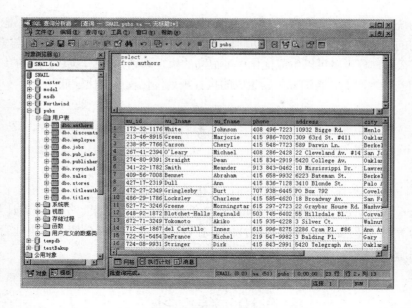

图 3-29　查询分析器-表格结果集

3.8.3　执行规划

可以使用查询分析器为要执行的 Transact-SQL 语句构造一个执行规划。执行规划就是一系列的产生查询语句所要求结果的步骤。

现举例说明什么是执行规划。

```
select *
from authors
order by au_id
```

在上面的查询语句中，表示从表 authors 中检索出全部数据，并且根据列 au_id 进行排序。

一般情况，该查询语句可能产生下面的执行规划步骤。

第一步，扫描表 authors 主键的聚簇索引。

第二步，根据列 au_id，对在第一步中得到的查询结果进行排序。

第三步，把在第二步得到的结果返回给应用程序。

查询分析器是使用存储在数据库表中的有关统计信息来确定选用产生最终结果的最有效的方法，这种方法称为该查询语句的执行规划。

为了能更好地理解查询语句的执行规划，先看一下查询语句是如何访问数据库中的数据的。一般的，系统访问数据库中的数据，可以使用两种方法。一种是表扫描，就是按照数据页的排列顺序，一页一页地从前向后扫描该表数据所占有的全部数据页，直至扫描完表中全部记录。在扫描时，如果找到符合查询条件的记录，那么就将该记录挑选出来。最后，将全部挑选出来符合查询条件的记录显示出来。另一种是使用索引查找。索引是一种树状结构，其中存储了关键字和指向包含关键字所在记录数据页的指针。当使用索引查找时，系统沿着索引的树状结构，根据索引中的关键字和指针，找到符合查询条件的记录。最后，将全部找到的符合查询条件的记录显示出来。由于索引页的数量比较少，所以使用索引查找可以大大提高查询效率。

在 SQL Server 中，访问数据库中的数据时，由 SQL Server 确定该表中是否有索引存在。如果没有索引，那么 SQL Server 使用表扫描的方法访问数据库中的数据。如果存在索引，查询分析器根据分布的统计信息（就是存储在分布页上的某一表中的一个或多个索引的关键值分布信息）生成该查询语句的优化执行规划，以提高访问数据库的效率。如果分布的统计信息与索引的物理信息非常一致，那么查询分析器可以生成优化程度很高的执行规划。相反，如果分布的统计信息与索引的物理信息相差较大，那么查询分析器生成的执行规划优化程度会比较低。

3.9　本章小结

本章首先讲述了服务器的开启关闭等知识。接着对企业管理器和查询分析器作了一些简单介绍。SQL Query Analyzer为系统管理员和开发者能够查看查询结果、分析查询计划提供了便利条件，从而了解了如何提高查询执行的性能。在以后的章节中都会使用到企业管理器，将会逐步熟悉它的用法和技巧。

3.10　练　习

1. 启动企业管理器，并且启动本地的 SQL Server 服务，注册服务器，并且通过企业管理器配置使得系统启动时自动启用 SQL Server 服务。

2. 启动企业管理器，并且启动本地的 SQL Server 服务，生成 pubs 数据库 employee 表的 SQL 脚本。

第4章 SQL Server 2000 的部署

数据库是存储数据库对象和数据的地方，数据库管理是关系型数据库管理系统最重要的一项工作。在数据库管理系统的开发过程中，首先要做的工作是规划和创建数据库。若数据库的设计非常合理，那么用户在使用数据库的时候就非常方便和舒畅，就可以大大提高用户的工作效率。管理数据库及其对象是 SQL Server 的主要任务，本章将介绍使用 SQL Server 来管理和操作数据库的基本知识。

本章重点

◆ 数据库管理技术简介
◆ 新建一个数据库
◆ 删除数据库
◆ 连接数据库
◆ 数据库的查看和修改
◆ 创建数据库维护计划
◆ 收缩数据库

4.1 数据库管理技术简介

在客户机/服务器结构的数据库系统主要由程序和数据结构两部分组成。程序是为基于客户机的用户访问数据提供的一个用户界面，而数据库结构是用来管理和存储服务器上的数据。设计 SQL Server 数据库结构，就意味着规划、创建和维护许多相关的数据库组件。数据库组件主要包括数据库、表、数据库图表、索引、视图、存储过程和触发器等。本章主要介绍数据库的设计、创建和维护等工作。

数据库主要是存储了数据的表以及其他的数据库对象的集合，这些对象主要是视图、索引、存储过程和触发器。存储在数据库中的数据通常是有特定用途的大量的数据。

SQL Server 可同时支持许多数据库，每一个数据库既可以存储与另一个数据库相关的数据，也可以存储不相关的数据。

在 SQL Server 中，数据库就是表的集合，结构化了的数据就存储在这些表中。可以在表中建索引，索引可以加快在表中检索数据的速度，还可以执行存储过程（Transact-SQL 写成）以完成某种操作。数据库中还可存储视图，视图用来提供对表中数据的定制访问。

4.2 新建一个数据库

SQL Server 中的数据库是由一组存储了数据的表和其他一些对象组成的，包括表、视图、索引、存储过程和触发器等。数据库中的数据通常是与一个特定的主题或过程相关联的，比如一个工厂仓库的存货信息。

Microsoft SQL Server 2000 使用一组操作系统文件映射数据库。数据库中的所有数据和对象（如表、存储过程、触发器和视图）都存储在一些操作系统文件中。这些文件有两种形式，一种是数据文件（分主数据文件和次数据文件），一种是日志文件。

- 主数据文件：该文件包含数据库的启动信息，并用于存储数据。每个数据库都有一个主要数据文件。
- 次数据文件：这些文件含有不能置于主要数据库文件中的所有数据。
- 事务日志：这些文件包含用于恢复数据库的日志信息，每个数据库都必须至少有一个日志文件。

创建数据库的方法主要有以下几种。

- 在企业管理中创建数据库。
- 使用向导创建数据库。
- 使用 CREATE DATABASE 语句。

4.2.1　在企业管理中创建数据库

在企业管理中创建数据库的方法如下。

步骤 1　单击"开始"菜单，在"程序"子菜单中选择 Microsoft SQL Server，选择"企业管理器"命令，启动 SQL Server 2000 企业管理器。

步骤 2　展开 SQL Server 组和 SQL Server 服务器，在"数据库"节点上右击。在弹出的菜单中单击"新建数据库"项目，如图 4-1 所示。

步骤 3　此时将打开一个设置数据库属性的对话框，在"名称"文本框内输入数据库的名称为 student。在输入名称的同时，对话框的标题改成了"数据库属性-student"，如图 4-2 所示。

步骤 4　在"数据文件"标签页中可以设置数据库的数据文件的属性，如数据文件的名称、存放位置、初始大小、所属文件组以及文件的增长方式。这里使用系统的默认设置，如图 4-3 所示。

图 4-1　新建数据库

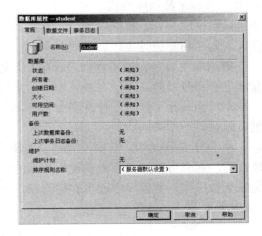

图 4-2　数据库常规属性

步骤 5　在"事务日志"标签页中可以设置数据库的事务日志文件的属性，如文件的名称、存放位置、初始大小以及文件的增长方式。这里也使用系统默认的设置，如图 4-4 所示。

另外还可以在 SQL Server 2000 的查询分析器中执行 SQL 语句来创建数据库。如图 4-5 所示，在查询分析器中输入创建数据库的语句后，单击"执行查询"图标，在下面窗口会显示执行的结果。

图 4-3 数据文件属性

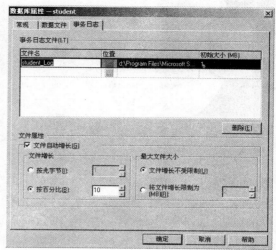
图 4-4 事务日志

4.2.2 使用向导创建数据库

在 SQL Server 企业管理器中还可以使用创建数据库向导来创建数据库，方法如下。

步骤 1 单击工具栏上的"运行向导"图标，在出现的"选择向导"对话框中选择"创建数据库向导"，如图 4-6 所示。

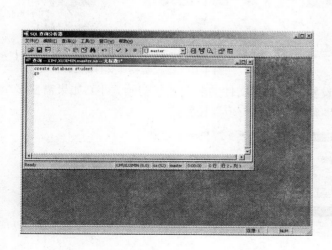
图 4-5 使用查询分析器创建数据库

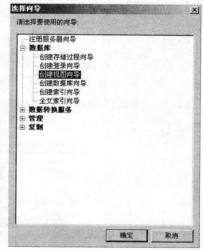
图 4-6 "选择向导"对话框

步骤 2 在首先出现的界面上概述了向导的功能，阅读完该页面之后，单击"下一步"按钮，如图 4-7 所示。

步骤 3 在图 4-8 所示对话框中的"数据库名称"文本框中输入数据库名 student，选择数据库文件的存放位置后，单击"下一步"按钮。

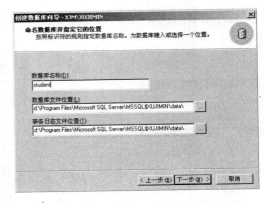

图 4-7　创建数据库向导　　　　　　　　图 4-8　输入数据库名称及存储路径

步骤 4　在图 4-9 所示的对话框中，"文件名"列显示了系统设置的数据文件名称，可以在这里输入自己喜欢的名称。"初始大小"列显示了系统默认的大小为 1MB，可以根据自己的需要设置该数值。然后单击"下一步"按钮。

步骤 5　在图 4-10 所示的对话框中设置数据库文件的增长方式，可以设置让数据库文件自动增长。默认的方式是自动增长，在这种方式下，可以设置文件是按一定的大小还是按百分比增长以及数据库文件是否有最大值限制。这里不改变默认的设置，单击"下一步"按钮。

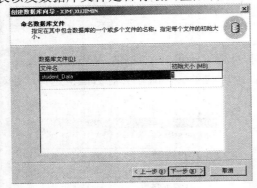
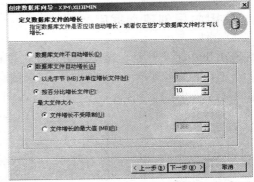

图 4-9　命名数据库文件　　　　　　　　图 4-10　定义数据库文件增长

步骤 6　在图 4-11 所示的对话框中设置事务日志文件的名称及其初始大小。如果需要多个事务日志文件，则在空白行依次列出，接着单击"下一步"按钮。

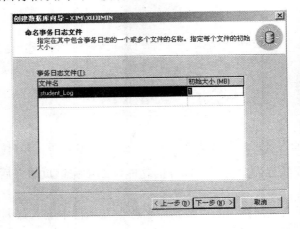

图 4-11　命名事物日志文件

步骤7 在图4-12所示的对话框中设置事务日志文件的增长方式。这里接受默认的设置，单击"下一步"按钮。

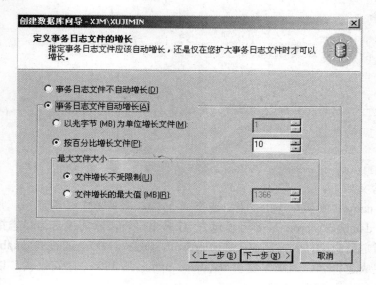

图4-12 定义事物日志文件增长

步骤8 在图4-13所示的对话框中显示了创建数据库的摘要信息，如数据库名称、数据库文件和事务日志文件的名称以及它们的增长方式等。单击"完成"按钮，完成数据库的创建。

可以看到在企业管理器中，数据库节点下多了一个 student 数据库图标，如图4-14所示。

图4-13 完成创建数据库向导

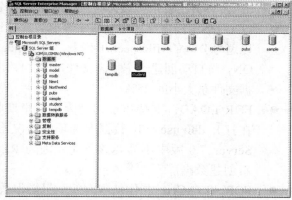

图4-14 企业管理器中新增加了数据库

4.2.3 使用 CREATE DATABASE 创建数据库

```
CREATE DATABASE database_name
[ ON
   [ < filespec > [ ,...n ] ]
   [ , < filegroup > [ ,...n ] ]
]
[ LOG ON { < filespec > [ ,...n ] } ]
```

```
[ COLLATE collation_name ]
[ FOR LOAD | FOR ATTACH ]
< filespec > ::=
[ PRIMARY ]
( [ NAME = logical_file_name , ]
    FILENAME = 'os_file_name'
    [ , SIZE = size ]
    [ , MAXSIZE = { max_size | UNLIMITED } ]
    [ , FILEGROWTH = growth_increment ] ) [ ,...n ]
< filegroup > ::=
FILEGROUP filegroup_name < filespec > [ ,...n ]
```

参数表示的含义如下。

- database_name：新数据库的名称。数据库名称在服务器中必须唯一，并且符合标识符的规则。database_name 最多可以包含 128 个字符，除非没有为日志指定逻辑名。如果没有指定日志文件的逻辑名，则 Microsoft SQL Server™会通过向 database_name 追加后缀来生成逻辑名。该操作要求 database_name 在 123 个字符之内，以便生成的日志文件逻辑名少于 128 个字符。

- ON：指定显式定义用来存储数据库数据部分的磁盘文件（数据文件）。该关键字后跟以逗号分隔的<filespec>项列表，<filespec>项用以定义主文件组的数据文件。主文件组的文件列表后可跟以逗号分隔的 <filegroup>项列表（可选），<filegroup>项用以定义用户文件组及其文件。

- n：占位符，表示可以为新数据库指定多个文件。

- LOG ON：指定显式定义用来存储数据库日志的磁盘文件（日志文件）。该关键字后跟以逗号分隔的<filespec>项列表，<filespec>项用以定义日志文件。如果没有指定 LOG ON，将自动创建一个日志文件，该文件使用系统生成的名称，大小为数据库中所有数据文件总大小的 25%。

- FOR LOAD：支持该子句是为了与早期版本的 Microsoft SQL Server 兼容。数据库在打开 dbo use only 数据库选项的情况下创建，并且将其状态设置为正在装载。SQL Server 7.0 版中不需要该子句，因为 RESTORE 语句可以作为还原操作的一部分重新创建数据库。

- FOR ATTACH：指定从现有的一组操作系统文件中附加数据库。必须有指定第一个主文件的<filespec>条目，至于其他<filespec>条目，只需要与第一次创建数据库或上一次附加数据库时路径不同的文件的那些条目，但必须为这些文件指定<filespec>条目。附加的数据库必须使用与 SQL Server 相同的代码页和排序次序创建。应使用 sp_attach_db 系统存储过程，而不要直接使用 CREATE DATABASE FOR ATTACH。只有必须指定 16 个以上的<filespec>项目时，才需要使用 CREATE DATABASE FOR ATTACH。如果将数据库附加到的服务器不是该数据库从中分离的服务器，并且启用了分离的数据库以进行复制，则应该运行 sp_removedbreplication 从数据库删除复制。

- collation_name：指定数据库的默认排序规则。排序规则名称既可以是 Windows 排序规则名称，也可以是 SQL 排序规则名称。如果没有指定排序规则，则将 SQL Server 实例的默认排序规则指派为数据库的排序规则。有关 Windows 和 SQL 排序规则名称的更多信息，参见 COLLATE。

- PRIMARY：指定关联的<filespec>列表定义主文件。主文件组包含所有数据库系统表，还包含所有未指派给用户文件组的对象。主文件组的第一个<filespec>条目成为主文件，该文件包含数据库的逻辑起点及其系统表。一个数据库只能有一个主文件。

- NAME：为由<filespec>定义的文件指定逻辑名称。如果指定了 FOR ATTACH，则不需要指定 NAME 参数。

- logical_file_name：用来在创建数据库后执行的 Transact-SQL 语句中引用文件的名称。logical_file_name 在数据库中必须唯一，并且符合标识符的规则。该名称可以是字符或 Unicode 常量，也可以是常规标识符或定界标识符。

- FILENAME：为<filespec>定义的文件指定操作系统文件名。

- os_file_name：操作系统创建<filespec>定义的物理文件时使用的路径名和文件名。os_file_name 中的路径必须指定 SQL Server 实例上的目录。os_file_name 不能指定压缩文件系统中的目录。如果文件在原始分区上创建，则 os_file_name 必须只指定现有原始分区的驱动器字母，每个原始分区上只能创建一个文件，且原始分区上的文件不会自动增长。因此，在 os_file_name 指定原始分区时，不需要指定 MAXSIZE 和 FILEGROWTH 参数。

- SIZE：指定<filespec>中定义的文件的大小。如果主文件的<filespec>中没有提供 SIZE 参数，那么 SQL Server 将使用 model 数据库中的主文件大小。如果次要文件或日志文件的<filespec>中没有指定 SIZE 参数，则 SQL Server 将使文件大小为 1MB。

- size：<filespec>中定义的文件的初始大小，可以使用千字节(KB)、兆字节(MB)、千兆字节(GB)或兆兆字节(TB)后缀，默认值为 MB。要指定一个整数，不要包含小数位。size 的最小值为 512 KB。如果没有指定 size，则默认值为 1MB。为主文件指定的大小至少应与 model 数据库的主文件大小相同。

- MAXSIZE：指定<filespec>中定义的文件可以增长到的最大大小。

- max_size：<filespec>中定义的文件可以增长到的最大大小，可以使用千字节(KB)、兆字节(MB)、千兆字节(GB)或兆兆字节(TB)后缀，默认值为 MB。要指定一个整数，不要包含小数位。如果没有指定 max_size，那么文件将增长到磁盘满为止。

- UNLIMITED：指定<filespec>中定义的文件将增长到磁盘满为止。

- FILEGROWTH：指定<filespec>中定义的文件的增长增量。文件的 FILEGROWTH 设置不能超过 MAXSIZE 设置。

- growth_increment：每次需要新的空间时为文件添加的空间大小。要指定一个整数，不要包含小数位，0 值表示不增长。该值可以 MB、KB、GB、TB 或百分比(%)为单位指定。如果未在数量后面指定 MB、KB 或%，则默认值为 MB。如果指定%，则增量大小为发生增长时文件大小的指定百分比。如果没有指定 FILEGROWTH，则默认值为 10%。最小值为 64KB，指定的大小舍入为最接近的 64KB 的倍数。

使用一条 CREATE DATABASE 语句即可创建数据库以及存储该数据库的文件。SQL Server 分两步实现 CREATE DATABASE 语句。首先 SQL Server 使用 model 数据库的复本初始化数据库及其元数据。然后，SQL Server 使用空页填充数据库的剩余部分，包含记录数据库中空间使用情况的内部数据页。

因此，model 数据库中任何用户定义对象均会复制到所有新创建的数据库中，可以向 model 数据库中添加对象，如表、视图、存储过程、数据类型等，以将这些对象添加到所有数据库中。

每个新数据库都从 model 数据库继承数据库选项设置（除非指定了 FOR ATTACH）。例如，在 model 和任何创建的新数据库中，数据库选项 select into/bulkcopy 都设置为 OFF。如果使用 ALTER DATABASE 更改 model 数据库的选项，则这些选项设置会在创建的新数据库中生效。如果在 CREATE DATABASE 语句中指定了 FOR ATTACH，则新数据库将继承原始数据库的数据库选项设置。

创建一个指定多个数据和日志文件的数据库的语句如下。

```
USE master
GO
CREATE DATEBASE staff
ON
PRIMATY ( NAME=staff1,
     FILENAME='C:\ProgramFiles\MicrosoftSQL
Server\MSSQL\data\sta1_Data.MDF',
     SIZE = 100MB,
     MAXSIZE=200,
     FILEGROWTH=20),
  (NAME=staff2,
     FILENAME='C:\ProgramFiles\MicrosoftSQL
Server\MSSQL\data\sta2_Data.NDF',
     SIZE = 100MB,
     MAXSIZE=200,
     FILEGROWTH=20),
  (NAME=staff3,
     FILENAME='C:\ProgramFiles\MicrosoftSQL
Server\MSSQL\data\sta3_Data.NDF',
     SIZE = 100MB,
     MAXSIZE=200,
     FILEGROWTH=20),
  LOG ON
  (NAME=stafflog1,
     FILENAME='C:\ProgramFiles\MicrosoftSQL
Server\MSSQL\data\stafflog1.LDF',
     SIZE = 100MB,
     MAXSIZE=200,
     FILEGROWTH=20),
   (NAME=stafflog2,
     FILENAME='C:\ProgramFiles\MicrosoftSQL
Server\MSSQL\data\stafflog2.LDF',
     SIZE = 100MB,
     MAXSIZE=200,
     FILEGROWTH=20)
  GO
```

4.3 删除数据库

删除数据库就是系统中删除该数据库和该数据库使用的磁盘文件。

当不再需要数据库或它已经被移到另一数据库或服务器时,即可删除该数据库。数据库删除之后,文件及其数据都会从服务器上的磁盘中删除。一旦删除数据库,它将被永久删除,并且不能进行检索,除非使用以前的备份。不能分离系统数据库 msdb、master、model 和 tempdb。

建议在数据库删除之后备份 master 数据库,因为删除数据库会更新 master 中的系统表。如果将 master 还原,则从上次备份 master 之后删除的所有数据库都将会在系统表中有引用,因而可能导致错误信息出现。

可以使用两种方法删除数据库:一种是使用企业管理器,一次只能删除一个数据库;另一种是使用命令的方式。

在要删除的数据库图标上右击,在弹出的菜单中选择"删除"命令(如图 4-15 所示)或者选中数据库后单击工具栏上的"删除"图标。在打开的"确认删除"对话框中,还有一个用于确定是否删除备份历史的复选框。如果选中该复选框,该数据库相应的数据库备份历史也被删除。接着选择"是"按钮,则删除了该数据库,如图 4-16 所示。

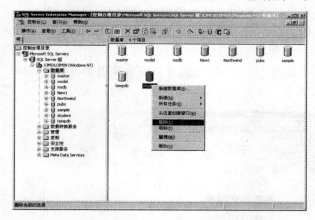

图 4-15 在快捷菜单中选择删除数据库

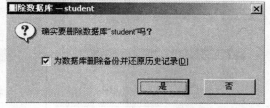

图 4-16 删除提示信息

还可以使用 Transact-SQL 中的 DROP DATABASE 语句来删除数据库,DROP DATABASE 的语法如下。

```
DROP DATABASE database_name[,....n]
```

参数 database_name 为要删除的数据库的名称。

如,DROP DATABASE custom,staff,anthor

此语句可以同时删除 custom、staff、anthor 三个数据库。

在删除数据库之前,可以在 SQL Server 查询分析器运行 sp_helpdb 存储过程查看数据库信息,如图 4-17 所示。在查询分析器中执行 DROP DATABASE 语句命令删除 student 数据库,如图 4-18 所示。

注意在以下情况下不能删除数据库:当数据库正在恢复状态时;当有用户正在该数据库执行操作时;当数据库正在执行复制时。

此时在企业管理器中，被删除的 student 数据库在"数据库"节点中就不再显示了。

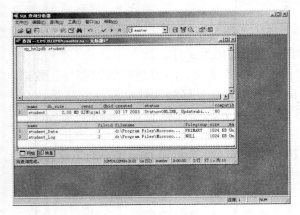

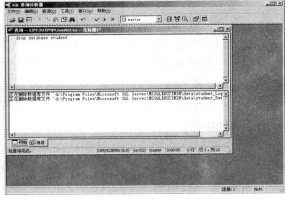

图 4-17　查询分析器查看数据库信息　　　　图 4-18　查询分析器删除数据库

4.4　连接数据库

在企业管理器的SQL Server组中单击所要连接的服务器，或在所要启动的服务器上右击，从快捷菜单中选择"连接"命令，即可启动。如果在注册服务器时选择了"在SQL Server 启动时输入账号和口令"选项，则会提示输入它们，如图4-19所示。

在要断开的服务器上右击后，从快捷菜单中选择"停止"选项就可以断开服务器，如图4-20所示。在关闭企业管理器时，也会自动断开服务器。

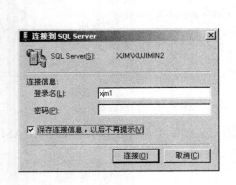

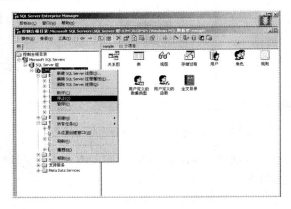

图 4-19　输入连接信息　　　　　　　　图 4-20　在企业管理器断开服务器

4.5　数据库的查看和修改

按照以下操作方法可以进行数据库的查看和修改。

步骤 1　在 SQL Server 企业管理器中，选择"数据库"节点，右击 student 数据库图标。在弹出的菜单中选择"属性"命令，如图 4-21 所示。

步骤 2   在"常规"标签页中显示了数据库的概要信息，如图 4-22 所示。

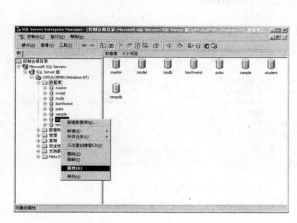

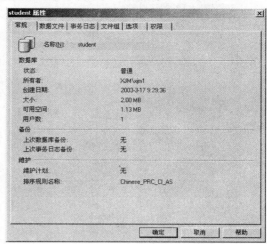

图 4-21   选择数据库属性   图 4-22   常规属性

步骤 3   在如图 4-23 所示的"文件组"标签页中显示了数据库中现有的文件组。此时数据库中只有一个主文件组 PRIMARY。单击 PRIMARY 下面一行的"名称"列，然后输入 SECOND，创建第二个文件组 SECOND，单击"确定"按钮后该文件组即可生效。

步骤 4   再次打开 student 数据库的属性对话框。在"数据文件"标签页中显示了数据库中现有的数据库文件，如图 4-24 所示。为了创建第二个数据库文件，在第二行中的"文件名"列中输入 student_Data_2，改变文件的分配空间为 10 MB，改变其隶属的文件组为刚刚创建的 SECOND。

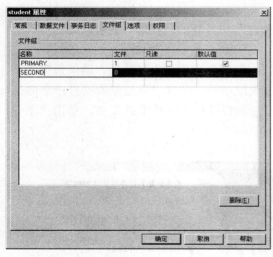

图 4-23   文件组   图 4-24   数据文件

步骤 5   在"事务日志"标签页显示了数据库中现有的事务日志文件。为了创建第二个事务日志文件，在第二行的"文件名"列中输入 student_Log_2，改变其分配空间为 2MB，如图 4-25 所示。

步骤 6   在图 4-26 所示的"选项"标签页中显示了数据库选项的设置，可以方便地改变这些数据库选项。

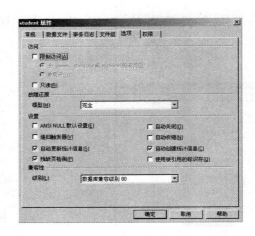

图 4-25　事务日志　　　　　　　　　　　　图 4-26　选项

4.6　创建数据库维护计划

按照以下操作方法可以进行数据库的查看和修改。

步骤 1　在 SQL Server 企业管理器中，右击 student 数据库图标，在弹出的菜单中选择"所有任务"下的"维护计划"，如图 4-27 所示。

步骤 2　在首先出现的页面显示了数据库维护计划的功能，如图 4-28 所示。阅读后单击"下一步"按钮。

步骤 3　在图 4-29 所示的对话框中选择要为其创建维护计划的数据库。这里系统已默认地选择了 student 数据库，单击"下一步"按钮。

步骤 4　在图 4-30 所示的对话框中选中"重新组织数据和索引页"复选项，确保数据库页包含均匀分发的数据量和可用空间，从而允许以后更快地增长。选择"从数据库文件中删除未使用的空间"复选项可以压缩数据文件。通过"调度"选择调度优化作业的发生，单击"下一步"按钮。

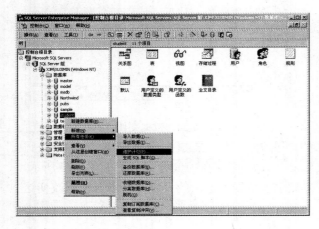
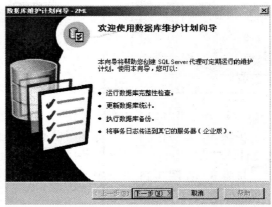

图 4-27　数据库的维护　　　　　　　　　　图 4-28　数据库维护向导

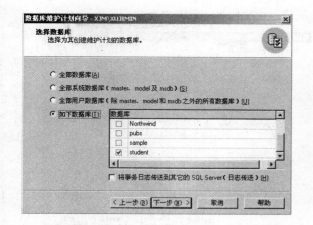

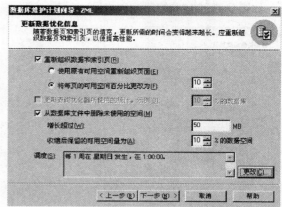

图 4-29　选择创建维护计划的数据库　　　　　　图 4-30　更新数据优化信息

步骤 5　在图 4-31 所示的对话框中选中"检查数据库完整性"复选项，让系统对数据库内的数据和数据页执行内部一致性检查，以确保系统或软件问题没有损坏数据。单击"下一步"按钮。

步骤 6　在图 4-32 所示的对话框中选中"作为维护计划的一部分来备份数据库"复选项。备份数据库可以避免由于系统错误或用户的误操作等原因引起的数据损失。选择文件的存放位置为"磁盘"，单击"下一步"按钮。

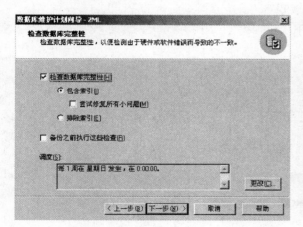

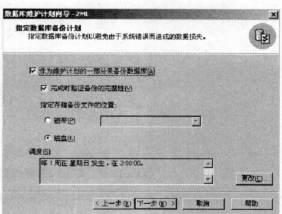

图 4-31　更新数据优化信息　　　　　　　图 4-32　指定数据库备份计划

步骤 7　在图 4-33 所示的对话框中选择保存备份文件的目录和其他的一些选项。数据库和日志备份可以保留一段指定时间。可以创建备份的历史记录，在需要将数据库还原到最近一次备份之前的时间时，就可以使用这些备份。单击"下一步"按钮。

步骤 8　在图 4-34 所示的对话框中选中"作为维护计划的一部分来备份事务日志"复选项，单击"下一步"按钮。

步骤 9　在图 4-35 所示的对话框中选择备份文件的目录为默认的目录，选择删除较早版本的备份文件。单击"下一步"按钮。

步骤 10　在图 4-36 所示的对话框中可以将维护任务产生的结果作为报告写到文本文件、HTML 文件或 msdb 数据库的 sysdbmaintplan_history 表中。报告也可以通过电子邮件发送给操作员。如果要通过电子邮件发送给操作员，则必须先创建一个操作员。单击"下一步"按钮。

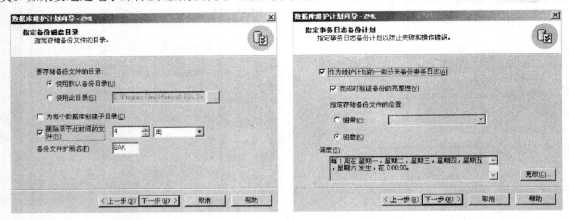

图 4-33　指定存储备份文件目录　　　　　　图 4-34　指定事务日志备份计划

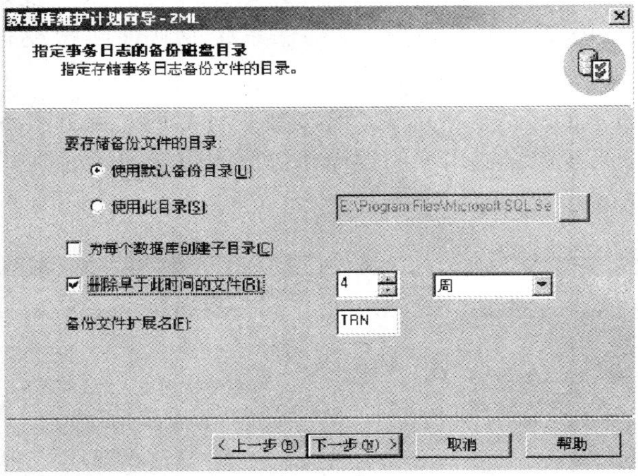

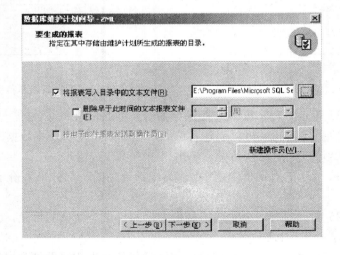

图 4-35　选择备份目录

图 4-36　将任务写入文件

步骤 11 在图 4-37 所示的对话框中选择如何存储维护计划记录，单击"下一步"按钮。

步骤 12 在图 4-38 所示的对话框的"计划名"文本框中输入此数据库维护计划的名称。下面的文本框中显示了此维护计划的摘要信息。确认无误后单击"完成"按钮即可完成维护计划的创建。

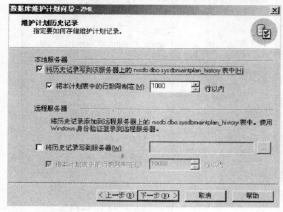
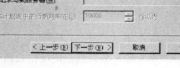

图 4-37 维护计划历史纪录

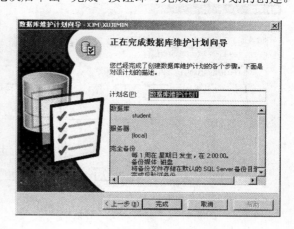

图 4-38 完成维护计划向导

4.7 收缩数据库

按照以下操作方法可以进行数据库的查看和修改。

步骤 1 在 SQL Server 企业管理器中，右击要收缩的数据库，在弹出的菜单中选择"所有命令"子菜单下的"收缩数据库"项，如图 4-39 所示。

步骤 2 在图 4-40 所示的"收缩数据库"对话框的"收缩后文件中的最大可用空间"文本框中输入收缩后数据库中剩余的可用空间量。选中"在收缩前将页移到文件起始位置"复选项，使释放的文件空间保留在数据库文件中，并使包含数据的页移到数据库文件的起始位置。

步骤 3 选中"根据本调度来收缩数据库"复选框，可以创建或更改自动收缩数据库的频率和时间。单击"更改"按钮可以对调度进行具体的设置，在打开的对话框中可选调度发生的时机，如图 4-41 所示。

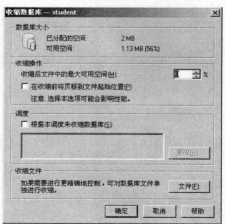

图 4-39 选择收缩数据库

图 4-40 "收缩数据库"对话框

步骤 4　在"编辑调度"对话框中选中"反复出现"单选按钮，然后单击右侧的"更改"按钮，设定调度发生的频率和每日发生的频率以及持续时间，如图 4-42 所示。

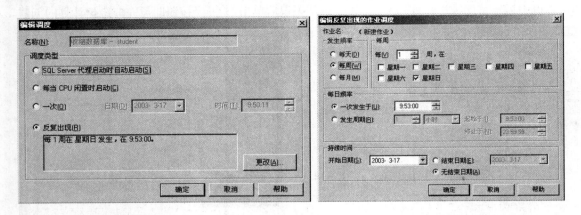

图 4-41　"编辑调度"对话框　　　　　　　　图 4-42　编辑反复出现作业调度

步骤 5　还可以选择对单个文件进行收缩，方法是在"数据库文件"列表中选择一个要收缩的文件，在"收缩操作"中选择一种收缩文件的方式，单击"确定"按钮，如图 4-43 所示。

除了手工设置数据库的收缩外，还可以设置让数据库自动收缩。双击要收缩的数据库图标，在数据对话框的"选项"标签页中选中"自动收缩"选项，单击"确定"按钮即可，如图 4-44 所示。

　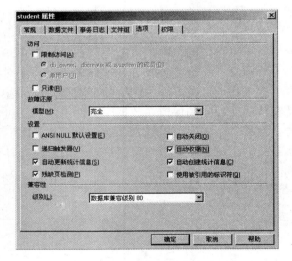

图 4-43　选择对文件进行收缩　　　　　　　　图 4-44　设置自动收缩

4.8　本章小结

本章介绍了数据库的创建与管理，以及系统数据库和实例数据库的基本情况。强大的数据库管理功能是 SQL Server 的特点，掌握本章内容是对数据库管理员的基本要求。

4.9 练 习

1. 启动企业管理器，并且启动本地的 SQL Server 服务，新建一个名为 TEST 的数据库，使数据文件和日志文件保存在 C:\TESTDATA\目录下，数据文件和日志文件的大小各为 30M。

2. 启动企业管理器，连接数据库 TEST，把数据库的数据文件和日志文件的大小变为自动增长，然后再收缩数据库。

第 5 章　数据表的创建与编辑

在数据库中，接触最多的就是数据库中的表。表是信息存储的地方，是数据库中最重要的部分，管理好表也就管理好了数据库。在数据库的开发中，应把各个表规划合理、设计正确、完整实现，这是数据库开发成功的基础，也是数据库成功使用的关键。本章将介绍如何创建和管理数据库表。

表是数据库中的主要对象，用来存储各种各样的信息。表具有下列特征：表代表实体，有唯一的名称；表由行和列组成，行可称为记录，列可称为字段或者域；行的顺序可以是任意的，一般按照数据插入先后顺序存储的；列的顺序也可以是任意的，对使用没有影响。

本章重点

- ◆　创建表
- ◆　编辑表
- ◆　删除表
- ◆　设置主外键
- ◆　自定义数据类型
- ◆　设置用户对表操作的权限
- ◆　查看表的定义及其相关性
- ◆　对表进行数据操作

5.1　创　建　表

数据是信息的数字表现形式，信息的加工和处理是以大量结构化的数据为载体进行的。数据库管理系统的核心是数据库，数据库的主要对象是表，表是结构化数据的存储地方。表有永久性的表和临时表两类。通常说的数据库表就是永久性的表，数据库中的数据一般存储在永久性的表中。此类表创建后，就存储在数据库文件中，并且一直存在，直到它们被删除为止。当然，数据库中的表可以被具有使用表权限的用户使用。用户还可以创建临时表，临时表的使用和永久性的表类似，只不过临时表存储在内存中，当它们不再被使用时，会被自动删除。

设计数据库时，应先确定需要什么样的表，表中都有哪些数据以及表的存取权限等。在创建和操作表的过程中，将对表进行更为细致的设计。

创建一个表最有效的方法是将表中所需的信息一次定义完成，包括数据约束和附加成分。也可以先创建一个基础表，向其中添加一些数据并使用一段时间。这种方法可以在添加各种约束、索引、默认设置、规则和其他对象形成最终设计之前，发现哪些事务最常用，哪些数据经常输入。

最好在创建表及其对象时预先将设计写在纸上。

设计时应注意以下几点。

- ● 表所包含数据的类型。
- ● 表的各列及每一列的数据类型（如果必要，还应注意列宽）。

- 哪些列允许空值。
- 是否使用及何时使用约束、默认设置和规则。
- 所需索引的类型，哪里需要索引，哪些列是主键，哪些是外键。

下面举例进行表操作，介绍如何创建学生信息表 student，具体操作方法如下。

步骤 1　在数据库下的"表"节点上右击，在弹出的菜单中选择"新建表"命令，如图 5-1 所示。

步骤 2　在打开的表设计器中，为表中加入五个列：st_Name、st_ID、st_gender、st_born、st_nation。设计类型和长度如图 5-2 所示。由于每一个学生必须有唯一标识的 ID，所以学号必须不为空且标记是唯一的。而其他四项都是学生信息中必不可少的，所以这四项信息都不能为空。

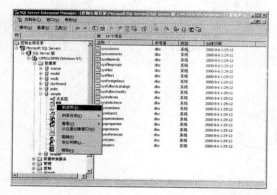

图 5-1　新建表

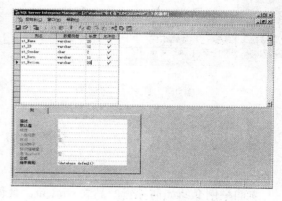

图 5-2　添加列

步骤 3　单击工具栏上的"属性"图标，可以查看表的属性。在"描述"文本框中输入对该表的描述，"学生相关信息表"如图 5-3 所示。

步骤 4　单击工具栏上的"保存更改脚本"图标，可以将创建表的脚本保存下来，如图 5-4 所示。文本框中显示了创建表的脚本语句，可以通过此窗口查看创建表的语句。接着单击"是"按钮。

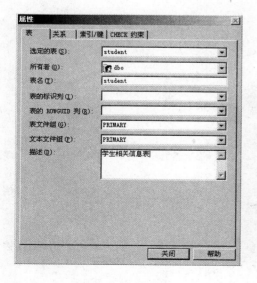

图 5-3　表属性

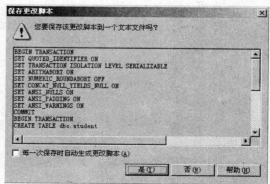

图 5-4　保存更改脚本

步骤 5 在打开的"另存为"对话框中,为保存的脚本文件取一个名称,该文件将被保存为一个后缀为 sql 的脚本文件,如图 5-5 所示。

步骤 6 完成表的设计之后,可以单击工具栏上的"保存"图标。在打开的"选择名称"对话框中,输入表的名称 Student,如图 5-6 所示,然后单击"确定"按钮。

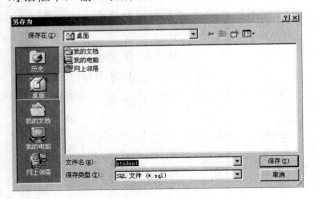

图 5-5 保存为 sql 文件   图 5-6 选择名称

5.2 编 辑 表

下面举例介绍如何编辑产品表 student,具体操作方法如下。

步骤1 在已有的表中添加、删除和修改列可以使用 Transact-SQL 语言中的 ALTER TABLE 语句。使用 ALTER TABLE 语句的语法如下。

```
ALTER TABLE table
{ [ ALTER COLUMN column_name
    { new_data_type [ ( precision [ , scale ] ) ]
      [ COLLATE < collation_name > ]
        [ NULL | NOT NULL ]
    | {ADD | DROP } ROWGUIDCOL }
    ]
    | ADD
      { [ < column_definition > ]
      | column_name AS computed_column_expression
      } [ ,...n ]
    | [ WITH CHECK | WITH NOCHECK ] ADD
        { < table_constraint > } [ ,...n ]
    | DROP
      { [ CONSTRAINT ] constraint_name
          | COLUMN column } [ ,...n ]
    | { CHECK | NOCHECK } CONSTRAINT
        { ALL | constraint_name [ ,...n ] }
    | { ENABLE | DISABLE } TRIGGER
```

```
            { ALL | trigger_name [ ,...n ] } }
```
步骤2 在 SQL Server 查询分析器中输入下列语句。
```
alert table student add st_email varchar(20) null
```
即往 Student 表中插入一个列 st_email，该列的数据类型为 varchar，允许为空，如图 5-7 所示。

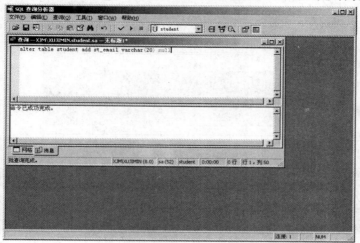

图 5-7　插入列

步骤3 在查询分析器中输入如下语句。
```
alert table student
alert column st_email int null
```
修改表 Student 中 st_email 的数据类型为 int，如图 5-8 所示。

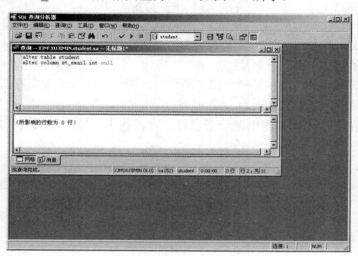

图 5-8　修改数据类型

步骤4 在查询分析器中输入如下语句。
```
alert table student
drop column st_email
```
删除表 Student 中 st_email，如图 5-9 所示。

步骤5 在企业管理器中修改表列定义。展开 SQL Server 服务器和相应的数据库，单击
"表"节点，在相应的表上右击，在弹出的菜单中选择"设计表"命令，如图 5-10 所示。

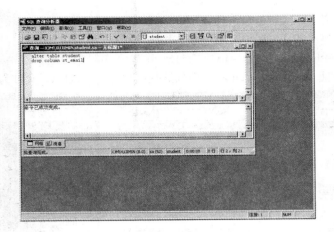

图 5-9　删除列

步骤 6　在如图 5-11 所示的设计表的对话框中，可以在最后一行中输入新列的名称、数据类型、长度及是否允许为空。

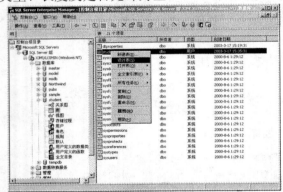

　　　　图 5-10　设计表　　　　　　　　　　　　　　图 5-11　设置是否为空值

步骤 7　如果新增加的列放在某一个特定的位置，则可以在该位置上右击，在弹出的菜单中选择"插入列"项，如图 5-12 所示。

步骤 8　此时在刚才的位置将出现一个空行，可以在该行输入新增列的定义，如图 5-13 所示。

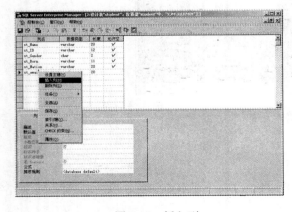

　　　　图 5-12　插入列　　　　　　　　　　　　　　图 5-13　定义新增列

步骤 9　在删除列时，可以单击列左侧图标，选择要删除的列，这时被选中的列将反色显示。如需选择多个列，按住 Shift 键可以选取连续的列，而按住 Ctrl 键可以选取多个不连续的列。在选取的列上右击，在弹出的菜单上选择"删除列"项，如图 5-14 所示。

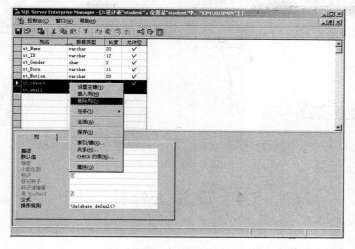

图 5-14　删除列

5.3　删　除　表

下面举例介绍如何删除数据库表，具体操作方法如下。

步骤 1　删除表时，要在企业管理器中选择要删除的表。在表上右击，在弹出菜单中选择"删除"命令，如图 5-15 所示。也可以直接单击工具栏上的"删除"按钮。

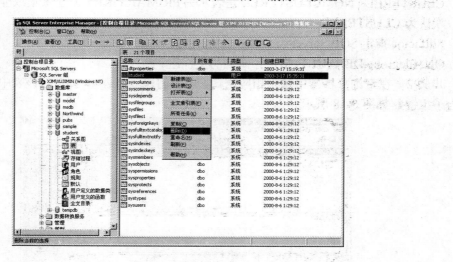

图 5-15　选择标进行删除

步骤 2　在如图 5-16 所示"除去对象"对话框中显示了将要删除的对象。"对象"列为要删除的对象名称，"所有者"列为对象的所有者，"类型"列中的图标表明了对象的类型。

步骤 3　单击"显示相关性"按钮可以查看与该表有相关关系的对象，如图 5-17 所示。单击"全部除去"按钮可以把所选的对象全部删除。

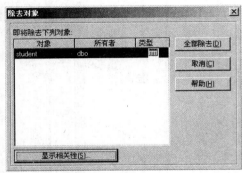

图 5-16　显示要删除的对象　　　　　　　图 5-17　显示相关性

5.4　设置主外键

下面举例介绍如何创建表的主键，具体操作方法如下。

步骤 1　使用 Transact-SQL 语句在表中创建主键时，可以在创建表的语句中定义列时使用如下语法。

```
column_definition
    PRIMARY KEY
    [CLUSTERED | NOMCLUSTERED]
    [WITH FILLFACTOR=fillfactor]
    [ON{filegroup|DEFAULT}]]
```

CLUSTERED | NOMCLUSTERED 是表示为 PRIMARY KEY 创建聚集或非聚集索引的关键字，默认为 CLUSTERED

Fillfactor 指定 SQL Server 存储索引数据时每个索引页的充满程度。

ON{filegroup|DEFAULT}指定存储表的文件组。

步骤 2　在查询分析器中输入相应语句，可以创建一个表 st_score，该表中的 st_ID 列被定义为了主键，如图 5-18 所示。

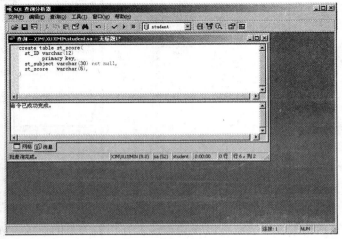

图 5-18　在查询分析器中建表

步骤 3　在企业管理器中定义主键的方法为在相应的表上右击，在弹出的对话框中选择"设计表"命令。

步骤 4　选择要设置为主键的列，可以选择一个列，也可以选择多个列。在所选的列上右击，在弹出的菜单中选择"设置主键"命令，如图 5-19 所示。也可以单击工具栏上的"设置主键"图标。

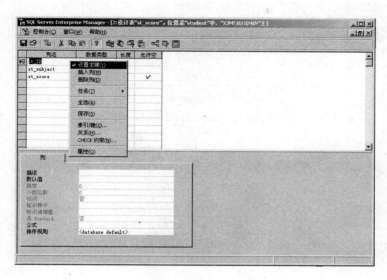

图 5-19　设置主键

步骤 5　在设计面板的空白处右击，并在弹出的快捷菜单中选择"属性"命令。在出现的"属性"对话框中，选择"索引/键"标签页。可以看到在"选定的索引"列表中的项目为 PK_st_score，这表明已经成功创建了一个主键。在下面的列表框中显示了该主键所包含的列，如图 5-20 所示。

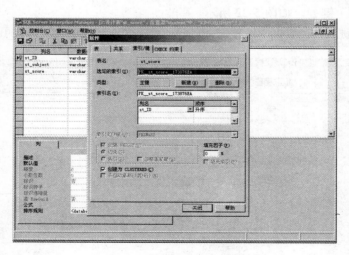

图 5-20　查看属性界面

下面举例介绍如何创建表的外键。

步骤 1　在创建表 st_score 后，下面将以表 st_score 中的 st_ID 列为主键，以表 Student 中的 SupplierID 列为外键创建一个外键约束。启动企业管理器，展开 student 数据库，在 st_score

表上右击，在弹出的菜单上单击"设计表"命令，进入表的设计窗口。

步骤2　在设计面板的空白处右击，在弹出的菜单中选择"关系"命令。

步骤3　打开如图5-21所示的对话框，由于数据库中没有创建任何的关系，所以窗口中的大部分项目都是以灰色显示的。

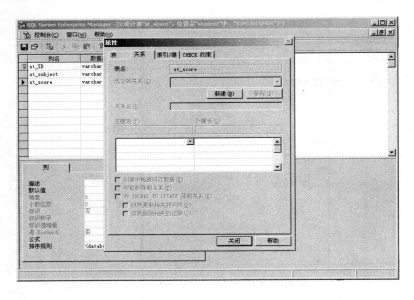

图 5-21　关系属性界面

步骤4　单击"新建"按钮，这时自动为新建的关系取了一个以 FK_ 开始的名称，显示在"关系名"文本框中。

步骤5　在"主键表"列表框中选择一个现有的表，此处选择表 st_score，在下面的列表框中选择 st_ID 列作为主键列，如图5-22所示。

步骤6　在"外键表"列表框中选择表 student，在下面的列表框中选择 st_ID 列作为外键列。

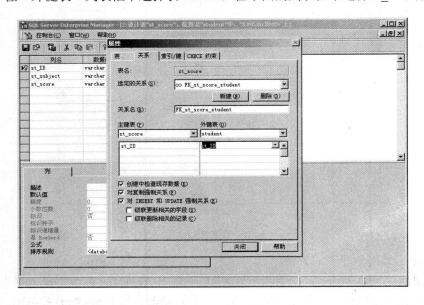

图 5-22　选择主键列

另外外键还可以通过关系图来创建，方法如下。

步骤 1　展开 student 数据库，单击"关系图"节点，在右侧的面板中右击，在弹出的菜单中选择"新建数据库关系图"命令。

步骤 2　使用"创建数据库关系图向导"创建关系图。首先显示了向导的功能，如图 5-23 所示。阅读后单击"下一步"按钮。

步骤 3　在"选择要添加的表"对话框中加入表 student 和 st_score，如图 5-24 所示。如果选中了"自动添加相关的表"复选框，则在选取表时，会把与这个表相关的表也添加进来。

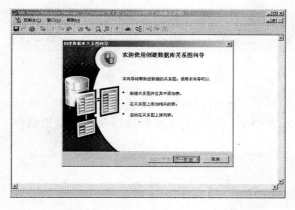
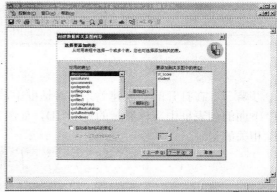

图 5-23　数据库关系向导　　　　　　　　　　图 5-24　添加表

步骤 4　在完成向导的窗口中，显示了已经添加的表，如图 5-25 所示。确认无误后，单击"完成"按钮。

步骤 5　在设计关系图的窗口中显示了加入的 student 和 st_score 两个表，如图 5-26 所示。

步骤 6　由于表 student 中的 st_ID 列与表 st_score 中的 st_ID 列存在依赖关系，需要在这两个列之间建立外键关系。单击表 student 中的 st_ID 列左侧的按钮选择该列，然后拖动鼠标，在表 st_score 的 st_ID 列上释放鼠标，如图 5-27 所示。

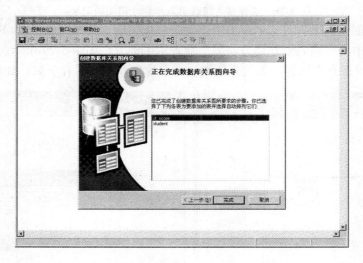

图 5-25　完成创建数据库关系向导

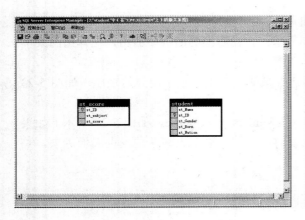
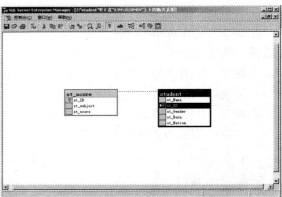

图 5-26　关系图　　　　　　　　　　　　　　　　图 5-27　建立外键关系

步骤 7　在打开的"创建关系"对话框中，可以设定关系的名称。在"主键表"和"外键表"下面的列表框中应该显示的是 st_ID，如图 5-28 所示。在这里还可以选择是否级联更新和删除相关的记录。

图 5-28　选择是否级联更新和删除相关的记录

步骤 8　在"创建关系"对话框中单击"确定"按钮后，关系图设计窗口中两个表之间将出现一根连线，其中的一端表示外键方，另一端表示主键方，如图 5-29 所示。

步骤 9　单击"保存"图标，为关系图取一个名称后，将其保存下来，如图 5-30 所示。

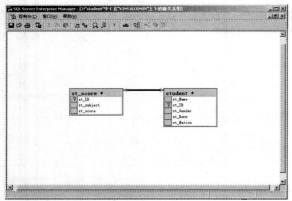

图 5-29　关系结构图　　　　　　　　　　　　　　图 5-30　保存关系图

5.5 自定义数据类型

下面举例介绍如何管理用户自定义的数据类型。

步骤 1 可以使用系统过程 sp_addtype 来增加一个用户定义的数据类型。下面为 sp_addtype 过程的用法。

```
sp_addtype[@typename=]type,
    [@phystype=]system_data_type
[,[@mulltype=]'null_type]
[,[@owner=]'owner_name]
```

参数说明如下。

- type：用户定义的数据类型的名称
- system_data_type：是用户定义的数据类型所基于的物理数据
- 'null_type：指明用户定义的数据类型处理空值的方式
- 'owner_name：指定新数据类型的创建者或所有者

步骤 2 可以在"查询分析器"中使用如图 5-31 所示的语句创建一个名为 birthday 的用户定义数据类型，该数据类型是基于 datetime 的，并允许为空值。

步骤 3 要在 SQL Server 企业管理器中创建用户定义数据类型，可以选择数据库中的"用户定义的数据类型"节点，在右侧的空白处右击，在弹出的快捷菜单中选择"新建用户定义数据类型"项。

步骤 4 在出现的设定"用户定义的数据类型属性"对话框中，在"名称"文本框中输入 birthday，在"数据类型"列表框中选择 datetime，如图 5-32 所示。这样就创建了一个基于 datetime 类型的用户定义数据类型列。

步骤 5 如果要删除用户定义的数据类型，可以使用 Transact-SQL 中的 sp_droptype 系统过程或企业管理器来删除。在企业管理器中删除时，可以右击要删除的用户定义数据类型，在弹出的快捷菜单中选择"删除"命令或单击工具栏上的"删除"按钮。

步骤 6 在"除去对象"对话框中显示了要删除的数据库对象。单击"显示相关性"按钮可以查看依赖于此数据类型的对象。单击"全部除去"按钮即可将所选择的对象删除。

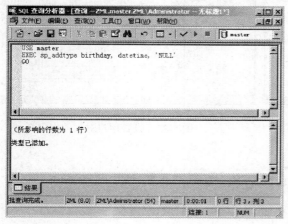

图 5-31 创建一个用户自定义类型

图 5-32 自定义类型属性

5.6　设置用户对表操作的权限

下面举例说明如何进行表操作权限的设置。

步骤 1　在企业管理器中双击 Student 表，打开表的属性窗口，如图 5-33 所示。

步骤 2　单击"权限"按钮，可以设置用户或数据库角色对该表的各种操作的权限。如图 5-34 所示。

步骤 3　单击"列"按钮，可以设置指定用户对每一列的权限，如图 5-35 所示。

图 5-33　表属性窗口

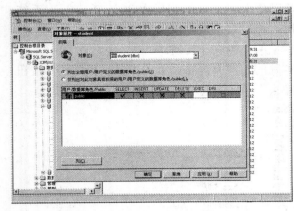

图 5-34　设置权限窗口

图 5-35　设置用户对列的权限

5.7　查看表的定义及其相关性

下面举例说明如何查看表的定义及其相关性。

步骤 1　可以使用 sp_help 系统存储过程查看表的定义，sp_help 的用法如下。

```
sp_help[[@objname=]name]
```

参数说明如下。

[@objname=]name 是 sysobjects 上的任意对象的名称，或者是在 systypes 表中任何用户定义数据类型的名称。name 的数据类型为 nvarchar(776)，默认值为 NULL。不能使用数据库名称。

步骤 2　启动 SQL Server 查询分析器，输入如图 5-36 所示语句，以便查看表 student 的定义信息。单击工具栏上的"执行查询"图标或按 F5 键，窗口的下部显示了表 student 的定义，如图 5-36 所示。

步骤 3　还可以使用企业管理器查看表的定义。在企业管理器中，选取 student 数据库中的"表"节点，在右侧窗口中的 student 表上右击，在弹出的菜单中选择"属性"或单击工具栏上的"属性"按钮打开表的"属性"对话框。在"属性"对话框中，可以看到各个列的定义。列名前面有图标的表明该列是表的主键，如图 5-37 所示。

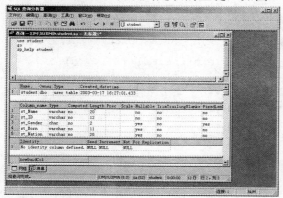

图 5-36　查看表的定义

图 5-37　表属性

步骤 4　要查看表的相关性，可以在 student 表上右击，在弹出的菜单中选择"所有任务"下的"显示相关性"命令，在打开的对话框显示了与 student 表相关的表。由于 student 表与 st_score 表具有外键关系，所以 st_score 表是依附于 student 表的，如图 5-38 所示。

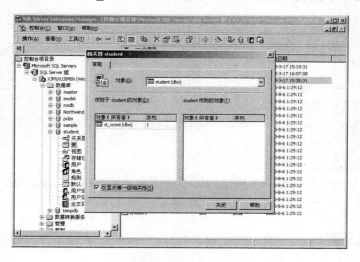

图 5-38　显示相关的表

5.8 对表进行数据操作

数据库是为更方便有效地管理信息而存在的，人们希望数据库可以随时提供所需要的数据信息。因此，对用户来说，数据查询是数据库最重要的功能，本节将讲述数据查询的实现方法。

在数据库中，数据查询是通过 SELECT 语句来完成的。SELECT 语句可以从数据库中按用户要求检索数据，并将查询结果以表格的形式返回。在前面的章节中已经初步接触到了 SELECT 语句的一些用法，在本节中将分类讲述其具体用法。本节将讲述 SELECT 语句完整的语法结构，这是一个非常冗长、枯燥的过程，可以将本节作为理解编写查询语句的语法参考资料。

SELECT 语句完整的语法结构如下。

```
SELECT statement ::=
<query_expression>
[ ORDER BY { order_by_expression | column_position [ ASC | DESC ] } [,...n] ]
[ COMPUTE { { AVG | COUNT | MAX | MIN | SUM } (expression) } [,...n]
[ BY expression [,...n] ] ]
[ FOR { BROWSE | XML { RAW | AUTO | EXPLICIT }
[ , XMLDATA ]
[ , ELEMENTS ]
[ , BINARY base64 ] }
[ OPTION (<query_hint> [,...n]) ]
<query expression> ::=
{ <query specification> | (<query expression>) }
[UNION [ALL] <query specification> | (<query expression>) [...n] ]
<query specification> ::=
SELECT [ ALL | DISTINCT ]
[ {TOP integer | TOP integer PERCENT} [ WITH TIES] ]
<select_list>
[ INTO new_table ]
[ FROM {<table_source>} [,...n] ]
[ WHERE <search_condition> ]
[ GROUP BY [ALL] group_by_expression [,...n]
[ WITH { CUBE | ROLLUP } ] ]
[ HAVING <search_condition> ]
```

由于SELECT 语句特别复杂，上述结构还不能完全说明其用法，因此将它拆分为若干部分来讲述。

5.8.1 SELECT 子句

SELECT 子句指定需要通过查询返回的表的列，其语法如下。

```
SELECT [ ALL | DISTINCT ]
```

```
[ TOP n [PERCENT] [ WITH TIES] ]
<select_list>
<select_list> ::=
{ *
| { table_name | view_name | table_alias }.*
| { column_name | expression | IDENTITYCOL | ROWGUIDCOL }
[ [AS] column_alias ]
| column_alias = expression
} [,...n]
```

各参数说明如下。

- ALL：指明查询结果中可以显示值相同的列。ALL 是系统默认的。
- DISTINCT：指明查询结果中如果有值相同的列，则只显示其中的一列。对 DISTINCT 选项来说，Null 值被认为是相同的值。
- TOP n [PERCENT]：指定返回查询结果的前 n 行数据。如果 PERCENT 关键字指定的话，则返回查询结果的前百分之 n 行数据。
- WITH TIES：此选项只能在使用了 ORDER BY 子句后才能使用。当指定此项时，除了返回由 TOP n PERCENT 指定的数据行外，还要返回与 TOP n PERCENT 返回的最后一行记录中由 ORDER BY 子句指定的列的列值相同的数据行。
- select_list：select_list 是所要查询的表的列的集合，多个列之间用逗号分开。
- *：通配符，返回所有对象的所有列。
- table_name | view_name | table_alias.*：限制通配符*的作用范围。凡是带*的项，均返回其中所有的列。
- column_name：指定返回的列名。
- Expression：表达式可以为列名常量函数或它们的组合。
- IDENTITYCOL：返回 IDENTITY 列。如果 FROM 子句中有多个表含有 IDENTITY 列，则在 IDENT-TYCOL 选项前必须加上表名，如 Table1.IDENTITYCOL。
- ROWGUIDCOL：返回表的 ROWGUIDCOL 列。同 IDENTITYCOL 选项相同，当要指定多个 ROWGUIDCOL 列时，选项前必须加上表名，如 Table1.ROWGUIDCOL。
- column_alias：在返回的查询结果中，用此别名替代列的原名。column_alias 可用于 ORDER BY 子句，但不能用于 WHERE GROUP BY 或 HAVING 子句。如果查询是游标声明命令 ECLARECURSOR 的一部分，则 column_alias 还不能用于 FOR UPDATE 子句。有关游标的介绍请参见游标和视图章节。

5.8.2　INTO 子句

INTO 子句用于把查询结果存放到一个新建的表中。SELECT...INTO句式不能与COMPUTE 子句一起使用，其语法如下。

```
INTO new_table
```

参数 new_table 指定了新建的表的名称。新表的列由SELECT子句中指定的列构成，新表中的数据行是由WHERE子句指定的。但如果SELECT 子句中指定了计算列，在新表中对应的列则不是计算列，而是一个实际存储在表中的列，其中的数据由执行SELECT...INTO语句时计算得出。如果数据库的"Select into/bulk copy"选项设置为"True/On"，则可以用INTO子句创建表和临时表。反之，则只能创建临时表。

5.8.3 FROM 子句

FROM子句指定需要进行数据查询的表。只要SELECT子句中有要查询的列，就必须使用FROM子句，其语法如下。

```
FROM {<table_source>} [,...n]
<table_source> ::=
table_name [ [AS] table_alias ] [ WITH ( <table_hint> [,...n]) ]
| view_name [ [AS] table_alias ]
| rowset_function [ [AS] table_alias ]
| OPENXML
| derived_table [AS] table_alias [ (column_alias [,...n] ) ]
| <joined_table>
<joined_table> ::=
<table_source> <join_type> <table_source> ON <search_condition>
| <table_source> CROSS JOIN <table_source>
| <joined_table>
<join_type> ::=
[ INNER | { { LEFT | RIGHT | FULL } [OUTER] } ]
[ <join_hint> ]
JOIN
```

各参数说明如下。

- table_source：指明 SELECT 语句要用到的表、视图等数据源。
- table_name [[AS] table_alias]：指明表名和表的别名。
- view_name [[AS] table_alias]：指明视图名称和视图的别名。
- rowset_function [[AS] table_alias]：指明行统计函数和统计列的名称。
- OPENXML：提供一个 XML 文档的行集合视图。
- WITH (<table_hint> [,...n])：指定一个或多个表提示。通常 SQL Server 的查询优化器会自动选取最优执行计划。除非是特别有经验的用户，否则最好不用此选项。关于表提示 table_hint 的设定，请参见"删除数据"部分。
- derived_table [AS] table_alias：指定一个子查询，从数据库中返回数据行。
- column_alias：指明列的别名，用以替换查询结果中的列名。
- joined_table：指定由连接查询生成的查询结果。有关连接与连接查询的介绍参见本章的相关章节。
- join_type：指定连接查询操作的类型。
- INNER：指定返回两个表中所有匹配的行。如果没有 join_type 选项，此选项就为系统默认。
- LEFT [OUTER]：返回连接查询左边的表中所有的相应记录，而右表中对应于左表无记录的部分，用 NULL 值表示。

- RIGHT [OUTER]: 返回连接查询右边的表中所有的相应记录,而左表中对应于右表无记录的部分,用 NULL 值表示。
- FULL [OUTER]: 返回连接的两个表中的所有记录。无对应记录的部分用 NULL 值表示。
- join_hint: 指定一个连接提示或运算法则。如果指定了此选项,则 INNER、LEFT、RIGHT 或 FULL 选项必须明确指定。通常 SQL Server 的查询优化器会自动选取最优执行计划,除非是特别有经验的用户,否则最好不用此选项。
- JOIN: 指明特定的表或视图将要被连接。
- ON <search_condition>: 指定连接的条件。
- CROSS JOIN: 返回两个表交叉查询的结果。

其中join_hint 的语法如下。

```
<join_hint> ::= { LOOP | HASH | MERGE | REMOTE }
```

其中LOOP | HASH | MERGE选项指定查询优化器中的连接是循环散列或合并的。REMOTE选项指定连接操作由右边的表完成。当左表的数据行少于右表,才能使用REMOTE 选项。当左表和右表都是本地表时,此选项不必使用。

5.8.4 WHERE 子句

WHERE子句指定数据检索的条件,以限制返回的数据行。其语法如下。

```
WHERE <search_condition> | <old_outer_join>
<old_outer_join> ::=
column_name { *= | =* } column_name
```

各参数说明如下。

- search_condition: 通过由谓词构成的条件来限制返回的查询结果。
- old_outer_join: 指定一个外连接。此选项不是标准的,但使用方便。它用*= 操作符表示左连接,用=*操作符表示右连接。此选项与在 FROM 子句中指定外连接都是可行的方法,但二者只能择其一。

5.8.5 GROUP BY 子句

GROUP BY子句指定查询结果的分组条件。其语法如下。

```
GROUP BY [ALL] group_by_expression [,...n]
[WITH{ CUBE | ROLLUP }]
```

各参数说明如下。

- ALL: 返回所有可能的查询结果组合,即使此组合中没有任何满足 WHERE 子句的数据。分组的统计列如果不满足查询条件,则将由 NULL 值构成其数据。ALL 选项不能与 CUBE 或 ROLLUP 选项同时使用。GROUP BY ALL 不支持远端表的查询。
- group_by_expression: 指明分组条件。group_by_expression 通常是一个列名,但不能是列的别名。数据类型为 TEXT、NTEXT、IMAGE 或 BIT 类型的列不能作为分组条件。
- CUBE: 除了返回由 GROUP BY 子句指定的列外,还返回按组统计的行,返回的结果先按分组的第一个条件列排序显示,再按第二个条件列排序显示,以此类推。统计行包括了 GROUP BY 子句指定列的各种组合的数据统计。
- ROLLUP: 与 CUBE 不同的是,此选项对 GROUP BY 子句中的列顺序敏感,它只返回第一个分组条件指定列的统计行。改变列的顺序会使返回结果的行数发生变化。

5.8.6 HAVING 子句

HAVING子句指定分组搜索条件。HAVING子句通常与GROUP BY子句一起使用。TEXT、NTEXT、和IMAGE数据类型不能用于HAVING。其语法如下。

```
HAVING <search_condition>
```

HAVING子句与WHERE 子句很相似，其区别在于作用的对象不同。WHERE子句作用于表和视图，HAVING子句作用于组。

5.8.7 UNION 操作符

UNION操作符可以将两个或两个以上的查询结果合并为一个结果集。它与使用连接查询，合并两个表的列是不同的。使用UNION 操作符合并查询结果需要遵循以下两个基本规则。

● 列的数目和顺序在所有查询中必须是一致的。
● 数据类型必须兼容。

其语法如下。

```
<query specification> | (<query expression>)
UNION [ALL]
<query specification | (<query expression>)
[UNION [ALL] <query specification | (<query expression>) [...n] ]
```

各参数说明如下。

● <query_specification>|(<query_expression>)：指明查询的详细说明或查询表达式。
● UNION：合并操作符。
● ALL：合并所有数据行到结果中，包括值重复的数据行。如果不指定此选项，则重复的数据行只显示一行。

5.8.8 ORDER BY 子句

ORDER BY 子句指定查询结果的排序方式，其语法如下。

```
ORDER BY {order_by_expression [ ASC | DESC ] } [,...n]
```

各参数说明如下。

● order_by_expression：指定排序的规则。order_by_expression 可以是表或视图的列名称或别名。如果 SELECT 语句中没有使用 DISTINCT 选项或 UNION 操作符，那么 ORDER BY 子句中可以包含 select list 中没有出现的列名或别名。ORDER BY 子句中也不能使用 TEXT、NTEXT 和 IMAGE 数据类型。
● ASC：指明查询结果按升序排列。这是系统默认值。
● DESC：指明查询结果按降序排列。

5.8.9 COMPUTE 子句

COMPUTE 子句在查询结果的末尾生成一个汇总数据行，其语法如下。

```
COMPUTE
{ { AVG | COUNT | MAX | MIN | STDEV | STDEVP |VAR | VARP | SUM }
(expression) } [,...n]
[ BY expression [,...n] ]
```
各参数说明如下。

- AVG | COUNT | MAX | MIN | STDEV | STDEVP | VAR | VARP | SUM：以上参数与对应的函数有相同的含义。这些函数均会忽略 NULL 值，且 DISTINCT 选项不能在此使用。
- Expression：指定需要统计的列的名称。此列必须包含于 SELECT 列表中，且不能用别名。COMPUTE 子句中也不能使用 TEXT、NTEXT 和 IMAGE 数据类型。
- BY expression：在查询结果中生成分类统计的行。如果使用此选项，则必须同时使用 ORDER BY 子句。expression 是对应的 ORDER BY 子句中 order_by_expression 的子集或全集。

5.8.10 FOR BROWSE 子句

FOR BROWSE 子句用于读取另外的用户正在进行添加、删除或更新记录的表，其语法如下。

```
FOR { BROWSE | XML { RAW | AUTO | EXPLICIT }
[ , XMLDATA ]
[ , ELEMENTS ]
[ , BINARY base64 ]
}
```
各参数说明如下。

- BROWSE：BROWSE 选项指明当查看使用 DB-Library 的客户机应用程序中的数据时，可以更新数据。使用此子句时对所操作的表有些限制。表必须包含一个 timestamp 类型的时间标识列。表必须有一个唯一索引。
- XML：指明查询结果以 XML 文档模式返回。XML 模式分为 RAW、AUTO、EXPLICIT 三种。
- RAW：将查询结果每一行转换为以一个普通标识符<row />作为元素标识 XML 文档。
- AUTO：以简单嵌套的 XML 树方式返回查询结果。
- EXPLICIT：指定查询结果的 XML 树的形式被明确定义的。
- XMLDATA：返回概要信息。它是附加在文档上返回的。
- ELEMENTS：指明列将以子元素的方式返回。
- BINARY base 64：指定查询返回以 base64 格式编码的二进制数据。

5.8.11 OPTION 子句

OPTION子句用于指定在整个查询过程中的查询提示。通常，用户不必使用OPTION子句，因为查询优化器会自动选择一个最佳的查询计划。OPTION子句必须由最外层的主查询来指定。各查询提示之间应使用逗号隔开，其语法如下。

```
OPTION (<query_hint> [,...n] )
<query_hint> ::=
```

```
{ { HASH | ORDER } GROUP
| { CONCAT | HASH | MERGE } UNION
| { LOOP | MERGE | HASH } JOIN
| FAST number_rows
| FORCE ORDER
| MAXDOP number
| ROBUST PLAN
| KEEP PLAN
| KEEPFIXED PLAN
| EXPAND VIEWS
}
```

各参数说明如下。

- {HASH | ORDER} GROUP：指定在 GROUP BY 或 COMPUTE 子句中指定的查询使用散列法或排序法。所谓散列法是指为存储和检索数据项或数据，把搜索关键字转换为一个地址的一种方法。散列法常作为数据集内记录的一种算法，可以使记录分组均匀，减少搜索时间。

- {MERGE | HASH | CONCAT} UNION：指定所有的 UNION 操作符采用合并（Merge）、散列（Hash）或连接（Concatenate）的方法执行操作。如果指定了多个 UNION 提示，查询分析器会挑选一个最佳的提示方案。

- {LOOP | MERGE | HASH |} JOIN：指定查询过程中的所有连接操作采取循环连接（Loop Join）、合并连接（Merge Join）或散列连接（Hash Join）的方法。如果指定了多个 JOIN 提示，查询分析器会挑选一个最佳的提示方案。

- FAST number_rows：指定查询分析只用于迅速返回前 number_rows 行数据，在 number_rows 行以后的数据采用原查询方法。

- FORCE ORDER：指定在查询语法中说明的连接顺序在查询优化的过程中保持不变。

- MAXDOP number：忽略由 Sp_configure 设定的针对查询的最大并行线程数目。

- ROBUST PLAN：强制查询分析器尝试使用最大行容量的计划。

- KEEP PLAN：强制查询分析器放松重新编译查询的阈值。指定此选项可以让一个表被多次更新而不必频繁地重新编译查询。

- KEEPFIXED PLAN：强制查询分析器不重新编译查询，这样只有当表的概要改变或执行 Sp_recompile 存储过程时，才会重新编译查询。

- EXPAND VIEWS：扩展索引化视图（当一个视图的名称在查询文本中被视图定义替换时称这个视图被扩展了），并且查询分析器不再将索引化视图作为查询的某部分的替代品。如果视图使用了 WITH（NOEXPAND）说明，则不能被扩展。

5.9   本章小结

本章介绍了创建和管理数据库表的相关知识，以及设置主外键、自定义数据类型、权限等一些最基本、最常用的操作。

5.10 练 习

1. 启动企业管理器，并且启动本地的 SQL Server 服务，连接数据库 pubs，在这个数据库中新建一个表 people，表的结构如下。

字段名	数据类型
Id	int
Name	Varchar(16)
Sex	bit
Birthday	datetiem

2. 启动企业管理器，并且启动本地的 SQL Server 服务，连接数据库 pubs，打开表 people，把表修改如下结构。

字段名	数据类型	说明
Id	int	主键
Name	Varchar(16)	非空
Sex	bit	非空
Birthday	datetiem	

第 6 章　TSQL

在这一章中，首先要学习关系数据库的查询、操纵和定义语言——SQL语言，然后再介绍MS SQL Server的Transact-SQL。Transact-SQL是ANSI SQL的加强版语言，它提供了标准的SQL命令，另外还对SQL命令做了许多扩充。

Transact-SQL语言是ANSI SQL-99在微软公司SQL Server数据库中的实现。在SQL Server数据库中，Transact-SQL语句由四个部分组成。第一部分是数据控制语言（DCL），用来进行安全性管理，可以确定哪些用户可以查看或者修改数据，包括GRANT、DENY、REVOKE等语句。第二部分是数据定义语言（DDL），用来执行数据库的任务，创建数据库以及数据库中的对象，包括GRANT、DENY、REVOKE等语句。第三部分是数据操纵语言（DML），用来在数据库中操纵各种对象，检索和修改数据，包括GRANT、DENY、REVOKE等语句。第四部分是Transact-SQL语句，包括变量、运算符、函数、流程控制语言和注释。

本章重点

◆　SQL 语言
◆　Transact-SQL 语言概述
◆　数据类型
◆　变量
◆　其他命令
◆　常用函数

6.1　SQL 语言

SQL语言是一种介于关系代数与关系演算之间的语言，其功能包括查询、操纵、定义和控制四个方面，是一个通用的功能极强的关系数据库语言。如果已经熟悉了SQL语句，可以跳过这一节。

6.1.1　SQL 概述

可以用查询分析器运行 SQL 语言。为了方便 SQL 语言的学习，本章中的所有例子都基于 pubs 数据库。SQL 是一种在关系数据库中定义和操纵数据的标准语言，其基本格式类似于英语语法，它最早是 1974 年由 Boyce 和 Chamberlin 提出的（当时称作 SEQUEL 语言）。在 1976 年，由 IBM 公司的 San Jose 研究所在研制关系数据库管理系统 System R 时修改为 SEQUEL2，也就是目前的 SQL。1986 年，美国国家标准化组织 ANSI 确认 SQL 作为数据库系统的工业标准。SQL 语言的最大特点是直观、简单易学，初学者经过较短的学习就可以使用 SQL 进行数据库的存取操作。

SQL 语言通常分成四类：查询语言（SELECT）、操纵语言（INSERT、UPDATE、DELETE）、定义语言（CREATE、ALTER、DROP）和控制语言（COMMIT、ROLLBACK）。

6.1.2 数据定义语言

数据定义语言用来执行数据库的任务，包括CREATE、ALTER、DROP等语句。在SQL Server 2000 中，数据库及其对象包括数据库、表、视图、触发器、存储过程、规则等。

1. 定义基本表

数据库很重要的就是要在数据库中定义一些基本表。SQL 语言使用 CREATE TABLE 语句创建基本表，它的具体格式如下。

```
CREATE TABLE <表名>
<列名><数据类型>[列级完整性约束条件]
[...]
[,<表级完整性约束条件>];
```

其中，<表名>是所要定义的基本表的表名，它可以由多个列组成。

下面通过具体的例子介绍创建表。

【例 6.1.1】假设已经建立了一个银行业务数据库，现在建立一个贷款发放情况表 offeringloan，它由贷款流水号 loanflowno、贷款金额 loansum、贷款发放日期 loandate、贷款金融机构 finance 组成。其中贷款流水号不能为空，并且其值唯一。

```
CREATE TABLE offeringloan
(
    loanflowno CHAR(18) NOT NULL UNIQUE,
    loansum   FLOATM,
    loandate  DATE,
    finance   CHAR(10)
);
```

2. 修改基本表

有时由于需求变化或误操作，需要修改已建立好的基本表，包括增加新列或修改原有的列定义等。SQL 语言用 ALTER TABLE 语句来修改基本表，其一般格式如下。

```
ALTER TABLE<表名>
[ADD <新列名><数据类型><完整性约束>]
[DROP  <完整性约束名>]
[MODIFY <列名><数据类型>];
```

其中，<表名>指定需要修改的基本表，ADD 子句用于增加新列和新的完整性约束条件，DROP 子句用于删除指定的完整性约束条件，MODIFY 子句用于修改原有的列定义。

【例 6.1.2】向 offeringloan 表增加放款到期日 finishdate 列，其数据类型为日期型。

```
ALTER TABLE offeringlaon ADD finishdate DATE;
```

无论基本表中原来是否有数据，新增列一律为空值。

【例 6.1.3】删除关于贷款流水号必须取唯一值的约束。

```
ALTER TABLE offeringlaon DROP UNIQUE(loanflowno);
```

3. 删除基本表

当某个基本表不再需要时，可以使用 DROP TABLE 语句进行删除。其格式如下。

```
DROP TABLE offeringlaon;
```

注意：基本表一旦删除，表中的数据会自动删除，而建立在此表上的视图也无法使用，因此一定要特别小心该操作。

6.1.3 操纵语言

1. 插入语句

SQL 语言的数据插入语句 INSERT 通常有两种形式，一种是插入一个元组，另一种是插入子查询结果。后者可以一次插入多个元组。

插入单个元组的语法格式如下。

```
INSERT INTO <表名>[(<属性1>,<属性1>…)]
VALUES(<常量1>[,<常量1>]…)
```

其中新记录属性列 1 的值为常量 1，属性列 2 的值为常量 2。如果某些属性列在 INTO 子句中没有出现，则新记录在这些列上将取空值。如果定义表时说明列是 NOT NULL 型，则插入数据时该列不能为空，否则会出错。如果 INTO 子句中没有指明任何列名，则新插入的记录必须在每个属性列上均有值。

【例 6.1.4】将一个新学生记录（学号：20030；姓名：王新；性别：男）插入 Student 表中。

```
INSERT
INTO Student
VALUES ('20030','王新','男');
```

【例 6.1.5】插入一条选课记录（'20030', '1'）。

```
INSERT
INTO SC(Sno,Cno)
VALUES ('20030','1');
```

2. 插入子查询结果

子查询不仅可以嵌套在 SELECT 语句中，用以构造父查询的条件，也可以嵌套在 INSERT 语句中，用以生成要插入的数据。

插入子查询结果的 INSERT 语句格式如下。

```
INSERT
INTO <表名>[(<属性1>,<属性1>…)]
子查询;
```

这是批量插入，可以一次将子查询的结果全部插入指定表中。

【例 6.1.6】对每一个系，求学生的平均年龄，并把结果存入数据库。

首先假设已经建好一个系表 Deptage，表中包括两列，一列存放系名 Sdept，一列存放相应系的学生平均年龄 Avage。

```
CREATE TABLE Deptage
(
```

```
Sdept CHAR(15),
Avage SMALLINT
);
```

然后对数据库的 Student 表按系分组求平均年龄，再把系名和平均年龄存入新表中。

```
INSERT
INTO Deptage(Sdept,Avage)
SELECT Sdept,AVG(Sage)
FROM Student
GROUP BY Sdept;
```

3. 修改数据

修改操作又称为更新操作可以，修改指定表中满足 WHERE 子句条件的元组。其语句的一般格式如下。

```
UPDATE <表名>
SET <列名>=<表达式>[,<列名>=<表达式>]…
[WHERE <条件>];
```

其中 SET 子句用于指定修改方法，即用<表达式>的值取代相应的属性列值。如果省略 WHERE 子句，则表示要修改表中的所有元组。

（1）修改某一个元组的值。

【例 6.1.7】将学生 20030 的年龄改为 25 岁。

```
UPDATE Student
SET Sage=25
WHERE Sno='20030';
```

（2）修改多个元组的值。

【例 6.1.8】将所有的学生年龄加 1。

```
UPDATE Student
SET Sage= Sage + 1;
```

（3）带子查询的修改语句。

子查询也可以嵌套在 UPDATE 语句中，用以构造执行修改操作的条件。

【例 6.1.9】将计算机系全体同学的成绩置零。

```
UPDATE SC
SET Grade=0
WHERE 'CS'=
(
SELECT Sdept
FROM  Student
WHERE Student.Sno=SC.Sno
);
```

4. 删除数据

删除语句的语法格式：

```
DELETE
FROM <表名>
[WHERE <条件>];
```

语句可以从指定表中删除满足 WHERE 子句条件的所有元组。如果省略 WHERE 子句，表示删除表中全部数据，与表的定义无关。

（1）删除某一个元组的值。

【例 6.1.10】删除学号为 20030 的学生记录。

```
DELETE
FROM Student
WHERE Sno='20030';
```

（2）删除多个元组的值。

【例 6.1.11】删除所有的学生选课记录。

```
DELETE
FROM SC;
```

（3）带子查询的删除语句。

子查询同样也可以嵌套在 DELETE 语句中，用以构造执行删除操作的条件。

【例 6.1.12】删除电脑系所有学生的选课记录。

```
DELETE
FROM SC
WHERE 'CS'=
      (SELECT Sdept
      FROM Student
      WHERE Student.Sno=SC.Sno);
```

6.1.4 查询语言

在数据库中数据查询是通过 SELECT 语句来完成的。SELECT 语句可以从数据库中按用户要求检索数据，并将查询结果以表格的形式返回。

本节讲述 SELECT 语句完整的语法结构，完整的语法结构如下。

```
SELECT [ALL|DISTINCT ]<目标表达式>[<,目标表达式>]...
FROM  <表名或视图名>[,<表名或视图名>]...
[WHERE<条件表达式>]
[GROUP BY <列名 1>[HAVING <条件表达式>]]
[ORDER BY <列名 2>[ASC|DESC]];
```

说明：这个 SELECT 语句的含义是根据 WHERE 子句的条件表达式，从 FROM 子句指定的基表或视图中找出满足条件的元组，再按 SELECT 子句中的目标表达式，选出元组中的属性值形成结果表。如果有 GROUP 子句，则将结果按<列名 1>的值进行分组，列值相等的为一个组，每个组产生结果表中的一条记录。如果 GROUP 子句带

HAVING 短语，则只有满足指定条件的组才予以输出。如果有 ORDER 子句，则结果表还要按<列名 2>的值进行升序或降序排序。

1. 简单查询

从本节开始将用大量的实例来讲述 SELECT 语句的应用，首先从最简单也是最常用的单表查询开始。

（1）选择列。

1）用 SELECT 子句来指定查询所需的列，多个列之间用逗号分开。

【例 6.1.13】查询所有产品的编号名称和成本。

```
use pangu
select p_id, p_name, cost
from products
```

运行结果如下。

```
p_id p_name cost
-------- --------------------
10030001 路由器 20000.0000
10030002 网卡 100.0000
```

2）可以使用符号*来选取表的全部列。

【例 6.1.14】查询数据库表的全部列

```
use pangu
select *
from employee
```

运行结果数据太多，这里不再一一列举。

3）在查询结果中添加列。

【例 6.1.15】查询产品的编号、名称、库存数量和成本，并计算每种产品的总成本价值。

```
use pangu
select p_id, p_name, quantity, cost, cost*quantity as sum_cost
from products
```

运行结果如下。

```
p_id p_name quantity cost sum_cost
-------- -------------------- -----------
10030001 路由器 1000 20000.0000 20000000.0000
10030002 网卡 100000 100.0000 10000000.0000
```

（2）选择行。

1）使用WHERE 子句。

在查询数据库时往往并不需要了解全部信息，而只需要其中一部分满足某些条件的信息。在这种情况下就要在SELECT语句中加入条件以选择数据行，这时就用到WHERE子句。WHERE子句中的条件由表达式以及逻辑联结词AND、OR、NOT等组成。

【例 6.1.16】查询工资介于 2000 元和 3000 元之间的员工姓名。

```
use pangu
select e_name
from employee.where e_wage between 2000 and 3000
```

运行结果如下。

```
e_name
---------
王二
```

2）使用DICTINCT 关键字。

在对数据库进行查询时，有时会出现重复结果，这时就需要使用 DISTINCT 关键字消除重复部分。

【例 6.1.17】列出工资大于 7000 的员工所属的部门编号。

```
use pangu
select distinct dept_id
from employee
where e_wage > 7000
```

运行结果如下。

```
dept_id
-------
1001
```

3）使用IN关键字。

在使用 WHERE 子句进行查询时，若条件表达式中出现若干条件相同的情况，就会使表达式显得冗长，不便于用户使用，这时可用 IN 关键字来简化。

【例 6.1.18】查询在编号为 1001 和 1002 的部门中工作的员工姓名。

```
use pangu
select e_name
from employee
where dept_id in ('1001', '1002')
```

运行结果如下。

```
e_name
--------------------
张三
李四
```

4）使用通配符。

在WHERE子句中可以使用谓词LIKE来进行字符串的匹配检查。

【例 6.1.19】查找公司中所有姓王，且全名为两个字的员工的姓名、所在部门编号。

```
use pangu
select e_name, dept_id
from employee
where e_name like '王__' /* 注意这里使用了两个下划线_, 一个下划线表示任意单个字符，而
一个汉字要占用两个字节 */
```

运行结果如下。

```
e_name dept_id
王二 1001
王朝 1003
(2 row(s) affected)
```

如果用户要查找的数据中本身就包含了通配符（如 SQL_Mail），就需要使用逃逸字符来区分通配符与实际存在的字符，其格式如下。

- LIKE 字符匹配串。
- ESCAPE 逃逸字符。

【例 6.1.20】查找对象名称为 SQL_M 开头，il 结尾中间，有一个不确定字符的对象。

```
select *
from objects
where object_name like 'SQL#_M_il' escape '#'
/* 这里使用了两个下划线_符号。前一个下划线由于有逃逸字符，在其前面做标识，因而被认为是实际
存在的下划线字符；后面一个下划线没有逃逸字符在其前面做标识，因此将它作为通配符 */。
```

（3）查询结果排序。

1）使用 ORDER 子句。

当用户要对查询结果进行排序时，就需要在 SELECT 语句中加入 ORDER BY 子句。在 ORDER BY 子句中可以使用一个或多个排序要求，其优先级次序为从左到右。

【例 6.1.21】查询工作级别为 2 的员工姓名，查询结果按工资排序。

```
use pangu
select e_name
from employee
where job_level ='2'
order by e_wage
```

运行结果如下。

```
e_name
--------------------
王朝
李四
姜上
```

【例 6.1.22】查询由编号 1003 的部门生产的产品编号、名称、成本、库存数量，结果按产品的成本降序，库存数量升序排列。

```
use pangu
select p_id, p_name, cost, quantity
from products
where dept_id = '1003'
order by cost desc, quantity
```

运行结果如下。

```
p_id p_name cost quantity
```

```
--------  --------------------
10030001 路由器 20000.0000 1000
10030005 中继器 10000.0000 20000
```

2）选取前几行数据。

在 SELECT 语句中使用 TOP n 或 TOP n PERCENT 来选取查询结果的前 n 行或前百分之 n 的数据，此语句经常和 ORDER 子句一起使用。

【例 6.1.23】查询工资最高的三名员工的姓名和工资。

```
use pangu
select top 3 e_name, e_wage
from employee
order by e_wage desc
```

运行结果如下。

```
e_name e_wage
-------------------- ----------------------
张三 8000.0000
大师傅 7500.0000
张龙 7000.0000
(3 row(s) affected)
```

（4）查询结果分组。

1）使用 GROUP 子句。

要对查询结果进行分组时就要在 SELECT 语句中加入 GROUP BY 子句。

【例 6.1.24】查询工作级别为 2 的员工姓名，查询结果按部门分组。

```
use pangu
select e_name, dept_id
from employee
where job_level = '2'
group by dept_id, e_name
```

运行结果如下。

```
e_name dept_id
--------------------
李四 1001
张龙 1002
王朝 1003
```

2）使用 HAVING 子句。

HAVING 子句用来选择特殊的组，它将组的一些属性与常数值进行比较，如果一个组满足 HAVING 子句中的逻辑表达式，就可以包含在查询结果中。

【例 6.1.25】查询有多个员工的工资不低于 6000 的部门编号。

```
use pangu
select dept_id, count(*)
from employee
```

```
where e_wage >= 6000
group by dept_id
having count(*) > 1
```

运行结果如下。

```
dept_id
------- -----------
1005        2
1007        3
(2 row(s) affected)
```

2. 使用统计函数

在 SELECT 语句中使用统计函数可以得到很多有用的信息。

【例 6.1.26】查询各部门中的最高工资数额。

```
use pangu
select dept_id, max(e_wage) as max_wage /* 使用as 字符来指定统计列的名称
*/.from employee
group by dept_id
```

运行结果如下。

```
dept_id max_wage
------- --------------------
1001 8000.0000
1002 7000.0000
1003 4500.0000
```

【例 6.1.27】查询公司的员工总数。

```
use pangu
select count(*)
from employee
```

运行结果如下。

```
21
(1 row(s) affected)
```

【例 6.1.28】查询订货量大于库存量的产品名称。

```
use pangu
select p_name, quantity, sum(o_quantity) as sum_order
from products, orders
where products.p_id = orders.p_id
group by products.p_id, p_name, quantity
having quantity < sum(o_quantity)
order by products.p_id
```

运行结果如下。

```
p_name quantity sum_order
```

```
-------------------- -----------
光纤 10000 19000
                   ·
调制解调器 18000 23000
(2 row(s) affected)
```

3. 连接查询

数据库的各个表中存放着不同的数据，往往需要用多个表中的数据来组合提炼出所需要的信息。如果一个查询对多个表进行操作就称为连接查询。连接查询的结果集或结果表称为表之间的连接，连接查询实际上是通过各个表之间共同列的关联性来查询数据的。它是关系数据库查询最主要的特征，连接查询分为等值连接查询、非等值连接查询、自连接查询、外部连接查询和复合条件连接查询。

等值与非等值连接查询：表之间的连接是通过相等的字段值连接起来的查询称为等值连接查询。

【例 6.1.29】查询订货表中的所有产品的编号和名称。

```
use pangu
select distinct orders.p_id, p_name
from orders, products
where orders.p_id = products.p_id /* 用等号=指定查询为等值连接查询 */
```

运行结果如下。

```
p_id p_name
-------- --------------------
10030001 路由器
10030002 网卡
10030003 光纤
```

在等值查询的连接条件中不使用等号而使用其他比较运算符就构成了非等值连接查询，可以使用的比较运算符有>、>=、<、<=、!=，还可以使用 BETWEEN…AND 之类的谓词。

【例 6.1.30】列出产品的厂方定价低于订购品订购价的所有产品和订购品的编号组合。

```
use pangu
select products.p_id as products, orders.p_id as orders
from products, orders
where quantity < o_quantity
```

运行结果如下。

```
products orders
-------- --------
10010001 10030005
10020001 10030005
```

显然这个例子没有实际应用价值，同时也说明非等值连接查询往往需要同其他连接查询结合使用，尤其是同等值连接查询结合。其用法请参见后面介绍的复合条件连接查询。

自连接查询：连接不仅可以在表之间进行，也可以使一个表同其自身进行连接，这种连接称为自连接（Self Join），相应的查询称为自连接查询。

【例 6.1.31】查询在公司工作的工龄相同的员工。

```
use pangu
select a.emp_id, a.e_name, b.emp_id, b.e_name, a.hire_date
from employee a, employee b /* 用a 和b 指定了表的两个别名 */
on a.emp_id!=b.emp_id and a.hire_date = b.hire_date
where a.e_name < b.e_name
order by a.hire_date
```

运行结果如下。

```
emp_id e_name emp_id e_name hire_date
-------- -------------------- -------- --------------------
10070001 梁山伯 10070002 祝英台 1997-07-07 00:00:00.000
```

外部连接查询：在前面所举的例子中连接的结果是从两个或两个以上的表的组合中挑选出符合连接条件的数据，如果数据无法满足连接条件则将其丢弃，通常称这种方法为内部连接。在内部连接中参与连接的表的地位是平等的。与内部连接相对的方式称为外部连接。在外部连接中参与连接的表有主从之分，以主表的每行数据去匹配从表的数据列，符合连接条件的数据将直接返回到结果集中，对那些不符合连接条件的列将被填上 NULL 值后再返回到结果集中。由于 BIT 数据类型不允许 NULL 值，因此将会被填上 0 值再返回到结果中。外部连接分为左外部连接和右外部连接两种。以主表所在的方向区分外部连接，主表在左边，则称为左外部连接；主表在右边，则称为右外部连接。

【例 6.1.32】查询订货的订货号、订货商名称、产品名称。

```
use pangu
select a.order_id, b.f_name,c.p_name
from orders a left firms b on a.firm_id = b.firm_id
right join products c on c.p_id = a.p_id
order by a.o_date
```

运行结果如下。

```
order_id f_name p_name
-------- ------------------------------
NULL NULL 管理经验
NULL NULL 财务报告
00010109 010101 路由器
```

复合条件连接查询：在 WHERE 子句中使用多个连接条件的查询称为复合条件连接查询。

【例 6.1.33】查询订购价格低于厂方原订价格的产品编号、名称、订货价、原价和差价。

```
use pangu
select order_id, products.p_id, p_name, price, o_price, price-o_price as agio
from products, orders
where products.p_id = orders.p_id and price > o_price
```

运行结果如下。

```
order_id p_id p_name price o_price agio
-------- -------- ---------- ---------------------- ----------------------
```

```
00010109 10030001 路由器 30000.0000 29000.0000 1000.0000

00030715 10030003 光纤 1500.0000 1490.0000 10.0000

00042518 10030004 同轴电缆 1000.0000 500.0000 500.0000
```

4. 嵌套查询

在一个 SELECT 语句的 WHERE 子句或 HAVING 子句中嵌套另一个 SELECT 语句的查询称为嵌套查询，又称子查询。子查询是 SQL 语句的扩展，其语句形式如下。

```
SELECT <目标表达式1>
FROM <表或视图名1>
WHERE [表达式] SELECT <目标表达式2>
FROM <表或视图名2>
[GROUP BY <分组条件>
HAVING [<表达式>比较运算符] SELECT <目标表达式目2>
FROM <表或视图名2>
```

【例6.1.34】查询有工资超过7000 的员工的部门名称，查询结果按部门编号排序。

```
use pangu
select d_name
from department
where dept_id in /* 测试dept_id 是否包含于子查询中 */
(select dept_id
from employee
where e_wage > 7000)
order by dept_id
```

运行结果如下。

```
d_name
-------------------------------------------------------

经理室
研发部
```

【例 6.1.35】查询订购了产品光纤的公司名称。

```
use pangu
select f_name
from firms
where firm_id in
(select firm_id
from orders
where p_id = /* 测试订货表orders 中的产品编号p_id 是否与products 表中的产品编号相等
*/
(select p_id
from products
where p_name = '光纤'))
order by firm_id
```

运行结果如下。

```
f_name
-----------------
独创
神通
```

【例 6.1.36】查询单笔订货量超过 7000 单位的产品名称。

```
use pangu
select p_name
from products
where exists /* 测试订货表中是否存在有单笔订货量超过7000 单位的产品 */
(select p_id
from orders
where p_id = products.p_id and o_quantity > 7000)
order by p_id,p_name
```

运行结果如下。

```
--------------------
光纤
集线器
调制解调器
(3 row(s) affected)
```

【例 6.1.37】查询平均工资低于公司平均工资的部门编号、名称及其平均工资。

```
use pangu
select department.dept_id, d_name, avg(e_wage) as avg_wage
from department, employee
where department.dept_id = employee.dept_id
group by department.dept_id, d_name
having avg(e_wage) <
(select avg(e_wage)
from employee)
order by avg_wage
```

运行结果如下。

```
dept_id d_name avg_wage
------- -------------------------------------------------
1003 生产部 3500.0000
1001 经理室 5000.0000
1002 财务部 5000.0000
1006 企划部 5000.0000
(4 row(s) affected)
```

5. 合并查询

合并查询就是使用 UNION 操作符将来自不同查询的数据组合起来，形成一个具有综合信息的查询结果。UNION 操作会自动将重复的数据行剔除，必须注意的是参加合并查询的各子查询使用的表结构应该相同，即各子查询中的数据数目和对应的数据类型都必须相同。

【例 6.1.38】查询各部门的负责人的编号姓名。

```
use pangu
select emp_id as 编号, e_name as 名称
from employee
where job_level = '2'
union
select chief_id, d_name.from department
order by 1 /* 按第一列排序 */
```

运行结果如下。

```
编号 名称
---------------------------------
10010002 经理室
10010002 李四
10020001 财务部
10020001 张龙
```

【例 6.1.39】查询各部门生产的产品编号、名称及其负责人编号、姓名。

```
use pangu
select emp_id as 编号, e_name as 名称
from employee
where job_level = '2'
union
select chief_id as 编号 , d_name
from department
union
select p_id as 编号, p_name as 名称
from products
group by p_id, p_name
order by 编号
```

运行结果如下。

```
编号 名称
---------------------------------
10010001 管理经验
10010002 经理室
10010002 李四
10020001 财务报告
10020001 财务部
```

6.1.5　存储查询结果

在用 SELECT 语句查询数据时，可以设定将数据存储到一个新建的表中或变量中。

1. 存储查询结果到表中

使用 SELECT…INTO 语句可以将查询结果存储到一个新建的数据库表或临时表中。如果要将查询结果存储到一个表而不是临时表中，那么在使用 SELECT…INTO 语句前应确定存储该表的数据库的 Select into/bulk copy 选项是否设置为了 True/On，否则就只能将其存储在一个临时表中。

【例 6.1.40】查询各部门负责人信息将结果存储到一个表中。

```
use pangu
exec sp_dboption 'pangu', 'select into', true
select emp_id, e_name, d_name, sex, birthday, hire_date, e_wage
into chief_info /* 在此处使用into #new table 则将查询结果存储到临时表new table 中 */
from employee, department
where chief_id = emp_id and emp_id in
(select chief_id
from department)
select *
from chief_info
```

运行结果如下。

```
Checkpointing database that was changed.
emp_id e_name d_name sex birthday hire_date e_wage
-------------------------------------------------------
----------------------------
10010002 李四 经理室 1 1970-03-05 00:00:00.000 1998-06-23 00:00:00.000 5000.0000
10020001 张龙 财务部 1 1953-10-12 00:00:00.000 1990-04-23 00:00:00.000 7000.0000
```

2. 存储查询结果到变量中

在某些时候需要在程序中使用查询的结果，如在编写存储过程或触发器时，这就需要将查询结果存储到变量中去。

【例 6.1.41】查询编号为 10010001 的公司名称和银行账号。

```
declare @firm_name varchar(50)
declare @firm_account varchar(30)
use pangu
select @firm_name = f_name, @firm_account = account_num
from firms
where firm_id = '10010001'
select @firm_name as firm_name, @firm_account as account_num
```

运行结果如下。

```
firm_name account_num
```

6.2 Transact-SQL 语言概述

Transact-SQL 语言是 SQL 语言的一种实现方法，包含了标准的 SQL 语言。另外，Transact-SQL 还做了许多扩充，增加了一些非标准的 SQL 语句。

Transact-SQL 语言的分类如下。

- 变量说明，用来说明变量的命令。
- 数据定义语言（DDL Data Definition Language）。
- 用来建立数据库数据库对象和定义。大部分是以 CREATE 开头的命令，如 CREATE TABLE、CREATE VIEW、DROP TABLE 等。
- 数据操纵语言（DML Data Manipulation Language）。
- 用来操纵数据库中的数据的命令，如 SELECT、INSERT、UPDATE 等。
- 数据控制语言（DCL Data Control Language）。
- 用来控制数据库组件的存取许可存取权限等的命令，如 GRANT、REVOKE 等。
- 流程控制语言（Flow Control Language）。
- 用于设计应用程序的语句，如 IF WHILE CASE 等。
- 内嵌函数。
- 说明变量的命令。
- 其他命令。
- 嵌于命令中使用的标准函数。

6.2.1 数据类型

在电脑中数据有两种特征类型和长度，所谓数据类型就是以数据的表现方式和存储方式来划分的数据的种类。在 SQL Server 中，每个变量参数表达式等都由数据类型系统提供的。数据类型分为几大类，如表 6-1 所示。

表 6-1 SQL Server 2000 提供的数据类型分类

分类	数据类型
整数数据类型	INT 或 INTEGER，SMALLINT，TINYINT，BIGINT
浮点数据类型	REAL，FLOAT，DECIMAL，NUMERIC
二进制数据类型	BINARY，VARBINARY
逻辑数据类型	BIT
字符数据类型	CHAR NCHAR VARCHAR NVARCHAR
文本和图形数据类型	TEXT NTEXT IMAGE
日期和时间数据类型	DATETIME，SMALLDATETIME
货币数据类型	MONEY，SMALLMONEY

分类	数据类型
特定数据类型	TIMESTAMP，UNIQUEIDENTIFIER
用户自定义数据类型	SYSNAME

下面分类讲述各种数据类型。

（1）整数数据类型，如表 6-2 所示。

表 6-2　整数数据类型

数据类型	取值	范围	存储字节数
tinyint	全部数字	0 － 255	1
smallint	全部数字	-32,768－32,767	2
int	全部数字	-2,147,483,648 -2,147,483,647	4
BIGINT	全部数字	-9,223,372,036,854,775,807 － 9,223,372,036, 854,775,807	8

（2）浮点数据类型，如表 6-3 所示。

表 6-3　浮点数据类型

数据类型	取值	范围	存储字节数
numeric(p,s)	十进制小数	-1038 － 1038 -1	2 － 17
decimal(p,s)	十进制小数	-1038 － 1038 - 1	2 － 17
float(p)	浮点数	取决于硬件	4 或 8
double	浮点数	取决于硬件	8
real	浮点数	取决于硬件	4

（3）货币数据类型，如表 6-4 所示。

表 6-4　货币数据类型

数据类型	取值	范围	存储字节数
money	money	-922,337,203,685,477.5808 － 922,337,203,685,477.5807	8
smallmoney	Money	214,748.3648 － 214,748.3647	4

（4）日期时间数据类型，如表 6-5 所示。

表 6-5　日期时间数据类型

数据类型	取值	范围	存储字节数
datetime	日期和时间	January 1, 1753－December 31, 9999	8
smalldatetime	日期和时间	anuary 1, 1900－June 6,2079	4

（5）字符数据类型，如表 6-6 所示。

表 6-6 字符数据类型

数据类型	取值	范围	存储字节数
char(n)	固定长字符串	最多 255 个字符	n
varchar(n)	固定长字符串	最多 255 个字符	实际输入长度(最多 n)
text	字符	最多 231 - 1 个字符	16 字节(地址指针)+ 2K/页的倍数

（6）用户自定义数据类型。

SYSNAME 数据类型是系统提供给用户的便于用户自定义数据类型，它被定义为 NVARCHAR(128)，即它可存储 128 个 UNICODE 字符或 256 个一般字符。

（7）新数据类型。

SQL Server 2000 中增加了 3 种数据类型 BIGINT、SQL_VARIANT 和 TABLE,其中 BIGINT 数据类型已在整数类型中介绍，下面介绍另外两种。

● SQL_VARIANT 数据类型可以存储除文本图形数据，即 TEXT、NTEXT、IMAGE 和 TIMESTAMP 类型数据外的其他任何合法的 SQL Server 数据,此数据类型大大方便了 SQL Server 的开发工作。

● TABLE 数据类型用于存储对表或视图处理后的结果集,这一新类型使得变量可以存储 一个表，从而使函数或过程返回查询结果更加方便快捷。

6.2.2 变量

Transact-SQL 局部变量可以保存特定类型的单个数据值的对象。批处理和脚本中的变量通 常用于以下几个方面。

● 作为计数器计算循环执行的次数或控制循环执行的次数。

● 保存数据值以供控制流语句测试。

● 保存由存储过程返回代码返回的数据值。

下面脚本将创建一个小的测试表并向其写入 26 行。脚本使用变量来执行下列三个操作。

● 通过控制循环执行的次数来控制插入的行数。

● 提供插入整数列的值。

● 作为表达式的一部分生成插入字符列的字母。

```
 --建表.
CREATE TABLE TestTable (cola INT, colb CHAR(3))
GO
SET NOCOUNT ON
GO
--申明变量
DECLARE @MyCounter INT
-- 初始化变量
SET @MyCounter = 0
   -- Test the variable to see if the loop is finished.
WHILE (@MyCounter < 26)
BEGIN
  -- Insert a row into the table.
```

```
    INSERT INTO TestTable VALUES
       -- Use the variable to provide the integer value
       -- for cola. Also use it to generate a unique letter
       -- for each row. Use the ASCII function to get the
       -- integer value of 'a'. Add @MyCounter. Use CHAR to
       -- convert the sum back to the character @MyCounter
       -- characters after 'a'.
       (@MyCounter,
        CHAR( ( @MyCounter + ASCII('a') ) )
        )
    -- Increment the variable to count this iteration
    -- of the loop.
    SET @MyCounter = @MyCounter + 1
END
GO
SET NOCOUNT OFF
GO
```

1. 声明 Transact-SQL 变量

DECLARE 语句可以通过以下操作初始化 Transact-SQL 变量。

（1）指派名称。名称的第一个字符必须为@。

（2）指派系统提供或用户定义的数据类型和长度。对于数字变量还要指定精度和小数位数。

（3）将值设置为 NULL。

说明：对局部变量使用系统提供的数据类型将会尽可能减少将来的维护问题。

【例 6.2.1】使用 int 数据类型创建名称为@mycounter 的局部变量。

```
DECLARE @MyCounter INT
```

若要声明多个局部变量，在定义的第一个局部变量后使用一个逗号，然后指定下一个局部变量名称和数据类型。

【例 6.2.2】创建三个局部变量，名称分别为 @last_name、@fname 和 @state，并将每个变量初始化为 NULL。

```
DECLARE @LastName NVARCHAR(30),@FirstName NVARCHAR(20),@State NCHAR(2)
```

变量的作用域为可以引用该变量的 Transact-SQL 语句范围。变量的作用域从声明变量的地方开始到声明变量的批处理或存储过程结尾。

【例 6.2.3】作用域语法错误，在一个批处理中所引用的变量是在另一个批处理中定义的。

```
DECLARE MyVariable INT
SET @MyVariable = 1
GO -- This terminates the batch.
-- @MyVariable has gone out of scope and no longer exists.


-- This SELECT statement gets a syntax error because it is
-- no longer legal to reference @MyVariable.
```

```
SELECT *
FROM Employees
WHERE EmployeeID = @MyVariable
```

2. 设置 Transact-SQL 变量中的值

第一次声明变量时将此变量的值设为 NULL。若要为变量赋值,要使用 SET 语句,这是为变量赋值的较好方法。也可以通过 SELECT 语句选择列表中当前所引用的值为变量赋值。

若使用 SET 语句为变量赋值,要包含变量名和需要赋给变量的值。

【例 6.2.4】声明两个变量,对它们赋值并在 SELECT 语句的 WHERE 子句中予以使用。

```
USE Northwind
GO
-- Declare two variables.
DECLARE @FirstNameVariable NVARCHAR(20),
    @RegionVariable NVARCHAR(30)

-- Set their values.
SET @FirstNameVariable = N'Anne'
SET @RegionVariable = N'WA'

-- Use them in the WHERE clause of a SELECT statement.
SELECT LastName, FirstName, Title
FROM Employees
WHERE FirstName = @FirstNameVariable
    OR Region = @RegionVariable
GO
```

变量也可以通过选择列表中当前所引用的值赋值。如果在选择列表中引用变量,则它应当被赋予以标量值或者 SELECT 语句仅返回一行。

【例 6.2.5】

```
USE Northwind
GO
DECLARE @EmpIDVariable INT
SELECT @EmpIDVariable = MAX(EmployeeID)
FROM Employees
GO
```

如果 SELECT 语句返回多行而且变量引用一个非标量表达式,则变量被设置为结果集最后一行中表达式的返回值。例如,在下面的批处理中将@EmpIDVariable 设置为返回的最后一行的 EmployeeID 值,值为 1。

```
USE Northwind
GO
DECLARE @EmpIDVariable INT
SELECT @EmpIDVariable = EmployeeID
```

```
FROM Employees
ORDER BY EmployeeID DESC
SELECT @EmpIDVariable
GO
```

6.2.3 运算符

1. 注释符（Annotation）

在 Transact-SQL 中可使用两类注释符：ANSI 标准的注释符"—"用于单行注释；与 C 语言相同的程序注释符号，即"/**/ "。"/*"用于注释文字的开头，"*/"用于注释文字的结尾，可在程序中标识多行文字为注释。

2. 运算符（Operator）

● 算术运算符。包括 +（加），－（减），×（乘），/（除），%（取余）。

● 比较运算符。包括>（大于），<（小于），=（等于），>=（大于等于），<=（小于等于），<>（不等于），!=（不等于），!>（不大于），!<（不小于）。

其中 !=，!>，!< 不是 ANSI 标准的运算符。

● 逻辑运算符。包括 AND（与），OR（或），NOT（非）。

● 位运算符。包括&（按位与），|（按位或），~（按位非），^（按位异或）。

● 连接运算符。连接运算符"+"用于连接两个或两个以上的字符或二进制串列名或者串和列的混合体，将一个串加入到另一个串的末尾。其语法如下。

```
<表达式expression1>+<表达式expression2>
```

【例 6.2.6】

```
use pangu
declare @startdate datetime
set @startdate = '1/1/2000'
select 'Start Date ' + convert (varchar, 12 , @startdate)
```

运行结果如下。

```
Start Date: Jan 1 2000
```

【例 6.2.7】

```
use pangu
select '月薪最高的员工是' + e_name + ' 月薪为' + convert (varchar, 10, e_wage)
from employee
where e_wage=
(select max (e_wage)
from employee)
```

运行结果如下。

```
月薪最高的员工是张三 ：月薪为8000.00
```

在 Transact-SQL 中运算符的处理顺序如下所示。如果相同层次的运算出现在一起时，则处理顺序从左到右。

● 括号（）

- 位运算符 ~
- 算术运算符 * / %
- 算术运算符 + -
- 位运算符 ^
- 位运算符 &
- 位运算符 |
- 逻辑运算符 NOT
- 逻辑运算符 AND
- 逻辑运算符 OR

3. **通配符**（Wildcard）

在 SQL Server 中可以使用的通配符如表 6-7 所示。

表 6-7　Transact-SQL 的通配符

通配符	功能	实例
%	代表零个或多个字符	'ab%' 'ab'后可接任意字符串
_	下划线代表一个字符	'a_b' 'a'与'b'之间可以有一个字符
[ ]	表示在某一范围的字符	[0-9] 0 到 9 之间的字符
[^]	表示不在某一范围的字符	[^0~9]不在 0 到 9 之间的字符

6.2.4　流控制语句

Transact-SQL 语言使用的流程控制命令与常见的程序设计语言类似，主要有以下几种。

1. IF ELSE

其语法如下。

```
IF<条件表达式>
<命令行或程序块>
[ELSE 条件表达式]
<命令行或程序块>]
```

其中<条件表达式>可以是各种表达式的组合，但表达式的值必须是逻辑真或假。ELSE 子句是可选的，最简单的 IF 语句没有 ELSE 子句部分。IF ELSE 用来判断某一条件，当条件成立时执行某段程序，条件不成立时执行另一段程序。如果不使用程序块 IF 或 ELSE，只能执行一条命令。IF ELSE 可以进行嵌套。

【例 6.2.8】

```
declare @x int @y int @z int
select @x = 1 @y = 2 @z=3
if @x > @y
print 'x > y' --打印字符串'x > y'
else if @y > @z
print 'y > z'
```

```
else print 'z > y'
```

运行结果如下。

```
z > y
```

注意：在 Transact-SQL 中最多可嵌套 32 级。

2. BEGIN END

其语法如下。

```
BEGIN
<命令行或程序块>
END
```

BEGIN END 用来设定一个程序块，会将在 BEGIN END 内的所有程序视为一个单元。BEGIN END 经常在条件语句如 IF ELSE 中使用。在 BEGIN END 中可嵌套另外的 BEGIN END 来定义另一程序块。

3. CASE

CASE 命令有以下两种语句格式。

```
CASE <运算式>
WHEN <运算式> THEN <运算式>
WHEN <运算式> THEN <运算式>
[ELSE <运算式>]
END
CASE
WHEN <条件表达式> THEN <运算式>
WHEN <条件表达式> THEN <运算式>
[ELSE <运算式>]
END
```

CASE 命令可以嵌套到 SQL 命令中。

【例 6.2.9】调整员工工资，工作级别为 1 的上调 8%，工作级别为 2 的上调 7%，工作级别为 3 的上调 6%，其他上调 5%。

```
use pangu
update employee
set e_wage =
case
when job_level = '1' then e_wage*1.08
when job_level = '2' then e_wage*1.07
when job_level = '3' then e_wage*1.06
else e_wage*1.05
end
```

4. WHILE CONTINUE BREAK

其语法如下。

```
WHILE <条件表达式>
BEGIN
<命令行或程序块>
[BREAK][CONTINUE].[命令行或程序块]
END
```

WHILE 命令在设定的条件成立时，会重复执行命令行或程序块。CONTINUE 命令可以让程序跳过 CONTINUE 命令之后的语句回到 WHILE 循环的第一行命令。BREAK 命令则让程序完全跳出循环结束 WHILE 命令的执行。WHILE 语句也可以嵌套。

【例 6.2.10】

```
declare @x int @y int @c int
select @x = 1 @y=1
while @x < 3
begin
print @x --打印变量x 的值
while @y < 3
begin
select @c = 100*@x + @y
print @c --打印变量c 的值
select @y = @y + 1
end
select @x = @x + 1
select @y = 1
end
```

5. WAITFOR

其语法如下。

```
WAITFOR {DELAY <'时间'> | TIME <'时间'>
| ERROREXIT | PROCESSEXIT | MIRROREXIT}
```

WAITFOR 命令用来暂时停止程序执行，直到所设定的等待时间已过或所设定的时间已到，才继续往下执行，其中时间必须为 DATETIME 类型的数据，如 11:15:27，但不能包括日期。

各关键字含义如下。

● DELAY：用来设定等待的时间最多可达 24 小时。
● TIME：用来设定等待结束的时间点。
● ERROREXIT：直到处理非正常中断。
● PROCESSEXIT：直到处理正常或非正常中断。
● MIRROREXIT：直到镜像设备失败。

【例 6.2.11】等待 1 小时 2 分零 3 秒后才执行 SELECT 语句。

```
waitfor delay '01:02:03'
select * from employee
```

【例 6.2.12】等到晚上 11 点零 8 分后才执行 SELECT 语句。

```
waitfor time '23:08:00'
select * from employee
```

6. GOTO

语法如下。

GOTO 命令用来改变程序执行的流程，使程序跳到标有标识符的指定的程序行，再继续往下执行。作为跳转目标的标识符可为数字与字符的组合，但必须以"："结尾，如"12："或"a_1："。在 GOTO 命令行标识符后不必跟"："。

【例 6.2.13】分行打印字符"1"，"2"，"3"，"4"，"5"

```
declare @x int
select @x = 1
label_1:
print @x
select @x = @x + 1
while @x < 6
goto label_1
```

7. RETURN

语法如下。

RETURN [整数值]

RETURN 命令用于结束当前程序的执行，返回到上一个调用它的程序或其他程序，在括号内可指定一个返回值。

【例 6.2.14】

```
declare @x int @y int
select @x = 1 @y = 2
if x>y
return 1
else
return 2
```

如果没有指定返回值，SQL Server 系统会根据程序执行的结果返回一个内定值。

6.2.5 常用函数

下面介绍几个在 SQL Server 2000 中最常用的函数。

1. 统计函数

统计函数是在数据库操作中经常使用的函数，又称为基本函数或集函数。常用的统计函数如表 6-8 所示。

表 6-8　Transact-SQL 的常用统计函数

函数	功能
AVG	求平均值
COUNT	统计数目
MAX	求最大值
MIN	求最小值
SUM	求和

这些函数通常用在 SELECT 子句中，作为结果数据集字段返回的结果。函数的语法如下。

```
SELECT <函数名>
FROM <表名>
```

函数的对象或自变量必须包括在圆括号内。如果函数需要一个以上的自变量，可用逗号隔开各个自变量。

（1）AVG 函数返回有关列值的算术平均值，此函数只适用数值型的列。其语法如下。

```
AVG [ALL | DISTINCT] <expression>
```

【例 6.2.15】求各部门的平均工资。

```
use pangu
select avg(e_wage) as dept_avgWage
from employee
group by dept_id
```

（2）COUNT 函数返回与选择表达式匹配的列中不为 NULL 值的数据个数。COUNT 函数的语法如下。

```
SELECT COUNT <列名>
FROM <表名>
```

【例 6.2.16】计算企业的部门数目。

```
use pangu
select count(distinct dept_id) as dept_num
from employee
```

注意：①如果用 COUNT 函数引用了一个列名，则返回列值的个数；②COUNT 函数在计算中会重复计算相同的值。如果使用关键字 DISTINCT，则 COUNT 函数就返回行唯一值的个数；③如果在 SELECT 子句的列名位置上使用符号*，即使用 COUNT *，则指定了与 SELECT 语句的判别式匹配的所有行。COUNT 函数将计算字段的行数，包括为 NULL 值的行。

【例 6.2.17】列出员工少于 3 人的部门编号。

```
use pangu
select dept_id as dept_id, count(*) as e_num
from employee
group by dept_id
having count(*) < 3
```

（3）MAX 函数会返回某一列的最大值。此函数适用于数值型、字符型和日期型的列，对于列值为 NULL 的列，MAX 函数不将其列为对比的对象。其语法如下。

```
SELECT MAX <列名>
FROM <表名>
```

【例 6.2.18】求工资最高的员工姓名。

```
use pangu
select e_name
from employee
where e_wage =
(select max(e_wage)
from employee)
```

（4）MIN 函数返回某一列的最小值。此函数适用于数值型、字符型和日期型的列，对于列值为 NULL 的列，MIN 函数不将其列为对比的对象。其语法如下。

```
SELECT MIN <列名>
FROM <表名>
```

【例 6.2.19】求最资深的员工姓名。

```
use pangu
select e_name
from employee
where hire_date =
(select min(hire_date)from employee)
```

（5）SUM 函数用来返回诸如列值这样的实体的总和。此函数只适用于数值型的列，不包括 NULL 值。其语法如下。

```
SUM [DISTINCT] <expression>
```

【例 6.2.20】求各部门的员工工资总额。

```
use pangu
select dept_id, sum(e_wage)
from employee
group by dept_id
```

提示：可以在一个语句中使用多个函数。

【例 6.2.21】求员工工资的最大值、最小值、平均值。

```
use pangu
select max(e_wage) as maxWage, min(e_wage) as minWage, avg(e_wage) as avgWage
from employee
```

（6）STDEV 函数语法如下。

```
STDEV <expression>
```

STDEV 函数返回表达式中所有数据的标准差。表达式通常为表中数据类型为 NUMERIC 的列或近似 NUMERIC 类型的列。如 MONEY 类型，但 BIT 类型除外。表达式中的 NULL 值将被忽略，其返回值为 FLOAT 类型。

【例 6.2.22】

```
use pangu
select stdev(e_wage)
from employee
```

（7）STDEVP函数语法如下。

```
STDEVP <expression>
```

STDEVP函数返回总体标准差，表达式及返回值类型同STDEV函数。

【例 6.2.23】

```
use pangu
select stdevp(e_wage)
from employee
```

（8）VAR 函数语法如下。

```
VAR <expression>
```

VAR 函数返回表达式中所有值的统计变异数，表达式及返回值类型同 STDEV 函数。

【例 6.2.24】

```
select var(e_wage)
from employee
```

（9）VARP 函数语法如下。

```
VARP<expression>
```

VARP 函数返回总体变异数，表达式及返回值类型同 STDEV 函数。

【例 6.2.25】

```
use pangu
select varp(e_wage)
from employee
```

2. 字符转换函数

有以下几种字符转换函数。

（1）ASCII 函数返回字符表达式最左端字符的 ASCII 码值，ASCII 函数语法如下。

```
ASCII <character_expression>
```

【例 6.2.26】

```
select ascii(123) as '123'
```

（2）CHAR 函数用于将 ASCII 码转换为字符，其语法如下。

```
CHAR(<integer_expression>)
```

如果没有输入 0~255 之间的 ASCII 码值，CHAR 函数会返回一个 NULL 值。

【例 6.2.27】

```
select char(123)
```

（3）LOWER 函数把字符串全部转换为小写。其语法如下。

```
LOWER(<character _expression>)
```

【例 6.2.28】

```
select lower('Abc')
```

运行结果如下。

```
abc
```

（4）UPPER 函数把字符串全部转换为大写。其语法如下。

```
UPPER (<character _expression>)
```

【例 6.2.29】

```
select upper ('Abc')
```

运行结果如下。

```
ABC
```

（5）STR 函数把数值型数据转换为字符型数据。其语法如下。

```
STR (<float_expression>,[length[<decimal>]])
```

自变量 length 和 decimal 必须是非负值，length 指定返回的字符串的长度，decimal 指定返回的小数位数。如果没有指定长度，缺省的 length 值为 10，decimal 缺省值为 0。小数位数大于 decimal 值时，STR 函数会将其下一位四舍五入。指定长度应大于或等于数字的符号位数+小数点前的位数+小数点位数+小数点后的位数。如果<float_expression>小数点前的位数超过了指定的长度，则返回指定长度的值。

（6）LTRIM 函数把字符串头部的空格去掉。其语法如下。

```
LTRIM (<character _expression>)
```

【例 6.2.30】

```
select ltrim ('abc')
```

（7）RTRIM 函数把字符串尾部的空格去掉。其语法如下。

```
RTRIM (<character _expression>)
```

【例 6.2.31】

```
select rtrim ('abc ')
```

3. 取子串函数

取子串函数有如下几种。

（1）LEFT 函数返回部分字符串。其语法如下。

```
LEFT (<character_expression>,<integer_expression>)
```

LEFT 函数返回的子串是从字符串最左边起到第 integer_expression 个字符的部分，若 integer_expression 为负值则返回 NULL 值。

【例 6.2.32】

```
select left ('SQL Server',3)
```

（2）RIGHT 函数返回部分字符串。其语法如下。

```
RIGHT (<character_expression>,<integer_expression>)
```

RIGHT 函数返回的子串是从字符串右边第 integer_expression 个字符起到最后一个字符的部分，若 integer_expression 为负值，则返回 NULL 值。

【例 6.2.33】

```
select right ('SQL Server',6)
```

（3）SUBSTRING 函数返回部分字符串,其语法如下。

```
SUBSTRING (<expression>,<starting_ position>,length)
```

SUBSTRING 函数返回的子串是从字符串左边第 starting_ position 个字符起 length 个字符的部分，其中表达式可以是字符串、二进制串或含字段名的表达式。SUBSTRING 函数不能用于 TEXT 和 IMAGE 数据类型。

【例 6.2.34】

```
use pangu
select substring ('Microsoft', 6, 4)
from department
where dept_id=1003
```

4. 字符串操作函数

（1）REPLICATE 函数返回一个重复 character_expression 指定次数的字符串。其语法如下。

```
REPLICATE(character_expression ,integer_expression)
```

如果 integer_expression 值为负值，则 REPLICATE 函数返回 NULL 串。

【例 6.2.35】

```
select replicate('abc',3)
```

（2）REVERSE 函数将指定的字符串的字符排列顺序颠倒。其语法如下。

```
REVERSE <character_expression>
```

其中 character_expression 可以是字符串常数或一个列的值。

【例 6.2.36】

```
select reverse ('上海')
```

（3）REPLACE 函数返回被替换了指定子串的字符串。其语法如下。

```
REPLACE <string_expression1> <string_expression2> <string_expression3>
```

REPLACE 函数用 string_expression3 替换在 string_expression1 中的子串 string_expr-ession2。

【例 6.2.37】

```
select replace ('abc123g','123','def')
```

（4）SPACE 函数返回一个有指定长度的空白字符串。其语法如下。

```
SPACE <integer_expression>
```

如果 integer_expression 值为负值，则 SPACE 函数返回 NULL 串。

【例 6.2.38】

```
select space (5)
```

5. 日期函数

日期函数用来操作 DATETIME 和 SMALLDATETIME 类型的数据，执行算术运算。

与其他函数一样，可以在 SELECT 语句的 SELECT 和 WHERE 子句以及表达式中使用日期函数，其使用方法如下。在日期函数参数中参数个数应根据不同的函数而不同。

（1）DAY 函数语法如下。

```
DAY<date_expression>
```

DAY 函数返回 date_expression 中的日期值。

【例 6.2.39】

```
select day ('5/21/2000')
```

（2）MONTH 函数语法如下。

```
MONTH<date_expression>
```

MONTH 函数返回 date_expression 中的月份值。

【例 6.2.40】

```
select month ('8/21/1753')
```

与 DAY 函数不同，MONTH 函数的参数为整数时一律返回整数值 1，即 SQL Server 认为其是 1900 年 1 月。

【例 6.2.41】

```
select month (3)
```

（3）YEAR 函数语法如下。

```
YEAR <date_expression>
```

YEAR 函数返回 date_expression 中的年份值。

【例 6.2.42】

```
select year ('5/21/2000')
```

在使用日期函数时，其日期值应在 1753 年到 9999 年之间。这是 SQL Server 系统所能识别的日期范围，否则会出现错误。

【例 6.2.43】

```
select year('1/1/1234')
```

（4）DATEADD 函数语法如下。

```
DATEADD <datepart> <number> <date>
```

DATEADD 函数返回指定日期 date 加上指定的额外日期间隔 number 产生的新日期。参数 datepart 在日期函数中经常被使用，它用来指定构成日期类型数据的各组件。

（5）DATEDIFF 函数语法如下。

```
DATEDIFF <datepart> <date1> <date2>
```

DATEDIFF 函数返回两个指定日期在 datepart 方面的不同之处，即 date2 超过 date1 的差距值，其结果值是一个带有正负号的整数值。针对不同的 datepart，DATEDIFF 函数所允许的最大差距值不一样，如 datepart 为 second 时，DATEDIFF 函数所允许的最大差距值为 68 年，datepart 为 millisecond 时，DATEDIFF 函数所允许的最大差距值为 24 天 20 小时 30 分 23 秒 647 毫秒。

【例 6.2.44】查询在本单位工作了 8 年以上的员工的姓名和所在的部门，结果按在本单位工作的时间长短排序。

```
use pangu
select e_name dept_id
from employee
where datediff (year, hire_date, getdate) > 8
order by hire_date
```

（6）DATENAME 函数语法如下。

```
DATENAME <datepart> <date>
```

DATENAME 函数以字符串的形式返回日期的指定部分，此部分由 datepart 来指定。

【例 6.2.45】查询工资大于等于 7000 的员工的姓名、部门编号、工资和进入单位的年份，结果按工资高低降序排列。

```
use pangu
select e_name dept_id e_wage datename year hire_date as hire_year
from employee.where e_wage>=7000
order by e_wage desc
```

（7）GETDATE 函数语法如下。

```
GETDATE
```

GETDATE 函数以 DATETIME 的缺省格式返回系统当前的日期和时间，它常作为其他函数或命令的参数使用。

【例 6.2.46】

```
select getdate (datename)
```

6. 系统函数

系统函数用于获取有关电脑系统用户数据库和数据库对象的信息。系统函数可以让用户在得到信息后，使用条件语句根据返回的信息进行不同的操作。与其他函数一样，可以在 SELECT 语句的 SELECT 和 WHERE 子句以及表达式中使用系统函数。

（1）APP_NAME 函数语法如下。

```
APP_NAME
```

APP_NAME 函数返回当前执行的应用程序的名称，其返回值类型为 nvarchar(128)。

【例 6.2.47】测试当前应用程序是否为 SQL Server Query Analyzer。

```
declare @currentApp varchar 50
set @currentApp = app_name
if @currentApp <> 'SQL Query Analyzer'
print 'This process was not started by a SQL Server Query Analyzer query session.'
```

（2）COL_LENGTH 函数语法如下。

```
COL_LENGTH <'table_name'> <'column_name'>
```

COL_LENGTH 函数返回表中指定字段的长度值，其返回值为 INT 类型。

【例 6.2.48】

```
use pangu
select col_length 'employee' 'e_name' as employee_name_length
```

（3）COL_NAME 函数语法如下。

```
COL_NAME <table_id> <column_id>
```

COL_NAME 函数返回表中指定字段的名称，即列名，其返回值为 SYSNAME 类型。其中 table_id 和 column_id 都是 INT 类型的数据函数，用 table_id 和 column_id 参数来生成列名字符串。

【例 6.2.49】

```
use pangu
select col_name object_id 'employee' ordinal_position
from information_schema.columns
where table_name = 'employee'
```

（4）DATALENGTH 函数语法如下。

```
DATALENGTH <expression>
```

DATALENGTH 函数返回数据表达式的数据的实际长度，其返回值类型为 INT。

DATALENGTH 函数对 VARCHAR、VARBINARY、TEXT、IMAGE、NVARCHAR 和 NTEX 等能存储变动长度数据的数据类型特别实用。NULL 的长度为 NULL。

【例 6.2.50】

```
use pangu
select length = datalength e_name e_name
from employee
order by length
```

（5）HOST_NAME 函数语法如下。

```
HOST_NAME
```

HOST_NAME 函数返回服务器端电脑的名称，其返回值类型为 CHAR(8)

【例 6.2.51】

```
declare @hostNAME nchar(20)
select @hostNAME = host_name
print @hostNAME
```

（6）ISDATE 函数语法如下。

```
ISDATE <expression>
```

ISDATE 函数判断所给定的表达式是否为合理日期，如果是则返回 1，不是则返回 0。

（7）ISNULL 函数语法如下。

```
ISNULL <check_expression> <replacement_value>
```

ISNULL 函数将表达式中的 NULL 值用指定值替换。如果 check_expresssion 不是 NULL，则返回其原来的值，否则返回 replacement_value 的值。

【例 6.2.52】

```
use pangu
select avg isnull(e_wage, $1000.00)
from employee
```

6.3　本章小结

本章介绍了 Transact-SQL 语言的基本概念及其使用方法。Transact-SQL 语言需要大量的实践才能熟练运用，本章及以后的 SQL 语法基本上都是标准的 ANSI SQL 兼容语法，在其他数据库中，如 ORACLE、SYBASE、INFORMIX、FOXPRO 等大部分语句均可套用。

6.4 练 习

1．用 SQL 语句创建一张借款人表 borrower，包括借款人代码 code 和借款人名称 borrowername 字段，code 是主键创建一张贷款表 offeringloan，包括贷款流水号 flowno、借款人代码 code、贷款金额 loansum、贷款日期 loanbegindate、贷款到期日 loanenddate、借款人金融机构代码 financecode，贷款流水号和借款人金融机构代码为主键。

2．查询借款人代码为‘20030101’的贷款流水号。

3．查询借款人代码为‘20030101’的贷款总金额。

4．查询金融机构为‘101010’在‘2003-01-01’到‘2003-04-05’之间发放总笔数。

5．按金融机构分组查询发放贷款笔数。

6．查询贷款流水号为‘100010’的借款人名称。

第 7 章　视图技术

　　视图是查询数据库数据的一种方法。视图提供了存储预定义的查询语句作为数据库中的对象以备以后使用的能力。视图只是一种逻辑对象，是一种虚拟表，并不是真正的表，因为视图不占物理存储空间。在视图中被查询的表称为视图的基表。大多数 SELECT 语句都可以在创建视图时使用。

本章重点

◆　什么是视图
◆　视图的优点
◆　创建视图技术
◆　视图的维护
◆　所有者权链
◆　视图的隐藏
◆　使用视图修改数据的技术

7.1　什么是视图

　　视图是从一个、多个表或视图中导出的表，其结构和数据是建立在对表的查询基础上的。和表一样，视图也是包括几个被定义的数据列和多个数据行，但就本质而言，这些数据列和数据行来源于其所引用的表，所以视图不是真实存在的基础表，而是一张虚拟表。视图所对应的数据并不实际地以视图结构存储在数据库中，而是存储在视图所引用的表中。视图一经定义便存储在数据库中，与其相对应的数据并没有像表那样在数据库中再存储一份。通过视图看到的数据只是存放在基本表中的数据。对视图的操作与对表的操作一样,可以对其进行查询、修改(有一定的限制)、删除。

　　一般的，视图的内容包括以下几个方面。

● 　基表的列的子集或者行的子集，因此可以说视图是基表中的一部分。
● 　两个或者多个基表的联合，也就是说视图是对多个基表进行联合运算检索的 SELECT
　　　语句。
● 　两个或者多个基表的连接，其含义表明视图是通过对若干个基表的连接生成的。
● 　基表的统计汇总，指的是视图不仅仅是基表的投影，还可以是经过对基表的各种复杂
　　　运算的结果。
● 　另外一个视图的子集，视图既可以基于表，也可以基于另外一个视图。
● 　视图和基表的混合，在视图的定义中，视图和基表可以起到同样的作用。

　　从技术上讲，视图是在引用视图时指定的 SELECT 语句的存储定义。最多可以在视图中定义一个或者多个表的 1024 列，所能定义的行数受表中引用的行的数量的限制。

　　对视图可以灵活命名，因为它们的作用就像一组可以通过其定义的行和列一样。在定义了

视图后，即可把它们当作表来使用。

注意：不要把视图误认为是表。视图被定义以后，通常通过它可以像使用表一样访问数据，但是通过视图引用的数据通常来自它后面的基表。并且，如果在定义视图的基表中增加了列，那么除非删除该视图重新定义或者修改视图的定义，新增加的列才会出现在视图中。

当对通过视图看到的数据进行修改时，相应的基表的数据也会发生变化。同时，若基表的数据发生变化，则这种变化也可以自动地反映到视图中。

比如有一张 stuinfo（sno,sname,sadress,sphone）表，现只对某一用户显示 stuinfo 表的 sno 和 sname 字段。现在就可以用视图技术实现该要求，创建视图 vstuinfo（sno,sname），具体的创建视图技术将在 7.3 节中进行介绍。

7.2　视图的优点

视图的优点主要表现在视点集中、简化操作、定制数据、合并分割数据、安全性这几个方面。

7.2.1　视点集中

视图集中即是使用户只关心他感兴趣的某些特定数据和他们所负责的特定任务。这样，通过只允许用户看到视图中所定义的数据而不是视图引用的表中的数据，从而提高了数据的安全性。

视图创建了一种可以控制的环境，即表中的一部分数据允许访问，而另外一部分数据不允许访问。那些敏感的、不必要的或者不适合的数据都从视图中排除掉了。用户可以操纵视图中显示的数据，就像操纵表中的数据一样。如果具有一定的权限，并且了解一些限制，那么还可以修改视图中显示出来的数据。

7.2.2　简化操作

视图大大简化了用户对数据的操作。视图把数据库设计的复杂性与用户屏蔽分开，为数据库提供了一种改变数据库的设计而不影响用户使用的能力。另外，数据库设计时使用的名称，可以在视图中替换为非常友好容易理解的名称，从而为用户的使用提供了很大的便利。在定义视图时，若视图本身就是一个复杂查询的结果集，甚至包括分布查询异地数据，也可以通过视图进行掩码，这样在每一次执行相同的查询时，不必重新写这些复杂的查询语句，只要一条简单的查询视图语句即可。可见，视图向用户隐藏了表与表之间的复杂的连接操作。

7.2.3　定制数据

视图能够实现让不同的用户以不同的方式看到不同或相同的数据集。当有许多不同水平的用户共用同一数据库时，这显得极为重要。

7.2.4 合并分割数据

在有些情况下，由于表中数据量太大，所以在设计表时，常将表进行水平分割或垂直分割，但表的结构的变化却对应用程序产生不良的影响。如果使用视图就可以重新保持原有的结构关系，从而使外模式保持不变，原有的应用程序仍可以通过视图来重载数据。

7.2.5 安全性

视图可以作为一种安全机制。通过视图，用户只能查看和修改他们所能看到的数据，其他数据库或表不可见也不可以访问。如果某一用户想要访问视图的结果集，必须授予其访问权限。视图所引用表的访问权限与视图权限的设置互不影响。数据库所有者可以把视图的权限授予需要查询的用户，而不必将基表中某些列的查询权限授予用户。这样，就能保护基表的设计，而用户可以连续查询视图，而不被影响。

7.3 创建视图技术

SQL SERVER提供了使用企业管理器、Transac-SQL命令以及Create View向导三种方法来创建视图。在创建或使用视图时应该注意以下情况。

● 只能在当前数据库中创建视图。在视图中最多只能引用 1024 列。

● 如果视图引用的表被删除，则当使用该视图时将返回一条错误信息。如果创建了具有相同的表结构的新表来替代已删除的表，视图则可以使用，否则必须重新创建视图。

● 如果视图中某一列是函数、数学表达式、常量或来自多个表的列名相同，则必须为列定义名字。

● 不能在视图上创建索引，不能在规则默认触发器的定义中引用视图。

● 当通过视图查询数据时，SQL SERVER 不仅要检查视图引用的表是否存在，是否有效，而且还要验证对数据的修改是否违反了数据的完整性约束。如果失败，将返回错误信息。若正确，则把对视图的查询转换成对引用表的查询。

7.3.1 用企业管理器创建视图

使用企业管理器创建视图，操作步骤如下。

步骤 1　打开 Sql Server 2000 企业管理器，在它左边的树状图中，展开 Pubs 数据库，单击"视图"节点，在右侧的视图列表面板中右击，在弹出的菜单中选择"新建视图"命令，如图7-1 所示。

步骤 2　在出现的设计视图的对话框中，在关系图窗格中右击，在出现的菜单中选择"添加表"命令，如图 7-2 所示，也可以单击工具栏上的"添加表"按钮。

步骤 3　在"添加表"的对话框中，有三个选项卡："表"选项卡、"视图"选项卡、"函数"选项卡。在图 7-3 所示的"表"选项卡中，有一个列表框，显示了数据库中的全部基表。选择相应的基表，然后单击"添加"按钮，则会将基表添加到创建视图的窗口中。"视图"选项卡的内容与之类似，包含了数据库中的全部视图。"函数"选项卡用于将外部用户函数提供的功能增加到视图中。

步骤 4　所选的表出现在视图设计器的关系图窗格中。在关系图窗格中选择要加入视图的列，所选的列会出现在网格窗格中，并且在 SQL 窗格中显示与之对应的 SELECT 语句，如图 7-4 所示。

 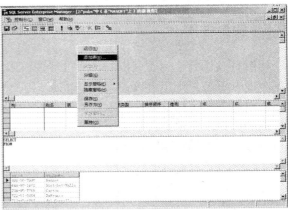

图 7-1　创建视图　　　　　　　　　　　　图 7-2　创建视图添加表窗口

图 7-3　创建视图添加表窗口　　　　　　图 7-4　创建视图—显示 SQL 窗口

步骤 5　在关系图窗格中的空白处右击，在弹出的菜单中选择"属性"命令。

步骤 6　在弹出的"属性"对话框中，"DISTINCT 值"复选框可以使视图不输出值相同的行，"加密浏览"复选框可以对视图的定义进行加密，"顶端"复选项可以限制视图最多输出的记录数目，如图 7-5 所示。

步骤 7　在网格窗格中的"别名"列，可以为该列取一个别名，该别名对应于 SELECT 语句中的 AS 子句。

步骤 8　网格窗格中的"输出"列可设置所选的列是否在视图结果中显示出来。如果取消了一列的输出，则相应的在 SELECT 语句中也不出现该列。

步骤 9　网格窗格中的"排序类型"和"排序顺序"则定义了结果中列的排序方式。其中"排序类型"定义每一列的升序或降序，"排序顺序"则定义多个列的排序先后。

步骤 10　为了查看视图中的数据，可以在关系图窗格中的空白处右击，在弹出的菜单中选择"运行"命令，如图 7-6 所示。也可以单击工具栏上的"允许"按钮。

步骤 11　在结果窗格中显示了视图中的数据，如图 7-7 所示。

步骤 12　单击工具栏上的"保存"图标，在弹出的窗口中显示了系统为新视图所取的名称，单击"确定"按钮就可以保存该视图。

图 7-5　"属性"对话框

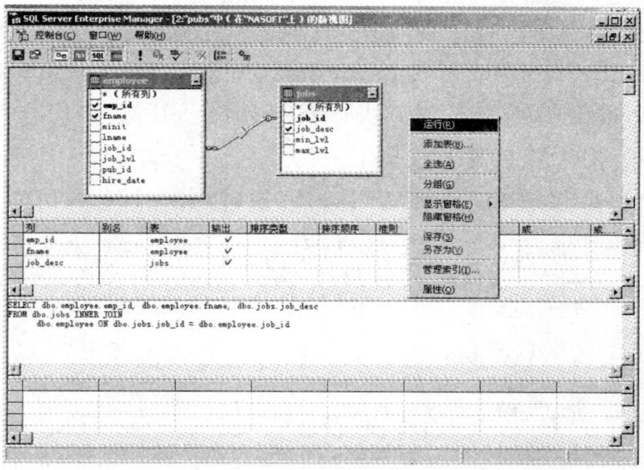

图 7-6　运行视图

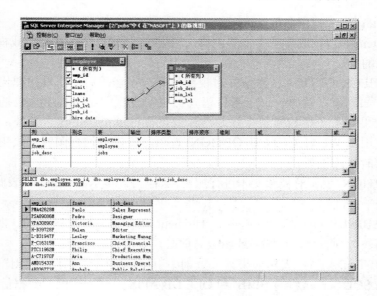

图 7-7　结果窗口

注意: 创建视图的时候, 有一些限制因素。在 CREATE VIEW 语句中, 不能包括 ORDER BY、COMPUTE 或者 COMPUTE BY 子句, 也就不能出现关键字。视图不能参考临时表。视图所参考的列最多为 1024 列。在一个批命令中, CREATE VIEW 语句不能与其他 Transact-SQL 语句混合使用。

创建视图时候，要避免使用外连接，可以在有内连接的表上创建。从理论上讲，系统允许使用外连接创建视图，但是外连接不是一个合理的命令，因此可能产生一个具有出人意料的视图，特别对空值的处理尤其如此。因此，实际使用中，应该尽量避免使用外连接创建视图。

7.3.2 用 CREATE VIEW 语句创建视图

创建视图时，SQL Server 首先验证在视图定义中所参考的对象是否存在。因为视图的外表和表的外表是一样的，为了区分视图和表，应该使用一种命名机制，使人容易分辨出视图和表。

执行 CREATE VIEW 有权限的限制，只有 System Administrator(sysadmin) 、database owner(db_owner)或者 data definition language administrator(db_ddladmin)成员或者有 CREATE VIEW 权限的用户，才能执行 CREATE VIEW 语句。当然，他们必须有该视图所参考的所有表或者视图的 SELECT 权限。

使用 CREATE VIEW 语句创建视图的语法格式如下。

```
CREATE [ < owner > ] VIEW view_name [ ( column [ ,...n ] ) ]
[ WITH < view_attribute > [ ,...n ] ]
AS
select_statement
[ WITH CHECK OPTION ]
< view_attribute > ::=
{ ENCRYPTION | SCHEMABINDING | VIEW_METADATA }
```

各参数的含义说明如下。

- view_name：表示视图名称。
- select_statement：构成视图文本的主体，利用 SELECT 命令从表中或视图中选择列构成新视图的列。
- WITH CHECK OPTION：保证在对视图执行数据修改后，通过视图仍能够看到这些数据，比如创建视图时定义了条件语句，很明显视图结果集中只包括满足条件的数据行，如果对某一行数据进行修改，导致该行记录不满足这一条件，但由于在创建视图时使用了 WITH CHECH OPTION 选项，所以查询视图时结果集中仍包括该条记录，同时修改无效。
- ENCRYPTION：表示对视图文本进行加密，这样当查看 syscomments 表时所见的 txt 字段值只是一些乱码。
- SCHEMABINDING：表示在 select_statement 语句中，如果包含表、视图或引用用户自定义函数，则表名、视图名或函数名前必须有所有者前缀。
- VIEW_METADATA：表示如果某一查询中引用该视图且要求返回浏览模式的元数据时，那么 SQL Server 将向 BLIB 和 OLE DB APIS 返回视图的元数据信息。

视图的内容就是 SELECT 语句指定的内容。视图也可以非常复杂。有下列情况时，必须指定列的名称。

- 由算术表达式、系统内置函数或者常量得到的列。
- 共享同一个表名连接得到的列。
- 希望视图的列名与表中的列名不同的时候。

注意：创建视图的时候，为了确保系统能够返回正确的结果，应该在定义视图时，先测试 SELECT 语句。正确的步骤应该是编写 SELECT 语句，测试 SELECT 语句，然后检查结果的正确性，最后创建视图。

下面几个例子就是从不同方面讲述了如何使用视图。

【例 7.3.1】使用 WITH ENCRYPTION、WITH CHECK OPTION 选项并且包含函数列。

```
use pubs
if exists (select table_name from information_schema.views
where table_name = 'emprange')
drop view emprange
go
create view emprange (emp_id, fname, lname, pubid, job_id, rows)
with encryption
as
select emp_id, fname, lname, pub_id , job_id, @@rowcount
from employee
where job_id between 11 and 12
with check option
go
```

由于使用了 WITH CHECK OPTION 选项，所以当对视图进行修改时，将返回错误信息。
比如执行以下语句。

```
update emprange
set job_id='5'
where emp_id='PCM98509F'
```

返回错误信息为：The attempted insert or update failed because the target view either specifies
WITH CHECK OPTION or   spans a view that specifies WITH CHECK OPTION and one or more
rows resulting from the operation did not qualify under the CHECK OPTION constraint.The
statement has been terminated.

由于使用了 WITH ENCRYPTION 选项，所以当执行以下语句时会看到很多乱码。

```
use pubs
go
select c.id, c.text
from syscomments c, sysobjects o
where c.id = o.id and o.name = 'emprange'
go
```

【例 7.3.2】创建居住在加州的作者的视图。

```
create view   view_ca_authors
as
select au_id,au_fname,au_lname,phone
from authors
where state='CA'
with check option
```
此时若通过view_ca_authors向表authors插入或更新数据行时，要检查state
列的值是否等于CA。【例7.3.3】若表被垂直分割成多个子表，使用视图重新装载表的数据。

```
create view comptable
as
```

```
select * from table1 union
select * from table2 union
select * from table 3
```

7.3.3 用向导创建视图

在 SQL Server 2000 中，系统提供了创建视图的一个向导，该向导可以从 SQL Server 的企业管理器的窗口"工具"菜单中启动，启动向导，进入欢迎界面，如图 7-8 所示。使用向导创建视图的方法如下。

步骤 1　单击"下一步"按钮，则出现要求选择数据库的对话框。在这个对话框中的"数据库名称"下拉列表框中可以选择视图将要引用的数据库，如图 7-9 所示。

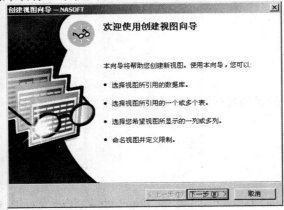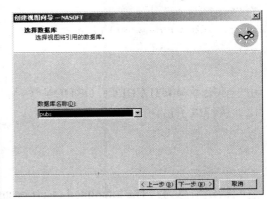

图 7-8　欢迎窗口　　　　　　　　　　　　　图 7-9　选择数据库窗口

步骤 2　单击"下一步"按钮，则出现"选择对象"对话框。在这个对话框中，列出了所选数据库中的全部表。在这些表的右端，有一个复选框，单击某一个表右端的复选框，则该表就将包括在所创建的视图中。在这个窗口中，可以选择一个或多个表作为视图的基表，如图 7-10 所示。

步骤 3　单击"下一步"按钮，则出现"选择列"对话框。在该对话框中，可以选择将要包含在视图中的列。该对话框中所选表的全部列就出现在该窗口中，列的右端有一个复选框，单击复选框可以选择包含在视图中的列，如图 7-11 所示。

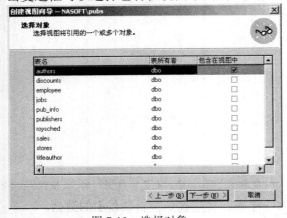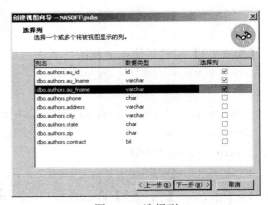

图 7-10　选择对象　　　　　　　　　　　　图 7-11　选择列

步骤 4　在选择列的窗口，单击"下一步"按钮，则出现"定义限制条件"对话框。在该对话框中，可以写一个 WHERE 子句限制将要显示在视图中的信息。当然限制条件是可有可无的，如图 7-12 所示。

步骤 5 单击"下一步"按钮，出现"视图命名"对话框，用户可以在"视图命名"文本框中输入视图的名称。为了方便起见，视图的名称一定有含义，要与表有所区别，如图 7-13 所示。

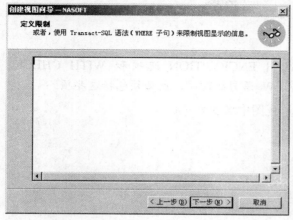

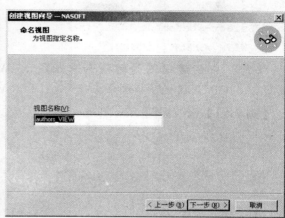

图 7-12 "定义限制条件"对话框　　　　　　图 7-13 "视图命名"对话框

步骤 6 单击"下一步"按钮，出现对话框中有一个显示了视图定义的文本框。在该文本框中，可以编辑该视图的定义。此时，还没有真正开始创建视图，单击"完成"按钮，则真正实现视图的创建，如图 7-14 所示。

图 7-14 "完成视图"对话框

7.4　视图的维护技术

7.4.1　修改、查看视图

有使用 CREATE VIEW 语句的权限，就有使用 ALTER VIEW 语句的权限。使用 ALTER VIEW 语句可以修改视图的定义。当删除一个视图，然后又重新创建该视图时，必须重新指定视图的权限。但是，当使用 ALTER VIEW 语句修改视图，则视图原有的权限不会发生变化。

```
ALTER VIEW 语句语法形式:
ALTER VIEW viewname
  [(column[,…n]`)]
  [WITH ENCRYPTION]
  AS
  Select-statement
  [WITH CHECK OPTION]
```

注意: 在创建视图的时候如果使用了 WITH ENCRYPTION 选项和 WITH CHECK
        OPTION 选项, 那么在使用 ALTER VIEW 语句的时候, 也必须包括这些项。

【例 7.4.1】修改视图 view_demo 的定义, 在该视图中增加列 col。

```
USE library
Go
ALTER VIEW dbo.view_demo
AS
SELECT title_id,title_n,col
FROM demo
```

如果使用 SELECT * 语句创建了一个视图, 然后又修改了基表的结构, 例如增加了一个新
列, 那么这个新列不出现在视图中。要想新列出现在视图中, 必须重新修改视图。

例如, 创建该视图的语句如下。

```
   CREATE VIEW dbo.view_demo
AS
SELECT *
FROM demo
```

在创建视图后, 又对基表 demo 进行了修改, 增加了列 col4。在原来的视图 view_demo 中, 还
只包括原来表中的三个列, 只有对该视图的定义进行修改之后, 新增加的列才能反映到视图中。

当然, 在企业管理器中也可以修改视图, 具体修改、查看视图的操作步骤如下。

步骤 1　要查看视图的定义信息, 可以在企业管理器中, 右击相应的视图, 在弹出的菜单
中选择"属性"命令。

步骤 2　在弹出的"属性"对话框中显示了视图定义的文本, 如图 7-15 所示。

步骤 3　单击"权限"按钮设置数据库用户操作该视图的权限, 如图 7-16 所示。

图 7-15　查看视图属性窗口　　　　　　　　图 7-16　查看视图权限窗口

步骤 4　单击"列"按钮, 设置该用户对视图中每一列所进行操作的权限, 如图 7-17 所示。

步骤 5 要查看视图中的数据，可以在相应的视图上右击，在弹出的菜单中选择"打开视图"下的"返回所有行"命令。

步骤 6 在出现的对话框中显示了视图中的所有数据，如图 7-18 所示。

图 7-17 查看视图列权限窗口 图 7-18 显示视图窗口

7.4.2 重命名视图

重命名视图的操作步骤如下。

步骤 1 在要改名的视图上右击，在弹出的菜单中选择"重命名"命令。

步骤 2 这时视图的名称变为可输入的状态，可以直接输入视图的新名称。

步骤 3 更改视图名称后，将弹出一个对话框，提示用户更改视图名称可能引起的后果。确认要更名后，单击"是"按钮，则更名成功。

步骤 4 单击"显示相关性"按钮可以查看与该视图相关的所有数据库对象，更改视图名称可能对数据库中的其他对象产生影响。

7.4.3 删除视图

删除一个视图，就是删除其定义和赋予的全部权限。如果要删除视图，通过执行 DROP VIEW 语句，可以把视图的定义从数据库中删除。另外，如果继续使用基于该视图创建的视图，那么会得到一个错误消息。删除一个表并不能自动删除参考该表的视图，因此视图必须明确地删除。

DROP VIEW 语句的语法形式如下。

```
DROP VIEW {view}[, …n]
```
在 DROP VIEW 语句中，可以同时删除多个不再需要的视图。

【例 7.4.2】删除视图。

```
USE library
IF EXISTS (SELECT TABLE_NAME FROM INFORMATION_SCHEMA.VIEWS
        WHERE TABLE_NAME='view_demo')
DROP VIEW view_demo
```

```
GO
```

如果删除了在其中定义了另外一个视图的视图，那么当引用第二个视图时，则在 SELECT 语句中引用了不存在的对象，会出现如下提示错误：

Server: Msg 208,Level 16,State 1,Line 1

Invalid object name 'name of view'

这时，视图的解决方案不成功，因为该视图直接或者间接依靠的对象当前已经不在了。这些对象需要重新被创建，才能使用该视图。应该考虑直接在表上而不是直接在其他视图上定义视图。表比视图删除的可能性小，因为表是真正存储数据的数据库对象，而视图只是查看表中数据的不同方法。

在企业管理器中删除视图的操作步骤如下。

步骤 1 在企业管理器中右击要删除的视图，在弹出的菜单中选择"删除"命令，或者单击工具栏上的"删除"按钮。

步骤 2 在"除去对象"对话框显示了要删除的对象，单击"全部除去"按钮可将这些数据库对象删除。

步骤 3 单击"显示相关性"按钮可以查看与该视图相关的所有数据库对象。通过查看与视图相关的对象，可以知道删除视图将对数据库中的其他对象产生什么样的后果，如图 7-19 所示。

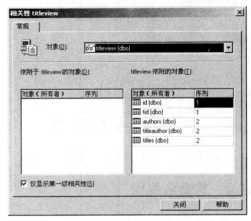

图 7-19　显示相关性窗口

7.4.4　用存储过程查看视图

在 SQL SERVER 中有三个关键存储过程有助于了解视图信息。它们分别为：sp_depends、sp_help、sp_helptext。

存储过程 sp_depends 返回系统表中存储的任何信息，该系统表指出该对象所依赖的对象。除视图外，这个系统过程可以在任何数据库对象上运行。其语法如下。

```
sp_depends 数据库对象名称
```

【例 7.4.3】查看视图 emprange 所依赖的对象。

```
sp_depends emprange
```

系统过程 sp_help 用来返回有关数据库对象的详细信息，如果不针对某一特定对象则返回数据库中所有对象信息，其语法如下。

```
sp_help 数据库对象名称
```

系统过程 sp_helptext 检索出视图、触发器、存储过程的文本，其语法如下。

```
sp_helptext 视图、触发器、存储过程
```

【例 7.4.4】返回视图 emprange 的信息。

```
sp_helptext emprange
create view titleview
as
select title, au_ord, au_lname, price, ytd_sales, pub_id
from authors, titles, titleauthor
```

```
where      authors.au_id      =      titleauthor.au_id.and     titles.title_id      =
titleauthor.title_id
```

7.5   所有者权链难题

SQL Server 系统总是允许原始对象的所有者控制用户对该对象的访问。视图是在基表的基础上创建的,这些相互依赖关系就构成了所有者权链。如果视图的所有者也拥有基对象,那么该所有者只需授权视图的权限。当使用该对象时,只检查视图的权限。

如果该用户并不拥有链上的全部对象,那么就说所有权断链了。例如在图 7-20 中,用户 2 可以看到用户 1 的视图,但是用户 3 却不能看到用户 2 的视图,这是因为用户 2 看到的数据实际上是用户 1 赋予的权限,用户 3 没有从基表所有者用户 1 中得到授权,所以没有办法看到数据,所由权就断链了。

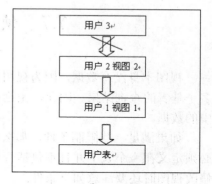

图 7-20   所有权断链

7.6   视图的隐藏

用户可以使用以下三种方法看到视图的定义。
- 使用企业管理器。
- 查询视图 Information_schema.views。
- 查询系统表 syscomments。

可是,在实际应用中,经常需要禁止用户看到这些定义。如果不允许用户看到这些定义,那么可以把系统表 syscomments 中的有关内容进行加密。通过在视图定义语句中增加选项 WITH ENCRYPTION,可以加密包含 CREATE VIEW 语句文本的系统表 syscomments。在加密视图之前,最好把视图定义保存到文件中,以备以后使用。为了解密视图的文本,必须删除和重建视图,或者修改视图的定义。

下面的例子是有关加密视图的,在该示例中,使用选项 WITH ENCRYPTION 创建了一个视图,以便隐藏视图的定义。

【例 7.6.1】隐藏视图的定义。

```
USE library
GO
CREATE VIEW dbo.UnpaidFines View(Member,TotalUnpaindFines)
WITH ENCRYPTION
AS
SELECT member_no(sum(fine_assessed-fine_paid))
FROM loanhist
```

```
GROUP BY member_no,fine_assessed,fiene_paid
HAVING SUM(fine_assessed-fine_paid)>0
```

注意: 当不允许用户查看视图的定义时, 最好使用加密, 而不是从系统表 syscomments 中把有关的内容删除。如果从系统表 syscomments 中把有关的内容删除了, 那么该视图就不能使用了。

7.7 使用视图修改数据的技术

视图本身没有数据, 因为视图是一个虚拟的表, 只是一个 select 语句, 只是显示一个或者多个基表的查询结果。因此, 无论在什么时候修改视图的数据, 实际上都是在修改视图的基表中的数据。

如果满足一些限制条件, 那么可以通过视图自由地插入、删除和修改数据。一般的, 视图必须定义在一个表上并且不包括合计函数或者在 SELECT 语句中不包括 GROUP BY 子句。在修改视图时还要注意如下条件。

● 不能影响两个或者两个以上的基表。可以修改由两个或者两个以上的基表得到的视图, 但是每一次修改只能影响一个基表, 如图 7-21 所示。

● 有些列不能修改。不能修改那些通过运算得到结果的列, 例如包含有计算值的列、有内置函数的列或者有合计函数的列。

● 如果影响表中没有默认值的列或者不允许接受空值时列, 那么可能引起错误。例如, 如果使用 INSERT 语句向视图中插入数据, 且该视图的基表由一个没有默认值的列或者有一个不允许为空的列, 这种列没有出现在视图中, 那么就会产生一个错误消息。

● 如果在视图定义中指定了 WITH CHECK OPTION 选项, 那么要验证所修改的数据。选项 WITH CHECK OPTION 强制要求对视图的所有修改语句必须满足定义视图使用的 SELECT 语句的标准。如果这种修改超出了视图定义的范围, 那么系统会拒绝这种修改操作。

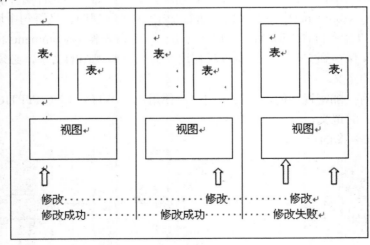

图 7-21 修改表

另外, 为了提高系统的性能和应用的方便, 建议在使用和管理视图时, 接受下列一些建议。

- 避免在视图上创建视图。
- 指定 DBO 拥有所有视图。
- 在删除数据库对象之前，确认对象的依赖性。
- 不能删除系统表 SYSCOMMENTS 中的内容。
- 使用标准的命名约定，把视图与表明显区分开来。

7.8 本章小结

本章主要介绍了视图的概念，比较系统地学习了视图的定义、修改、使用等方法。
通过本章学习，应了解了下列内容。

- 视图是查看数据库表中数据的一种方法，它作为一个查询结果集，虽然仍与表具有相似的结构，但它是一张虚表，以视图结构显示在用户面前的数据并不是以视图的结构存储在数据库中，而是存储在视图所引用的基本表当中。视图的存在为保障数据库的安全性提供了新手段。
- 使用视图有许多优点，例如集中用户使用的数据、掩码数据的复杂性、简化权限管理、增强安全性等。
- 使用 CREATE VIEW 语句可以创建视图。
- 使用向导可以创建视图。
- 使用 SQL Server 企业管理器工具也可以创建视图。
- 使用 ALTER VIEW 语句或企业管理器工具可以修改视图。
- 在使用视图时，注意所有权断链问题。
- 视图的文本放在系统表 syscomments 中，可以使用 WITH ENCRYPTION 选项加密视图定义。在一定条件下才能通过视图修改基表的数据。

7.9 练 习

1. 用企业管理器创建一个视图，并重命名，然后删除。
2. 用 SQL 语句创建一个视图，并用语句进行修改、删除。
3. 用向导创建一个视图。

第 8 章 SQL Server 2000 中的索引技术

随着经济的迅速发展，信息化建设速度大大加快，各行业的信息管理系统数据库的数据也急剧增加，怎样才能快速从庞大的数据库中找到所需要的数据？对数据库最频繁的操作是进行数据查询，一般情况下，数据库在进行查询操作时需要对整个表进行数据搜索。当表中的数据很多时，搜索数据就需要很长的时间，这就造成了服务器的资源浪费。为了提高检索数据的能力，有效的方法之一就是用索引技术。本章就来学习索引技术。

本章重点

◆ 索引的概念
◆ 索引的种类
◆ 创建索引
◆ 重建索引
◆ 重命名索引
◆ 删除索引
◆ 索引维护技术
◆ 索引性能提高技术

8.1 什么是索引

数据库索引技术和书籍上的索引非常相似，设想要用英汉词典查一个单词 server，为快速找到 server，首先要找到单词 S 区，找到 S 区后顺序找到 server，而不必找遍整本词典。数据库现在的索引技术的道理也同样如此。通过在数据库中对表增加索引，可以大大加快数据的查询速度。如果没有在该数据库的表上建立索引，查询时会很费时间。

索引是一个单独的、物理的数据库结构，它是某个表中一列或若干列值的集合和相应的指向表中物理标识这些值的数据页的逻辑指针清单。索引是依赖于表建立的，它提供了数据库中编排表中数据的内部方法。一个表的存储是由两部分组成的，一部分用来存放表的数据页面，另一部分存放索引页面。索引就存放在索引页面上。通常，索引页面相对于数据页面来说小得多。当进行数据检索时，系统先搜索索引页面，从中找到所需数据的指针，再直接通过指针从数据页面中读取数据。因此如前所述，从某种程度上，可以把数据库看作一本书，把索引看作书的目录，通过目录查找书中的信息，显然比没有目录的书方便、快捷。

索引和关键字及约束有较大的联系。关键字可以分为两类：逻辑关键字和物理关键字。它用来定义索引的列，也即索引。

索引最大的优点是可以大大提高查询速度，索引优点具体介绍如下。

● 通过创建唯一行索引，可以保证数据的唯一性。
● 可以大大提高查询速度。
● 可以加速表与表之间的连接，实现数据的参考完整性。

- 可以显著减少查询中分组和排序的时间。

索引有如此多的优点，那么是不是可以对表中的每一列创建一个索引？答案是否定的。索引并不是建得越多越好，为什么？接下来看看索引不利的方面，具体如下。

- 创建和维护索引要花费时间。
- 索引要占用物理空间。
- 对表中的数据进行增加、删除和修改时，索引要动态维护。索引太多，维护速度会很慢。

已经知道了索引的优缺点，创建索引时就要考虑下面的指导原则。

- 在经常需要查询的列上面创建索引。
- 在主键上面创建索引。
- 在经常用在连接的列上创建索引。
- 在经常需要排序的列上创建索引。
- 在经常需要根据范围进行搜索的列上创建索引。
- 在经常使用在 WHERE 子句中的列上面创建索引。

8.2 索引的种类

SQL Server 支持两种基本类型的索引，根据索引的顺序与数据表的物理顺序是否相同来区分的。一种是数据表的物理顺序与索引顺序相同的聚簇索引，另一种是数据表的物理顺序与索引顺序不相同的非聚簇索引。在这两种基本类型的索引之上，可以增加得到一个唯一索引的功能，该索引迫使所有插入索引中的值都必须保持唯一。

8.2.1 聚簇索引

聚簇索引是一种特殊索引，它使数据按照索引的排序顺序存放表中。聚簇索引类似于字典，即所有词条在字典中都以字母顺序排列。聚簇索引重组了表中的数据，聚簇索引对表的物理数据页中的数据按列进行排序，然后再重新存储到磁盘上，即聚簇索引与数据是混为一体的，它的叶节点中存储的是实际的数据。由于聚簇索引对表中的数据一一进行了排序，因此用聚簇索引查找数据很快，但由于聚簇索引将表的所有数据完全重新排列了，它所需要的空间也就特别大，大概相当于表中数据所占空间的 120%，表的数据行只能以一种排序方式存储在磁盘上，所以一个表只能有一个聚簇索引。

聚簇索引的物理结构如图 8-1 所示。

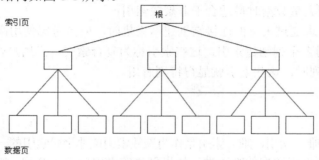

图 8-1　聚簇索引的物理结构

当数据按值的范围查询时，聚簇索引就显得特别有用。因为所有 SQL Server 查询都必须先找到所查询范围的第一行，然后依次下去，直到该范围的最后一个值找到为止，并且保证了所有其他值也落在这个范围内。

当准备在表中创建聚簇索引时必须考虑到以下几点注意事项。

- 应该在尽可能少的列上定义一个聚簇索引。在表中创建的任何其他的索引都比正常的要大，因为它们不仅包含其他索引的值，而且还包含聚簇索引的关键字。
- 当列具有相对数量较少的不同值，创建聚簇索引非常不错。
- 如果访问一个表并使用 BETWEEN、<、>、>=或<=操作符来返回一个范围的值时，应该考虑使用聚簇索引。
- 如果表中的值是按照顺序访问的，应该考虑使用聚簇索引。
- 如果访问表经常是为了返回一大堆数据，应该考虑使用聚簇索引。
- 如果表经常由一个指定的列来排序，该列将是聚簇索引的最佳候选列。这是因为表中的数据已经排好序了。
- 对于追求快速的应用程序，查询用的那个列是聚簇索引的最佳候选列。
- 进行大量数据改动的表不适宜用聚簇索引，因为 SQL Server 将不得不在表中维护行的次序。

8.2.2　非聚簇索引

非聚簇索引中的数据顺序不同于表中的数据存放顺序。非聚簇索引具有与表的数据完全分离的结构，使用非聚簇索引不用将物理数据页中的数据按列排序。非聚簇索引的叶节点中存储了组成非聚簇索引的关键字的值和行定位器，行定位器的结构和存储内容取决于数据的存储方式。如果数据是以聚簇索引方式存储的，则行定位器中存储的是聚簇索引的索引键。如果数据不是以簇索引方式存储的，这种方式又称为堆存储方式（Heap Structure），则行定位器存储的是指向数据行的指针。非聚簇索引将行定位器按关键字的值用一定的方式排序，这个顺序与表的行在数据页中的排序是不匹配的。

由于非聚簇索引使用索引页存储，因此它比簇索引需要更多的存储空间，且检索效率较低。但一个表只能建一个聚簇索引，当需要建立多个索引时，就需要使用非聚簇索引了。从理论上讲一个表最多可以建249个非聚簇索引。

非聚簇索引的一大优点是可以在同一个表中创建多个非聚簇索引。这样在以几种不同的方式访问表时，就可以根据这几种访问方式在表中创建不同的索引。

准备在表中创建非聚簇索引时，必须考虑到以下几点注意事项。

- 在默认情况下，所创建的索引是非聚簇索引；
- 当查询不返回大量数据时最适合于非聚簇索引；
- 当应用程序要求通过大量的连接来创建结果集时，应该考虑使用高度索引的表。

可以在一个表中对多个列创建索引，这些索引称为复合索引。当用户在SELECT语句的WHERE子句下使用多个列时，这些索引就显得特别有用。

8.2.3　唯一索引

不能单独创建一个唯一索引，唯一索引是作为聚簇索引或非聚簇索引的一部分而创建的。

唯一索引用来保证索引数据的唯一性。如果创建的索引包含多个列，唯一索引将保证包含在索引中的所有值的组合是唯一的。应用唯一索引的一个例子是包含学生编号的列，这个列是最适合于创建唯一索引，因为在理论上，没有两个人拥有同样的学号。

8.3   创建索引技术

对表中可创建的索引类型有了了解后，下面看看怎样实际创建索引。创建索引的方法分为直接方法和间接方法。直接创建索引的方法就是使用命令和工具直接创建索引。间接创建索引就是通过创建其他对象而附加创建了索引，例如在表中定义主键约束或者唯一性键约束时，同时也创建了索引。虽然，这两种方法都可以创建索引，但是，它们创建索引的具体内容是有区别的。

使用CREATE INDEX 语句或者使用"创建索引"向导来创建索引，这是最基本的索引创建技术，并且这种方法最具有柔性，可以定制创建出符合自己需要的索引。在使用这种方式创建索引时，可以使用多种选项，例如指定数据页的充满度、进行排序、整理统计信息等，这样可以优化索引。使用这种方法，可以指定索引类型、唯一性和复合性，也就是说，既可以创建聚簇索引，也可以创建非聚簇索引，既可以在一个列上创建索引，也可以在两个或者两个以上的列上创建索引。

通过定义主键约束或者唯一性键约束也可以间接创建索引。主键约束是一种保持数据完整性的逻辑，它限制表中的记录有相同的主键记录。在创建主键约束时，系统自动创建了一个唯一性的聚簇索引。虽然，在逻辑上，主键约束是一种重要的结构，但在物理结构上，与主键约束相对应的结构是唯一性的聚簇索引。换句话说，在物理实现上，不存在主键与数，而只存在唯一性的聚簇索引。同样，在创建唯一性键约束时，索引的类型和特征基本上都已经确定了，由用户定制的余地比较小。

当在表上定义主键或者唯一性键约束时，如果表中已经有了用CREATE INDEX 语句创建的标准索引时，那么主键约束或者唯一性键约束创建的索引将覆盖以前创建的标准索引。也就是说，主键约束或者唯一性键约束创建的索引的优先级高于使用CREATE INDEX 创建的索引。

这里要讲述的创建索引的方法是直接创建索引的方法，有关间接创建索引的方法见本书后面有关章节的内容。具体地说，为了加快对用户数据库表中数据的检索速度，应该为这些用户数据表创建索引。

创建索引可以用下列三种方法。
- 企业管理器创建索引。
- CREATE INDEX 语句创建索引。
- 创建索引向导。

下面详细介绍这三种直接创建索引的方法。

8.3.1   企业管理器创建索引

就像在数据库中创建其他大多数对象一样，有两种方法可生成索引。

首先讲解如何使用企业管理器创建索引。

步骤 1   在企业管理器中，右击要创建索引的表，在弹出的菜单中选择"所有任务"下的"管理索引"命令。

步骤2   在管理索引的对话框中显示了表中已有的索引，单击"新建"按钮，如图8-2所示。

步骤 3   在"列"下选择要创建索引的列，可以选择多达 16 列。为获得最佳性能，最好只选择一列或两列。对所选的每一列，可指出索引是按升序还是降序组织列值。为索引指定任何其他需要的设置后，单击"确定"按钮，如图 8-3 所示。

还可以使用另外一种方法创建索引。

步骤 1　进入表设计器，在上面的空白处右击，在弹出的菜单中选择"索引/键"命令。

图 8-2　"管理索引"对话框

图 8-3　"新建索引"对话框

步骤 2　在视图的"属性"对话框的"索引/键"标签页中，显示了表中的索引以及这些索引的设置，如图 8-4 所示。单击"新建"按钮创建一个新的索引。

步骤 3　在"选定的索引"文本框中显示了系统分配给索引的名称。在"列名"下可以选择为一个或多个列创建索引，"顺序"下可以选择列的排序顺序。设置其他的选项之后，单击"关闭"按钮，如图 8-5 所示。

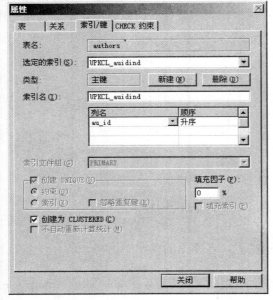

图 8-4　索引/键标签页

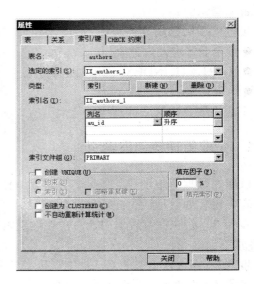

图 8-5　"索引/键"标签页新建索引

8.3.2　CREATE INDEX SQL 语句创建索引

（1）CREATE INDEX 既可以创建一个可改变表的物理顺序的聚簇索引，也可以创建提高查询性能的非聚簇索引。其语法如下。

```
CREATE [UNIQUE] [CLUSTERED|NONCLUSTERED]
INDEX index_name ON (column [,…n])
[WFTH
    [PAD_INDEX]
    [[,] FILLFACTOR = fillfactor]
    [[,] IGNORE_DUP_KEY]
    [[,] DROP_EXISTING]
    [[,] STATISTICS_NORECOMPUTE]
]
[ON filegroup]
```

各参数说明如下。

- UNIQUE：创建一个唯一索引，即索引的键值不重复。在列包含重复值时，不能建唯一索引。如要使用此选项，则应确定索引所包含的列均不允许 NULL 值，否则在使用时会经常出错。
- CLUSTERED：指明创建的索引为聚簇索引。如果此选项默认，则创建的索引为聚簇索引。
- NONCLUSTERED：指明创建的索引为非聚簇索引。其索引数据页中包含了指向数据库中实际的表数据页的指针。
- index_name：指定所创建的索引的名称。索引名称在一个表中应是唯一的，但在同一数据库或不同数据库中可以重复。
- table：指定创建索引的表的名称。必要时还应指明数据库名称和所有者名称。
- view：指定创建索引的视图的名称。视图必须是使用 SCHEMABINDING 选项定义过的，其具体信息请参见视图创建章节。
- ASC | DESC：指定特定的索引列的排序方式，默认值是升序 ASC。
- column：指定被索引的列。如果使用两个或两个以上的列组成一个索引，则称为复合索引。一个索引中最多可以指定 16 个列，但列的数据类型的长度和不能超过 900 个字节。
- PAD_INDEX：指定填充索引的内部节点的行数，至少应大于等于两行。PAD_INDEX 选项只有在 FILLFACTOR 选项指定后才起作用，因为 PAD_INDEX 使用与 FILLFACTOR 相同的百分比。默认时，SQL Server 确保每个索引页至少有能容纳一条最大索引行数据的空闲空间。如果 FILLFACTOR 指定的百分比不够容纳一行数据，SQL Server 会自动内部更改百分比。
- FILLFACTOR = fillfactor：FILLFACTOR 称为填充因子，它指定创建索引时，每个索引页的数据占索引页大小的百分比。fillfactor 的值为 1 到 100，它其实同时指出了索引页保留的自由空间占索引页大小的百分比，即 100 – fillfactor。对于那些频繁进行大量数据插入或删除的表，在建索引时应该为将来生成的索引数据预留较大的空间，即将 fillfactor 设得较小，否则索引页会因数据的插入而很快填满，并产生分页，而分页会大大增加系统的开销。但如果设得过小，又会浪费大量的磁盘空间，降低查询性能。因此，对于此类表通常设一个大约为 10 的 fillfactor。 而对于数据不更改的、高并发的、只读的表，fillfactor 可以设到 95 以上乃至 100。如果没有指定此选项，SQL Server 默认其值为 0。0 是个特殊值，与其他小 FILLFACTOR 值（如 1、2）的意义不同，其叶节点页被完全填满，而在索引页中还有一些空间。可以用存储过程 Sp_configure 来改变默认的 FILLFACTOR 值。

- IGNORE_DUP_KEY：此选项控制了在向包含于一个唯一约束中的列中插入重复数据时 SQL Server 所作的反应。当选择此选项时，SQL Server 返回一个错误信息，跳过此行数据的插入，继续执行下面的插入数据的操作。当没选择此选项时，SQL Server 不仅会返回一个错误信息，还会回滚整个 INSERT 语句。

- DROP_EXISTING：指定要删除并重新创建聚簇索引。删除簇索引会导致所有的非聚簇索引被重建，因为需要用行指针来替换簇索引键。如果再重建簇索引，那么非聚簇索引又会再重建一次，以便用簇索引键来替换行指针。使用 DROP_EXISTING 选项可以使非聚簇索引只重建一次。

- STATISTICS_NORECOMPUTE：指定分布统计不自动更新。需要手动执行不带 NORECOMPUTE 子句的 UPDATESTATISTICS 命令。

- SORT_IN_TEMPDB：指定用于创建索引的分类排序结果将被存储到 Tempdb 数据库中，如果 Tempdb 数据库和用户数据库位于不同的磁盘设备上，那么使用这一选项可以减少创建索引的时间，但它会增加创建索引所需的磁盘空间。

- ON filegroup：指定存放索引的文件组。

注意：数据类型为 TEXT、NTEXT、IMAGE 或者 BIT 的列不能作为索引的列。由于索引的宽度不能超过 900 个字节，因此数据类型为 CHAR、VARCHAR、BINARY、和 VARBINARY 的列的列宽超过了 900 字节或数据类型为 NCHAR、NVARCHAR 的列的列宽超过了 450 个字节时也不能作为索引的列。

【例 8.3.1】为表 products 创建一个聚簇索引。

```
create unique clustered index pk_p_id
on products(p_id)
with
pad_index,
fillfactor = 10,
ignore_dup_key,
drop_existing,
statistics_norecompute
on [primary]
```

【例 8.3.2】为表 products 创建一个复合索引。

```
create index pk_p_main
on products(p_id, p_name, sumvalue) -- 其中 sumvalue 是一个计算列表达式为
rice*quantity
with
pad_index,
fillfactor = 50
on [primary]
```

【例8.3.3】创建一个视图并为它建一个索引。

```
create view dbo.work_years
with
schemabinding
as
select top 100 percent emp_id,e_name, birthday, hire_date, year(getdate())
- year(hire_date) as work_years
from dbo.employee
order by work_years desc
create unique clustered
index emp_id_view on dbo.work_years (emp_id)
```

（2）在SQL Server查询分析器中输入SQL语句，然后单击工具栏上的"执行"按钮。比如创建一个简单的索引，代码为CREATE INDEX IX_au_lname ON authors(au_lname)，如图8-6所示。查询语句执行完毕后，结果窗显示"命令已成功完成"，如图8-7所示。

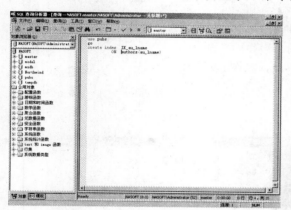

图8-6　查询分析器创建索引　　　　　　图8-7　查询分析器创建索引结果窗口

1. 创建唯一性索引

唯一性索引保证在索引列中的全部数据是唯一的，不会包含冗余数据。但是，如果必须保证唯一性，应该创建主键或进行唯一性约束。当创建唯一性索引时，应该考虑以下原则。

● 当在表中创建主键或唯一性约束时，SQL SERVER 自动创建一个唯一性索引。
● 如果表中有数据，那么当创建唯一性索引时，SQL SERVER 自动检查数据的冗余。
● 每次插入或修改表中的数据时，SQL SERVER 自动检查数据的冗余。如果有冗余，那么 SQL SERVER 报错。

【例8.3.4】创建一个唯一索引。

```
USE pubs
GO
CREATE UNIQUE INDEX IX_au_lname ON authors(au_lname)
```

2. 创建复合性索引

复合索引就是一个索引创建在两个列或者多个列上。
当创建复合性索引时，应该考虑以下原则。

- 最多可以把 16 个列合并成一个单独的复合索引。
- 为了使查询优化器使用复合索引，查询语句中的 WHERE 子句必须参考复合索引中的第一个列。
- 当在表中有多个主键时，复合索引非常有用。
- 复合索引中排在前面的应该是使用更多次数的列。
- 使用复合索引可以提高查询性能，减少在一个表中所创建的索引数量。

具体创建一个复合索引，在 sales 表创建一个复合索引，列 stor_id 和 title_id 是复合主键。

【例 8.3.5】创建一个复合索引。

```
USE pubs
GO
CREATE  INDEX IX_stor_title ON sales(stor_id,title_id)
```

8.3.3 使用向导创建索引技术

使用向导创建索引的方法如下。

步骤 1　在企业管理器中选择"工具"→"向导"命令，在"选择向导"对话框中选择数据库文件夹下的"创建索引"向导，如图 8-8 所示。

步骤 2　单击"确定"按钮，出现向导欢迎界面，如图 8-9 所示。

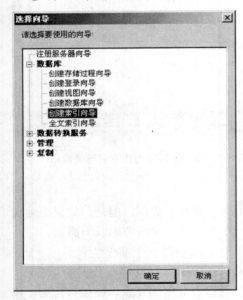

图 8-8　创建索引向导

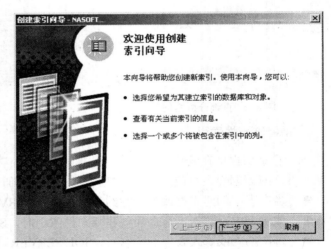

图 8-9　欢迎界面

步骤 3　在欢迎界面中，单击"下一步"按钮，则出现"选择数据库和表"对话框，如图 8-10 所示。在"数据库名称"下拉列表框中可以选择希望创建索引的数据库。在"对象"下拉列表框中，则出现所选数据库中包含的全部用户表，从这里可以选择希望创建索引的表。

步骤 4　单击"下一步"按钮，则出现"当前的索引信息"对话框，如图 8-11 所示。在该对话框中，列出了当前表的全部索引信息。

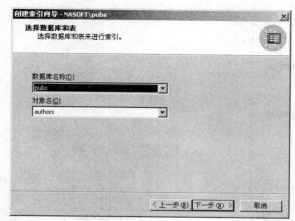

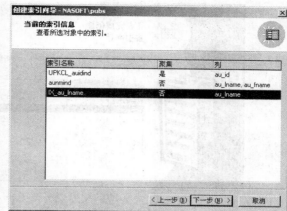

图 8-10　"选择数据库和表"对话框　　　　　　图 8-11　"当前的索引信息"对话框

　　步骤5　单击"下一步"按钮,出现"选择列"对话框,如图8-12所示。如果要将某列添加为索引,那么在包含索引列列表中选中该复选框,该列就包含在该索引中。

　　步骤6　单击"下一步"按钮,则出现"指定索引选项"对话框。在该对话框中有两个部分,一部分是属性部分,另一部分是填充度部分。在属性部分中有两个单选框:使该索引为聚簇索引单选框和使该索引为唯一性索引单选框。选择聚簇索引单选框,则该索引为聚簇索引。选择唯一性索引单选框,则该索引为不允许有重复值的唯一性索引。填充度部分如图8-13所示。填充度可以优化INSERT语句和UPDATE语句的性能,只是在创建或者重建索引时使用。

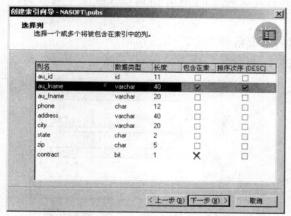

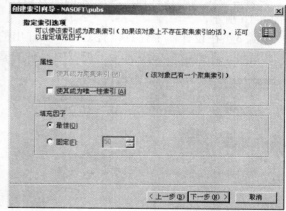

图 8-12　"选择包含在索引中的列名"对话框　　　图 8-13　"指定索引选项"对话框

　　步骤7　单击"下一步"按钮,则出现"正在完成创建索引向导"对话框,如图8-14所示,可以输入该索引的名称。另外,还显示了该索引的设置,这时还可以更改前面的设置,因为索引还没有真正创建。

　　单击"完成"按钮,则完成索引的创建。系统完成索引窗口后则"向导已完成"提示信息对话框,如图8-15所示。

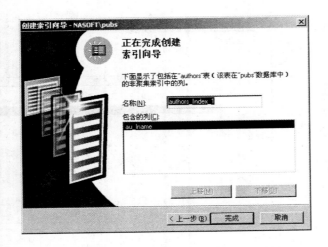

图 8-14　"正在完成创建索引向导"对话框　　　图 8-15　"向导已完成"对话框

8.4　在视图上创建索引

在视图上创建索引的方法如下。

步骤 1　在企业管理器中，右击要创建索引的视图，在弹出的菜单中选择"设计视图"命令，进入视图设计器。

步骤 2　在视图设计器中显示了视图所包含的列。定义视图的 SQL 语句以及视图中的数据，如图 8-16 所示。

步骤 3　在设计器中任意位置右击，在弹出的菜单中选择"管理索引"命令。

步骤 4　在索引窗口中显示了视图中已有的索引，如图 8-17 所示。单击"新建"按钮。

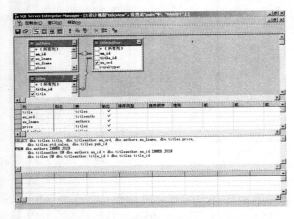

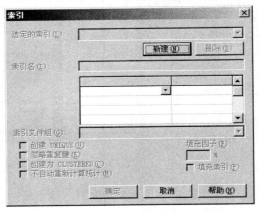

图 8-16　"企业管理器视图"对话框　　　图 8-17　"索引"对话框

步骤 5　在创建其他索引之前，应该首先创建一个聚集索引。在"选定的索引"列表框和"索引名"文本框中显示了系统分配给新索引的名称。在"列名"下面选择要创建索引的列，要选择一个没有重复列的列，如图 8-18 所示。

步骤 6　可以再次单击"新建"按钮创建其他索引。可以选择多列。设置其他的选项后，单击"确定"按钮。

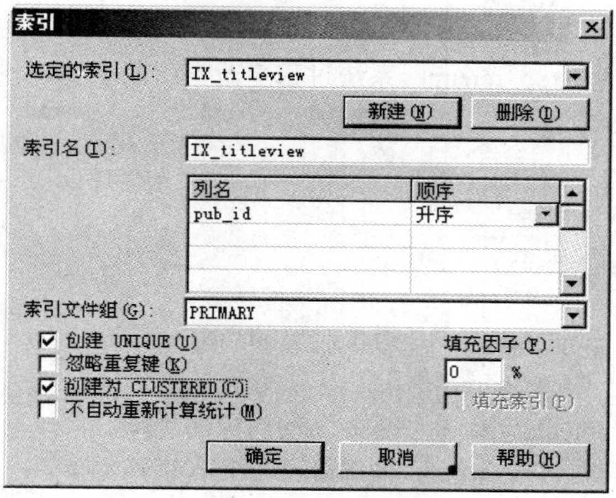

图 8-18　创建聚集索引

8.5　重建索引

可以使用Transact-SQL中的DBCC DBREINDEX语句重建指定数据库中表的一个或多个索引。用法如下。

```
DBCC DBREINDEX
    ([ database.owner.table_name
[, index_name
[, fillfactor ]
]
]
)[WITH  NO_INFOMSGS]
```

重建author表中所有索引的代码如下。

```
USE pub
GO
DBCC    DBREINDEX (author,'',70)
```

把写好的SQL语句放在查询分析器中执行即可。

8.6　重命名索引

在企业管理器中重命名的方法如下。

步骤1　进入企业管理器，右击索引所在表或视图，在弹出的菜单中选择"设计表"命令。

步骤2　在表或视图设计器中右击，在弹出的菜单中选择"索引/键"命令。

步骤3　在"索引/键"窗口中显示了表或视图中已有的索引，在"选定的索引"列表框中选择要更改名称的索引。

步骤4　在"索引名"文本框中输入索引的新名称，单击"关闭"按钮。

用语句重命名的方法如下。

使用 Transact-SQL 中的 sp_rename 系统过程更改索引的名称，使用的语法如下，其中参数@objtype 应设为 INDEX。

```
Sp_rename [ @objname = ] 'object_name',
[ @newname = ] 'new_name'
[, [ @objtype = ] 'object_type']
```

参数说明如下。

● 　[@objname =] 'object_name'是用户对象的当前名称。
● 　[@newname =] 'new_name'是指定对象的新名称。
● 　[@objtype =] 'object_type'是要重命名的对象的类型。

例如要将 author 表的索引重命名为 IX_author，SQL 语句如下。

```
USE pub
GO
EXEC sp_rename'[author].IX_name','IX_author','INDEX'
```

然后将写好的 SQL 语句放入查询分析器执行即可。

8.7　删除索引

在企业管理器删除索引的方法如下。

步骤 1　进入企业管理器，右击索引所在表或视图。例如删除一个视图的索引，在弹出的菜单中选择"设计视图"，进入视图的设计窗口。

步骤 2　在视图设计器中右击，在弹出的菜单中选择"管理索引"命令。

步骤 3　在管理索引的窗口中选择要删除的索引，然后单击"删除"按钮即可删除该索引。

使用语法删除索引的方法如下。

使用 Transact-SQL 中的 DROP INDEX 语句删除索引，该语句的语法如下。

```
DROP INDEX 'table.index | biew.index'
    [,…n ]
```

参数说明如下。

● 　table | view　是索引列所在表或视图。
● 　Index　是要除去的索引名称。

注意：查看索引可以使用 sp_helpindex + table | view，在查询分析器执行即可。索引名必须符合标识符的命名规则。

例如，删除表 author 中的索引，语句如下。

```
USE pub
GO
DROP INDEX author.
```

将上述 SQL 语句放入查询分析器执行即可。

8.8 索引维护技术

索引在创建之后，由于数据的增加、删除、修改等操作会使得索引页发生碎块，为了维护系统性能，必须对索引进行维护。

8.8.1 DBCC SHOWCONTIG 语句

DBCC SHOWCONTIG 语句显示表的数据和索引的碎块的信息。

当执行 DBCC SHOWCONTIG 语句时，SQL Server 会浏览叶级上的整个索引页，确定表或者指定的索引是否严重碎块。DBCC SHOWCONTIG 语句还能确定数据页和索引页是否已经满了。

当对表进行大量的修改或者增加大量的数据后，或者表的查询非常慢时，应该在这些表上执行 DBCC SHOWCONTIG 语句。当执行 DBCC SHOWCONTIG 语句时，应该考虑下列因素。

- 当执行 DBCC SHOWCONTIG 语句时，SQL Server 要求指定表的 ID 号或者索引的 ID 号。表的 ID 号或者索引的 ID 号可以从系统表 sysindexes 中得到。
- 应该确定多长时间使用一次 DBCC SHOWCONTIG 语句。这要根据表的活动情况来定，每天、每周或者每月都可以。

DBCC SHOWCONTIG 语句的语法形式如下。

```
DBCC SHOWCONTIG (table_id[,index_id])
```

8.8.2 索引统计技术

统计信息是存储在 SQL Server 中的列数据的样本。这些数据一般的用于索引列，但是还可以为非索引列创建统计。

SQL Server 维护某一个索引关键值的分布统计信息，并且使用这些统计信息来确定在查询进程中哪一个索引是有用的。查询的分析来自于这些统计信息的分布准确度。查询分析器使用这些数据样本来决定是使用表还是使用索引。

当表中数据发生变化时，SQL Server 周期性地自动修改统计信息。索引统计被自动地修改，索引中的关键值显著变化。统计信息修改的频率由索引中的数据量和数据改变量确定。例如，如果表中有 10000 行数据，10000 行数据修改了，那么统计信息可能也需要修改。如果只有 50 行记录修改了，那么仍然保持当前的统计信息。

除了系统自动修改之外，用户还可以通过执行 UPDATE STATISTICS 语句或者 sp_updatestats 系统存储过程来手工修改系统信息。

使用 UPDATE STATISTICS 语句既可以修改表中的全部索引，也可以修改指定的索引。UPDATE STATISTICS 语句的语法形式如下。

```
UPDATE STATISTICS {table}[index[, …]]
```

【例 8.8.1】修改全部索引的统计信息。

```
USE library
UPDATE STATISTICS loan
```

【例 8.8.2】修改一个索引的统计信息。

```
USE library
UPDATE STATISTICS loan loan_indent
```

8.8.3　索引分析技术

使用 SHOWPLAN 和 STATISTICS IO 语句可以分析索引和查询性能。使用这些语句可以更好地调整查询和索引。

使用 SHOWPLAN 语句显示在连接表中使用的查询优化器的每一步以及表明使用哪一个索引访问数据。使用 SHOWPLAN 语句可以查看指定查询的查询规划。SHOWPLAN 语句的语法形式如下。

```
SET SHOWPLAN_ALL {ON | OFF}
SET SHOWPLAN_TEXT {ON | OFF}
```

当使用 SHOWPLAN 语句时，应该考虑下列因素。

- SET SHOWPLAN_ALL 语句返回的输出结果比 SET SHOWPLAN_TEXT 语句返回的输出结果详细。然而，应用程序必须能够处理 SET SHOWPLAN_ALL 语句返回的输出结果。
- SHOWPLAN 语句生成的信息只能针对一个会话。如果重新连接 SQL Server，那么必须重新执行 SHOWPLAN 语句。

SHOWPLAN IO 语句表明输入输出的数量，这些输入输出用来返回结果集和显示指定查询的逻辑的和物理的 I/O 信息。可以使用这些信息来确定是否应该重写查询语句或者重新设计索引。使用 STATISTICS IO 语句可以查看用来处理指定查询的 I/O 信息。STATISTICS IO 语句的语法形式如下。

```
STATISTICS IO {ON | OFF}
```

8.8.4　优化器隐藏技术

就像 SHOWPLAN 语句一样，优化器隐藏页用来调整查询性能。优化器隐藏可以对查询性能提供较小的改进，并且如果索引策略发生了变化，那么这种优化器隐藏就毫无用处了。因此，限制使用优化器隐藏，这是因为优化器隐藏更有效率和更有柔性。当使用优化器隐藏时，要考虑下面的规则。

- 指定索引名称。
- 如果表中有聚簇索引，那么当 index_id 为 0 时为使用聚簇索引，当 index_id 为 1 时为使用表扫描；如果表中没有聚簇索引，那么当 index_id 为 0 时为使用表扫描，当 index_id 为 1 时，则出现错误信息。
- 优化器隐藏覆盖查询分析器，如果数据或者环境发生了变化，那么必须修改优化器隐藏。

【例 8.8.3】强制使用非聚簇索引。

```
USE library
SELECT au_lname,au_fname,phone
FROM authors(INDEX = aunmind)
WHERE au_lname='sam'
```

【例 8.8.4】强制使用表扫描。

```
USE library
SELECT au_lname,au_fname,phone
  FROM authors(INDEX = 0)
```

8.9　索引性能提高的技术

当使用索引时，为了提高系统的性能，应该考虑下面一些因素。
- 对表中的外键列创建索引。
- 在创建索引时，首先创建聚簇索引，然后创建非聚簇索引。
- 当使用多种检索方式搜索信息时，应该创建复合索引。
- 在一个表上创建多个索引。
- 使用索引优化向导创建索引。

8.10　本章小结

在本章中，学习了索引的概念、类型、特征和用法，创建索引技术和索引的维护技术。通过本章学习，应该掌握以下内容。
- 索引可以加快数据的检索速度，但是降低了数据维护的速度。
- 准确理解索引的分类，有聚簇索引和非聚簇索引。
- 聚簇索引中数据的物理顺序与索引顺序相同，每一个表最多有一个聚簇索引。
- 非聚簇索引中数据的物理顺序与索引顺序不同，每一个表最多有 249 个非聚簇索引。
- 使用 UNIQUE 可以创建唯一性索引，唯一性索引确保实体的唯一性。
- 可以在同一个表中的两个或者多个列上创建复合索引。
- FILLFACTOR 选项指定叶级页的填充度。
- PAD_INDEX 选项指定非定叶级页的填充度。
- DBCC SHOWCONTIG 语句显示表的数据和索引的碎块信息。
- DBCC DBREINDEX 语句重建表的一个或者多个索引。
- 可以通过执行 UPDATE STATISTICS 语句 或者 sp_updatestats 系统存储过程来手工修改统计信息。
- 使用 SHOWPLAN 和 STATISTICS IO 语句可以分析索引和查询性能。使用这些语句可以更好地调整查询和索引。
- 如果表中有聚簇索引，那么当 index_id 为 0 时为使用聚簇索引，当 index_id 为 1 时为使用表扫描。如果表中没有聚簇索引，那么当 index_id 为 0 时为使用表扫描，当 index_id 为 1 时，则出现错误信息。
- 索引调整向导无论对熟练用户还是新用户，都是一个很好的工具。熟练用户可以使用该向导创建一个基本的索引配置，然后在基本的索引配置上面进行调整和定制。新用户可以使用该向导快速地创建优化的索引。

8.11 练 习

1. 打开前面习题所创建的 student 库中的学生表 suinfo，用企业管理器创建一个学生姓名的索引，然后将该索引重命名，再删除。

2. 用 sql 语句创建一个复合索引，然后再用语句将它删除。

3. 用数据库的向导创建一个索引。

第 9 章　存储过程

在大型数据库系统中,存储过程和触发器具有很重要的作用。无论是存储过程还是触发器都是SQL语句和流程控制语句的集合。就本质而言,触发器也是一种存储过程。存储过程在运算时生成执行方式。所以,以后对其再运行时,其执行速度很快。SQL Server 2000 不仅提供了用户自定义存储过程的功能,而且也提供了许多可作为工具使用的系统存储过程。

在关系型数据库中,存储过程(Stored Procedures)是专业数据库程序员应掌握的一个非常重要的概念。SQL Server 2000 预安装了许多系统存储过程,这些系统存储过程在服务器上运行,用于收集关于服务器的专门信息,当然用户也可以自定义存储过程。本章将介绍有关存储过程的知识。

本章重点

◆　存储过程的概念
◆　存储过程的类型
◆　创建存储过程
◆　管理存储过程

9.1　存储过程的概念

9.1.1　什么是存储过程

存储过程是一组为了完成特定功能的 SQL 语句集合,经编译后存储在数据库中,用户通过指定存储过程的名字,并给出参数(如果该存储过程带有参数)来执行它。换种说法,存储过程是一种封装好的、可多次执行的 SQL 语句,具有强大的编程功能。

存储过程非常类似于 DOS 系统的 BAT 文件。在 BAT 文件中,可以包含一组经常执行的命令,这一组命令可以通过 BAT 文件的执行而被执行。同样的道理,可以把要完成某项任务的许多 SQL 语句写在一起,组成存储过程的形式。执行该存储过程就可以完成该项任务。

在 SQL Server 的系列版本中存储过程分为两类:系统提供的存储过程和用户自定义存储过程。系统存储过程主要存储在 master 数据库中并以 sp_为前缀,并且系统存储过程主要是从系统表中获取信息,从而为系统管理员管理 SQL Server 提供支持。通过系统存储过程,SQL Server 中的许多管理性或信息性的活动。如了解数据库对象数据库信息,都可以被顺利有效地完成。尽管这些系统存储过程被放在 master 数据库中,但是仍可以在其他数据库中对其进行调用,在调用时不必在存储过程名前加上数据库名,而且当创建一个新数据库时,一些系统存储过程会在新数据库中被自动创建。用户自定义存储过程是由用户创建,并能完成某一特定功能,如查询用户所需数据信息的存储过程。在本章中所涉及的存储过程,主要是指用户自定义存储过程。

9.1.2 存储过程的优点

存储过程是一组预先编译好的 Transact-SQL 语句，它的用途很广。从返回查询语句的结果到执行复杂的数据有效性校验，几乎可以用存储过程来做任何数据库方面的事。使用存储过程可以带来很多好处。

存储过程具有以下优点。

- 存储过程允许标准组件式编程。存储过程在被创建以后，可以在程序中被多次调用而不必重新编写该存储过程的 SQL 语句，而且数据库专业人员可随时对存储过程进行修改，而对应用程序源代码毫无影响。因为应用程序源代码只包含存储过程的调用语句，从而极大地提高了程序的可移植性。比如在数据库服务器上执行了一个自己编写的存储过程用来计算成绩，但运行后发现自己的存储过程算法有误，那么修改存储过程不会影响调用该存储过程。

- 存储过程能够实现较快的执行速度。如果某一操作包含大量的 Transaction-SQL 代码或分别被多次执行，那么存储过程要比批处理的执行速度快很多。因为存储过程是预编译的，在首次运行一个存储过程时查询分析器对其进行分析优化，并给出最终被存在系统表中的执行计划。执行规划就存储在高速缓冲存储器中，以后的操作中，只需要从过程高速缓冲存储器中调用编译好的存储过程的二进制形式来执行。而批处理的 T-SQL 语句在每次运行时都要进行编译和优化，因此速度相对要慢些。

- 存储过程能够减少网络流量。对于同一个针对数据库对象的操作（如查询、修改），如果这一操作所涉及的 T-SQL 语句被组织成一存储过程，那么当在客户电脑上调用该存储过程时，网络中传送的只是该调用语句，否则将是多条 SQL 语句，从而大大增加了网络流量降低网络负载。

- 存储过程可被作为一种安全机制来充分利用。系统管理员通过对执行某一存储过程的权限进行限制，从而能够实现对相应的数据访问权限的限制，避免非授权用户对数据的访问，保证数据的安全。

- 确保一致的数据访问和操纵。存储过程可以封装企业的功能模块，在存储过程中封装的企业的功能模块，也称为商业规则或者商业策略，可以只在一个地方修改维护。所有的客户机程序可以使用同一个存储过程进行各种操作，从而保持数据修改的一致性。

存储过程虽然既有参数又有返回值，但是它与函数不同，存储过程的返回值只是指明执行是否成功，并且它不能像函数那样被直接调用，也就是在调用存储过程时，在存储过程名前一定要有关键字 EXEC。

9.2 存储过程的类型

在 SQL Server 2000 数据库系统中，系统支持五种类型的存储过程：系统存储过程、本地存储过程、临时存储过程、远程存储过程和扩展存储过程。下面分别介绍这 5 种存储过程。

9.2.1 系统存储过程

系统存储过程是由 SQL Server 2000 提供的存储过程，可以直接调用。另外，系统存储过程还可以作为样本存储过程，指导用户如何编写高效的存储过程。系统存储过程放在 master 数据库中，其前缀是 sp_，为检索系统表信息和执行功能操作提供了方便的快捷方法。这些系统存储过程允许系统管理员执行修改系统表的数据库管理任务，甚至是系统管理员没有权限直接修改的基表。系统存储过程可以在任意一个 SQL Server 2000 数据库中执行。

系统存储过程主要包括以下几类，这里主要给出每类系统过程中经常使用的系统过程。

- 目录存储过程。

sp_column_privileges	sp_special_columns
sp_columns	sp_sproc_columns
sp_databases	sp_statistics
sp_fkeys	sp_stored_procedures
sp_pkeys	sp_table_privileges
sp_Server_info	sp_tables

- 复制类存储过程。

sp_addarticle	sp_adddistpublisher
sp_adddistributiondb	sp_adddistributor
sp_addpublication	sp_help_agent_profile
sp_addpublication_snapshot	sp_help_publication_access
sp_addpublisher70	sp_helparticle
sp_addpullsubscription	sp_addpullsubscription_agent
sp_helpdistpublisher	sp_addsubscriber
sp_addsubscription	sp_helpdistributiondb
sp_addsubscriber_schedule	sp_helpdistributor
sp_helppublication	sp_helppullsubscription
sp_dropsubscriber	sp_helpreplicationdboption
sp_changedistpublisher	sp_helpsubscription
sp_changedistributiondb	sp_changedistributor_password
sp_link_publication	sp_refreshsubscriptions
sp_droparticle	sp_dropdistpublisher
sp_dropdistributiond	sp_dropdistributor
sp_droppublicatio	sp_droppullsubscription

- 安全管理类存储过程。

sp_addalias	sp_droprole
sp_addapprole	sp_droprolemember
sp_addgroup	sp_dropServer
sp_addlinkedsrvlogin	sp_dropsrvrolemember
sp_addlogin	sp_dropuser
sp_addremotelogin	sp_grantdbaccess
sp_addrole	sp_grantlogin
sp_addrolemember	sp_helpdbfixedrole
sp_addServer	sp_helpgroup
sp_addsrvrolemember	sp_helplinkedsrvlogin

sp_adduser	sp_helplogins
sp_approlepassword	sp_helppntgroup
sp_change_users_login	sp_helpremotelogin
sp_changedbowner	sp_helprole
sp_changegroup	sp_helprolemember
sp_changeobjectowner	sp_dbfixedrolepermission
sp_helpsrvrole	sp_defaultdb
sp_helpsrvrolemember	sp_dropremotelogin
sp_defaultlanguage	sp_helpuser
sp_denylogin	sp_password
sp_dropalias	sp_remoteoption
sp_dropgroup	sp_revokelogin
sp_droplinkedsrvlogin	sp_droplogin

● 分布式查询存储过程。

sp_addlinkedServer	sp_indexes
sp_addlinkedsrvlogin	sp_linkedServers
sp_catalogs	sp_primarykeys
sp_foreignkeys	

9.2.2 本地存储过程

本地存储过程是指创建在每个用户自己数据库中的存储过程。这种存储过程主要在应用程序中使用，可以完成特定的任务，其名称前没有前缀 sp_，但是在实际应用中应该使用有意义的名称。在数据库开发过程中，涉及的存储过程都是本地存储过程（实际上本地存储过程就是用户存储过程）。

9.2.3 临时存储过程

临时存储过程首先是本地存储过程。如果本地存储过程前有一个符号"#"，那么该存储过程称为局部临时存储过程，这种存储过程只能在单用户会话中使用。如果本地存储过程前有两个符号"##"，那么该存储过程称为全局临时存储过程，这种存储过程可以在所有会话中使用。

9.2.4 远程存储过程

远程存储过程是指从远程服务器上调用的存储过程，或者是从连接到另外一个服务器上的客户机上调用的存储过程。

9.2.5 扩展存储过程

在 SQL Server 2000 环境之外执行的动态链接库 DLL 称为扩展存储过程，其前缀是 xp_。虽然这些动态链接库在 SQL Server 环境之外，但是可以被加载到 SQL Server 系统中，并且按照使用存储过程的方式执行。

9.3 创建存储过程

在MS SQL Server 2000 中创建一个存储过程有如下三种方法。

- 使用图形化企业管理器。对于初学者，使用企业管理器更易理解，更为简单。
- 使用 Transaction-SQL 命令 Create Procedure 语句。
- 用向导创建。

当创建存储过程时，需要确定存储过程的如下三个组成部分。

- 所有的输入参数以及传给调用者的输出参数。
- 被执行的针对数据库的操作语句，包括调用其他存储过程的语句。
- 返回给调用者的状态值，以指明调用是成功还是失败。

9.3.1 使用企业管理器创建存储过程

按照下述步骤用企业管理器创建一个存储过程。

步骤1　启动企业管理器，登录到要使用的服务器。

步骤2　选择要创建存储过程的数据库，在左窗格中单击存储过程，文件夹此时显示在右窗格中，显示该数据库的所有存储过程，如图9-1所示。

步骤3　右击存储过程文件夹，在弹出菜单中选择新存储过程，打开"新建存储过程"对话框，如图9-2所示。"文本"文本框显示了新建存储过程的模板文件。

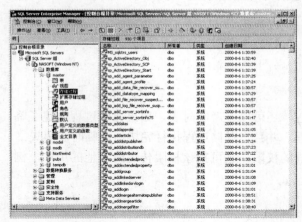

图 9-1　企业管理器

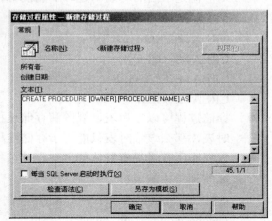

图 9-2　新建存储过程

步骤4　在"文本"文本框输入创建存储过程的正文，单击"检查语法"按钮检查语法是否正确。

步骤5　单击确定按钮保存。

步骤6　在右窗格中右击该存储过程，在弹出菜单中选择"所有任务"中的"管理权限"命令，设置权限，如图9-3所示。

步骤7　具体的设置权限如图9-4所示。在这里可以对某个用户分别设置查询、插入、删除、更新和执行权限。

这样，一个存储过程就创建完了。

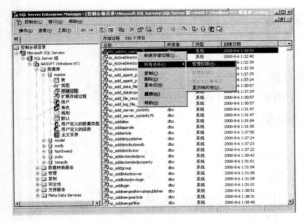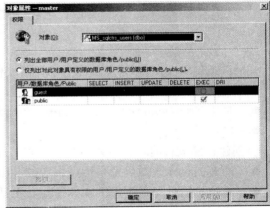

图 9-3　存储过程管理权限　　　　　图 9-4　设置查询、插入、删除、更新和执行权限

9.3.2　用 CREATE PROCEDURE 语句创建存储过程

通过运用Create Procedure 语句能够创建存储过程。在创建存储过程之前应该考虑到以下几个方面。

- 在一个批处理中，Create Procedure 语句不能与其他 SQL 语句合并在一起。
- 在一个 Create Procedure 语句的定义中，可以包括任意数量和类型的 Transact_SQL 语句，但是下面的对象创建时不能使用。

  CREATE DEFAULT

  CREATE PROCEDURE

  CREATE RULE

  CREATE TRIGGER

  CREATE VIEW

- 存储过程可以参考表、视图和存储过程，还可以参考临时表。如果存储过程创建了临时表，那么该临时表只能用于存储过程，并且当存储过程执行完毕后，临时表消失。
- 数据库所有者具有默认的创建存储过程的权限。它可把该权限传递给其他的用户，例如下列角色的成员。

  system Administrators(sysadmin)

  Database owner(db_owner)

  Data definition language administrator

- 存储过程作为数据库对象其命名必须符合命名规则。
- 只能在当前数据库中创建属于当前数据库的存储过程。
- 存储过程可以嵌套，即一个存储过程调用另外一个存储过程，最多可以嵌套 32 层。当前的嵌套层的数据值存储在全局变量@ @ nestlevel 中，如果第一个存储过程调用第二个存储过程，那么第二个存储过程可以调用第一个、第二个存储过程所创建的全部对象，包括临时表。

用Create Procedure 语句创建存储过程的语法规则如下。

```
CREATE PROC [ EDURE ] procedure_name [ ; number ]
[ { @parameter data_type }
```

```
[ VARYING ] [ = default ] [ OUTPUT ]
] [ ,...n ]
[ WITH { RECOMPILE | ENCRYPTION | RECOMPILE , ENCRYPTION } ]
[ FOR REPLICATION ]
AS sql_statement [ ...n ]
```

各参数的含义如下。

- procedure_name：是要创建的存储过程的名字，后面跟一个可选项 number。它是一个整数，用来区别一组同名的存储过程。存储过程的命名必须符合命名规则，在一个数据库中或对其所有者而言，存储过程的名字必须唯一。

- @parameter：是存储过程的参数。在 Create Procedure 语句中，可以声明一个或多个参数。当调用该存储过程时，用户必须给出所有的参数值，除非定义了参数的默认值。若参数的形式以@parameter=value 出现，则参数的次序可以不同，否则用户给出的参数值必须与参数列表中参数的顺序保持一致。若某一参数以@parameter=value 形式给出，那么其他参数也必须以该形式给出，一个存储过程至多有 1024 个参数。

- Data_type：是参数的数据类型。在存储过程中，所有的数据类型包括 text 和 image 都可被用作参数。但是游标 cursor 数据类型只能被用作 OUTPUT 参数。当定义游标数据类型时，也必须对 VARING 和 OUTPUT 关键字进行定义，对可能是游标型数据类型的 OUTPUT 参数而言，参数的最大数目没有限制。

- VARYING：指定由 OUTPUT 参数支持的结果集仅应用于游标型参数。

- Default：是指参数的默认值。如果定义了默认值，那么即使不给出参数值，该存储过程仍能被调用，默认值必须是常数或者是空值。

- OUTPUT：表明该参数是一个返回参数。用 OUTPUT 参数可以向调用者返回信息，Text 类型参数不能用作 OUTPUT 参数。

- RECOMPILE：指明 SQL Server 并不保存该存储过程的执行计划，该存储过程每执行一次都要重新编译。

- ENCRYPTION：表明 SQL Server 加密了 syscomments 表，该表的 text 字段是包含有 Create procedure 语句的存储过程文本。使用该关键字后，无法通过查看 syscomments 表来查看存储过程内容。

- FOR EPLICATION：选项指明了为复制创建的存储过程不能在订购服务器上执行，只有在创建过滤存储过程时（仅当进行数据复制时过滤存储过程才被执行），才使用该选项。FOR REPLICATION 与 WITH RECOMPILE 选项是互不兼容的。

- AS：指明该存储过程将要执行的动作。

- Sql_statement：是任何数量和类型的包含在存储过程中的 SQL 语句。

另外应该指出一个存储过程的最大尺寸为128M,用户定义的存储过程必须创建在当前数据库中。

下面通过一个创建存储过程的实例来了解存储过程，语法如下。

```
USE bank
GO
CREARE PROC dbo.loansum
AS
  SELECT  *
```

```
FROM  loan
WHERE loansum>1000
GO
```

下面创建一个带参数的存储过程，语法如下。

```
USE PUBS
IF EXIST (SELECT name FROM sysobjects)
    WHERE name='au_infor2' AND type='P'
DROP PROCEDURE au_info2
GO
USE pubs
GO
CREATE PROCEDURE au_info2
@lastname varchar(30)='D%'
@ firstname varchar(18)='%'
AS
SELECT au_lname,au_fname,title,pub_name
FROM authors a INNER JOIN titleauthor ta
ON a.au_id =ta.au_id INNER JOIN titles t
ON t.title_id =ta.title_id INNER JOIN publishers p
ON t.pub_id=p.pub_id
WHERE au_fname LIKE @firstname
AND au_lname LIKE @lastname
GO
```

9.3.3　用向导创建存储过程

在SQL Server 2000系统中提供了很丰富的向导工具。使用这些向导可以很方便地完成许多复杂的操作，使用向导来创建存储过程的方法如下。

步骤1　首先在企业管理器中，单击"向导"图标，选择"数据库"中的"创建存储过程"。

步骤2　进入欢迎窗口，单击"下一步"按钮。

步骤3　选择存储过程所在的数据库，此数据库不是系统数据库，继续单击"下一步"按钮。

步骤4　为存储过程选择一个或多个操作，对于每个表都可以创建用于插入、删除和更新行的存储过程，选择后单击"下一步"按钮。

步骤5　"正在完成创建存储过程向导"显示了刚刚创建的存储过程，单击"编辑"按钮可以对存储过程进行编辑。单击"完成"按钮可以完成存储过程的创建。

步骤6　在编辑存储过程的窗口中，可以设置存储过程名称，设定该存储过程所操作的列。

9.4 管理存储过程

9.4.1 查看存储过程

存储过程被创建以后，它的名字存储在系统表sysobjects 中，它的源代码存放在系统表syscomments 中，可以通过MS SQL Server 提供的系统存储过程来查看关于用户创建的存储过程信息。

通过企业管理器管理工具查看存储过程的源代码的操作如下。

步骤1 启动企业管理器登录到要使用的服务器。

步骤2 选择创建存储过程的数据库，在左窗格中单击存储过程文件夹，此时在右窗格中显示该数据库的所有存储过程。

步骤3 在右窗格中右击要查看源代码的存储过程，在弹出的菜单中选择"属性"选项，此时便可看到存储过程的源代码，如图9-5所示。

使用sp_helptext查看存储过程的源代码的语法格式如下。

```
sp_helptext 存储过程名称
```

例如，要查看数据库pubs中存储过程reptq1 的源代码，则执行sp_helptext reptq1。

注意：如果在创建存储过程时使用了 WITH ENCRYPTION 选项，那么无论是使用企业管理器还是 sp_helptext 都无法看到该存储过程的源代码。

使用sp_help查看存储过程的名称和参数的语法格式如下。

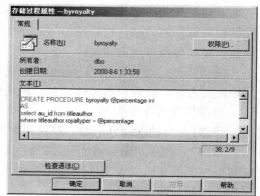

图 9-5 查看存储过程文本

```
sp_help 存储过程名称
```

9.4.2 重命名存储过程

如果重命名已经执行过的存储过程，通常采用两种方法。

通过企业管理器管理工具重命名存储过程的操作如下。

步骤1 启动企业管理器登录到要使用的服务器。

步骤2 选择创建存储过程的数据库，在左窗格中单击存储过程文件夹，此时在右窗格中显示该数据库的所有存储过程。

步骤3 在右窗格中右击要重命名的存储过程，在弹出的菜单中选择"重命名"选项，此时便可重命名该存储过程，如图9-6所示。

另外还可以通过 SQL 语句重命名存储过程。

修改存储过程的名字要使用系统存储过程sp_rename，其命令格式如下。

```
sp_rename 原存储过程名,新存储过程名
```

【例9.4.1】将存储过程reptq1修改为newproc。

```
sp_rename reptq1, newproc
```

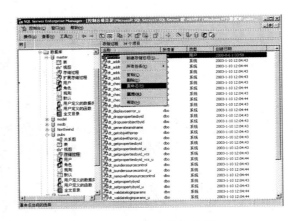

图 9-6 重命名存储过程

9.4.3 修改存储过程

存储过程可以根据用户的要求或者基表定义的改变而改变。为了修改已经存在的数据库和保留以前赋予的许可，可以使用 ALTER PROCEDURE语句。SQL Server系统使用修改过的存储过程定义替换以前的定义。

如果修改已经执行过的存储过程，通常通过查询分析器修改存储过程。修改存储过程也可采取两种方法：一种直接修改，另一种通过ALTER PROCEDURE语句修改。

直接修改的操作如下。

步骤1 启动查询分析器，登录到要使用的服务器。

步骤2 选择创建存储过程的数据库，在左窗格中单击存储过程文件夹，此时显示该数据库的所有存储过程。

步骤3 选中要修改的存储过程，右击该存储过程，选择"在新窗口中编写对象脚本"中的"更改"命令，如图9-7所示。

步骤4 修改完存储过程，然后检查存储过程语句，重新执行。

另外还可以修改存储过程的语法。

修改以前用CREATE PROCEDURE 命令创建的存储过程，并且不改变权限的授予情况以及不影响任何其他的独立的存储过程或触发器，常使用ALTER PROCEDURE 命令。

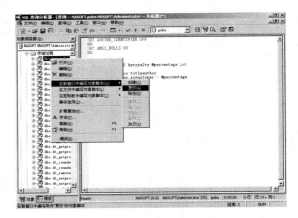

图 9-7 修改存储过程窗口

使用ALTER PROCEDURE 语句时，应该考虑下面的因素。

在修改存储过程时，在CREATE PROCEDURE 使用的选项，也必须在 ALTER PROCEDURE语句中使用。

ALTER PROCEDURE 语句只能修改一个存储过程。如果该存储过程调用了其他存储过程，那么被调用的存储过程不受影响。

执行ALTER PROCEDURE 语句的许可是存储过程的创建者和db_owner以及db_ddladmin的成员。执行 ALTER PROCEDURE 语句的许可不能授予其他用户。

其语法规则如下。

```
ALTER PROC[EDURE] procedure_name [;number]
[ {@parameter data_type } [VARYING] [= default] [OUTPUT]] [,...n]
{WITH
{RECOMPILE | ENCRYPTION | RECOMPILE , ENCRYPTION}]
[FOR REPLICATION]
AS
sql_statement [...n]
```

其中，各参数和保留字的具体含义请参看 CREATE PROCEDURE 命令。

【例 9.4.2】修改存储过程 overdue_books。

```
USE library
GO
ALTER PROC overdue_books
AS
SELECT CONVERT(char ( 8 ), due_date,1),date_due,isbn,copy_no
SUBSTRING(title,1,30) title,member_no,lastname
FROM overdue
ORDER BY due_date
GO
```

9.4.4 删除存储过程

删除存储过程通常也采用两种方法。

一种是通过企业管理器管理工具删除存储过程，其操作过程如下。

步骤1 启动企业管理器登录到要使用的服务器。

步骤2 选择要删除的存储过程的数据库，在左窗格中单击存储过程文件夹，此时在右窗格中显示该数据库的所有存储过程。

步骤3 在右窗格中右击要删除的存储过程，在弹出的菜单中选择"删除"选项，此时便可删除该存储过程，如图9-8所示。

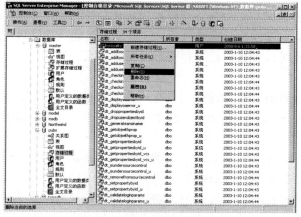

图 9-8 删除存储过程

步骤4 在"除去对象"对话框中显示了即将删除的对象，单击"全部除去"按钮即可删除该存储过程，单击"显示相关性"按钮可查看与该存储过程相关的其他对象。

步骤5　单击"显示相关性"按钮后，在下面的窗口显示了与存储过程相关的对象。

另外也可以使用DROP PROCEDURE语句删除存储过程。drop语句可将一个或多个存储过程或者存储过程组从当前数据库中删除。在删除存储过程之前，应该执行存储过程sp_depends，来确定依赖该存储过程的对象。

其语法规则如下。

```
DROP PROCEDURE {procedure}} [,…n]
```

【例9.4.3】删除一个存储过程。

```
USE bank
GO
If exists(select * from SYSOBJECTS where NAME='loan')
BEGIN
DROP PROC loan
END
GO
```

9.4.5　执行存储过程

执行存储过程有两种方法，一种是直接执行存储过程，另一种是在INSERT语句中执行存储过程。

直接执行存储过程就是使用EXECUTE 命令，其语法如下。

```
[EXECUTE]
{[@return_statur=]
{procedure_name[;number] | @procedure_name_var}
[[@parameter=] {value | @variable [OUTPUT] | [DEFAULT] [,…n]
[WITH RECOMPILE]
```

各参数的含义如下。

● @return_status：是可选的整型变量，用来存储存储过程向调用者返回的值。

● @procedure_name_var：是一变量名。用来代表存储过程的名字。

其他参数和保留字的含义与 CREATE PROCEDURE 中介绍的一样。

在 INSERT 语句中，也可以执行存储过程。SQL Server 把从存储过程中的 SELECT 语句返回的数据加载到表中。此时，表必须已经存在，并且表定义的数据类型与存储过程返回的数据类型相匹配。

当第一次执行存储过程时，存储过程的执行规划放在过程高速缓冲存储区中。过程高速缓冲存储区是一块内存缓冲区，这块缓冲区是 SQL Server 用来存储已经编译的查询规划以执行存储过程的地方。

当存储过程创建之后，系统检查其中语句的正确性。语法检查后，系统将存储过程的名称存储在当前数据库的系统表 sysobjects 中，将存储过程的文本存储在当前数据库的系统表 syscomments 中。在存储过程的创建过程中，如果碰到语法错误，那么存储过程创建失败。在存储过程创建过程中，延迟的名称解决方案允许存储过程参考还不存在的对象，在执行存储过程的时候，这些对象必须存在。

存储过程第一次执行的时候，或者当存储过程必须重新编译的时候，查询分析器阅读在解决方案进程中的存储过程。

在下列情况下，存储过程必须重新编译。

● 当模式版本改变的时候，例如表修改。

● 当存储过程编译时的环境与该存储过程执行时的环境不同的时候。

● 当存储过程所参考的表或者索引的统计发生改变的时候。

当存储过程成功地通过解决方案阶段时，系统的查询分析器分析在存储过程中的 Transact-SQL 语句，然后创建包含访问数据最快的规划。为了做到这些，查询分析器必须考虑下列因素。

● 表中的数据量。

● 是否有索引以及表索引的特点和索引列中的数据分布。

● 在 WHERE 子句的条件中使用的比较运算符和比较值。

● 是否出现连接和 UNION、GROUP BY、ORDER BY 等子句。

编译是指分析存储过程和执行查询规划的进程。当查询分析器把已经编译的规划放在过程高速缓冲存储器中之后，将执行存储过程。

在第一次执行存储过程之后，再执行存储过程的时候，其速度快于第一次的执行速度，这是因为系统使用了已经优化了的查询规划。

存储过程的执行过程如图 9-9 所示。

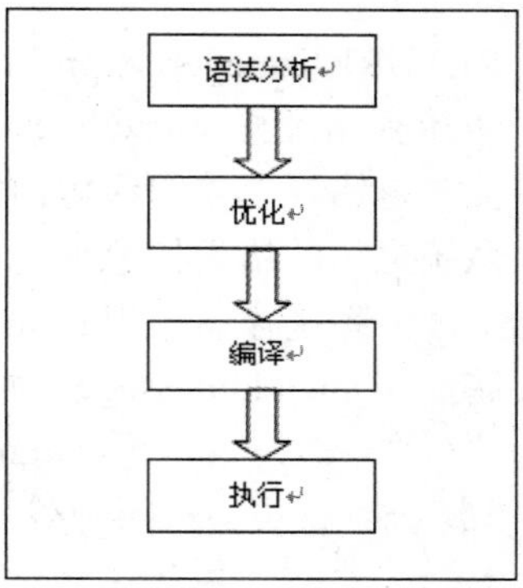

图 9-9　存储过程的执行过程

【例 9.4.4】执行存储过程。

```
EXEC loansum
```

【例 9.4.5】创建存储过程，该存储过程被用来将两个字符串连接成一个字符串，并将结果返回。

```
create procedure strconnect @str1 varchar 20 , @str2 varchar 20 , @connect varchar 40 output
as
select @connect=@str1 + @str2
```

【例 9.4.6】创建一个带参数的存储过程，并且执行它创建的存储过程。

```
USE Lirary
GO
CREARE PROC dbo.addperson
@ id    int,
@name   string,
@phone  phonenumber=NULL
AS
... ...
```

通过参数名称将参数值送到存储过程。

```
EXEC addperson
```

```
@ id=100,
@name='lisa'
```
当然，如果输入的参数值与参数一一对应，那么可以直接将上述语句简写为。
```
EXEC adperson 100,'lisa'
```

9.4.6 处理错误消息的技术

为了有效地使用存储过程，存储过程中应该包含处理错误消息的语句。处理错误消息的语句包括使用 RETURN 语句、使用系统存储过程 SP_addmessage、使用全局变量@ @ERROR 和 RAISERROR 语句。

RETURN 语句表示从查询或者存储过程中非正常退出。RETURN 语句是立即执行的，并且可以在过程中的任何一点退出。在 RETURN 语句后面的语句都不执行。RETURN 语句的语法形式如下。

RETURN [integer_exprossion]

系统存储过程 sp_addmessage 可以创建定制的错误消息。定制的错误消息包括错误代号、错误文本、错误严重等级等内容。用户定制的错误代号应该大于 50000，小于 50000 的错误代号由系统提供的错误信息使用。错误的严重等级有 25 种，其中 20-25 等级是致命的错误等级。实际上，由系统存储过程 sp_addmessage 定制的错误消息就是增加到系统表 sysmessage 中。系统存储过程 sp_addmessage 的语法形式如下。

```
sp_addmessage [@ msgnum=] 'msg_id'
[@severity = ] 'severity'
[@ msgtext =] 'msg'
[,[@ lang =] 'language']
[,[@ with_log =] 'with_log']
[,[@replace = ] 'replace']
```

在系统存储过程 sp_addmessage 的语法中，第 1 个参数指定错误代号，第 2 个参数指定错误的严重等级，第 3 个参数指定错误消息的文本，第 4 个参数表示该错误消息使用的语言，第 5 个参数指定该错误消息发生后是否记入 SQL Server 的错误日志中和 NT 的事件日志中。

全局变量@@ ERROR 返回系统最近一次发生错误的信息。

RAISERROR 语句就是从数据库应用程序中调用指定的错误消息。在应用程序中，如果发生相应的错误，可以使用 RAISERROR 语句调用这种错误消息，使系统产生这种等级的错误。

RAISERROR 语句的语法形式如下。

```
RAISERROR ({msg_id | msg_str}{,severity,state}
[,argument
[,..n]])
[WITH option[,…n]]
```

【例 9.4.7】此例显示了如何调用错误消息。在这个示例中，调用了两个错误消息，第一个错误消息是一个简单的静态的消息，第二个错误消息是一个基于修改的动态的错误消息。

```
CREATE TRIGGER employee_isupd
ON employee
FOR INSERT,UPDATE
AS
```

```
/*GET the range of level for this job type from the jobs table*/
DECLARE @ @ MIN_LVL tinyint,
@ @ MAX_LVL tinyint,
@ @ EMP_LVL tinyint,
@ @ JOB_ID smallint
SELECT @ @ MIN_LVI=min_lvl,
@ @ MAX_LVL =max_lvl,
@ @ EMP_LVL =i.job_lvl,
@ @ JOB_ID =i.job_id
FROM employee e, jobs j,inserted I
WHRER e.emp_id = i.emp_id AND i.job_id=j.job_id
IF (@ @ JOB_ID =1) AND (@ @ EMP_LVL<>10)
BEGIN
RAISERROR('JOB id 1 expects the default level of 10.',16,1)
ROLLBACK TRANSACTION
END
ELSE
IF NOT (@ @ EMP_LVL BETWEEN @ @ MIN_LVL AND @ @ MAX_LVL)
BEGIN
RAISERROR('The level for job_id:%d should be between %d and %d',16,1
@ @JOB_ID,@ @MIN_LVL,@ @MAX_LVL)
ROLLBACK TRANSACTION
END
```

9.5　本章小结

　　本章着重介绍了SQL Server中的存储过程，存储过程是一组SQL语句集触发器。存储过程在数据库开发过程中，在对数据库的维护和管理等任务中以及在维护数据库参照完整性等方面具有不可替代的作用。因此，无论对开发人员还是对数据库管理人员来说，熟练地使用存储过程，尤其是系统存储过程，深刻地理解有关存储过程的各个方面的问题是极为必要的。

　　为了更好地使用存储过程，应该采纳以下建议。

- 在每个有参数的存储过程的开始，包括有错误消息的语句。
- 设计某一个存储过程，完成一项单独的任务。
- 在开始使用存储过程之前，一定要执行任务和逻辑检查。
- 使用SET 语句为ON 和 OFF，来测试存储过程，确定结果是否有什么变化。
- 为了隐藏存储过程的文本，在创建存储过程时，使用 WITH ENCRYPTION 选项。不要删除系统表 syscomments 中的内容。

　　本章中通过较多详尽的实例全面而又透彻地展示了有关存储过程的各种问题，具体来说主要包括以下几个方面。

- 存储过程的概念和优点。
- 存储过程的五种类型：系统存储过程、本地存储过程、临时存储过程、远程存储过程和扩展存储过程。
- 创建、删除、查看、修改、执行存储过程的方法。
- 创建使用存储过程的过程中应注意的若干问题。

9.6　练　习

1. 使用前面习题创建的学生表 stuinfo，通过企业管理器创建一个存储过程，用来查询叫"张三"的一位同学，然后将该存储过程重命名。

2. 使用前面习题创建的学生表 stuinfo，通过查询分析器用 SQL 语句创建一个存储过程，用来查询姓名中含有"王"字的同学的数量，然后将该存储过程删除。

第 10 章　触发器概述

　　触发器是一种特殊的存储过程，触发器和存储过程都是一组 SQL 语句，主要的区别在于触发器的运行条件，当用户对表或视图发出 Update、Insert 或 Delete 语句时触发器自动执行。在数据修改时，触发器是强制业务规则的一种强而有力的方法。一个表最多有三种不同的触发器，当 UPDATE 、DELETE 、INSERT 发生时分别使用不同的一个触发器。触发器可以是 SQL Server 自动处理业务规则的一种方法，例如，当某个数据库中的业务表有新增数据时，触发器自动将新增数据加入到中间表。当表中的记录成功更新后，触发器触发，如果出现语法错误或违反约束而导致更新失败，触发器不会触发。

　　尽管触发器功能强大，但往往会大大的降低服务器的效率。因为它会降低响应速度，使用户等得时间延长，所以在触发器中不要设置太多的功能。

本章重点

◆　创建触发器技术
◆　触发器的原理
◆　应用触发器
◆　管理触发器

10.1　触发器的概念及作用

　　触发器与前面介绍过的存储过程不同，触发器主要通过事件进行触发而被执行，而存储过程可以通过存储过程名字而被直接调用。当对某表进行诸如 UPDATE、INSERT、DELETE 的操作时，SQL Server 2000 会自动执行触发器所定义的 SQL 语句，从而确保对数据的处理符合由 SQL 语句所定义的规则。

　　触发器的主要作用就是其能够实现由主键和外键所不能保证的复杂的参照完整性和数据的一致性，除此之外触发器还有其他功能。

● 强化约束：触发器能够实现比 CHECK 语句更为复杂的约束。
● 跟踪变化：触发器可以侦测数据库内的操作，从而不允许数据库中未经许可的指定更新和变化。
● 级联运行：触发器可以侦测数据库内的操作，并自动地级联影响整个数据库的各项内容。例如某个表上的触发器中包含了对另外一个表的数据操作，如删除、更新、插入，而该操作又导致该表上触发器被触发。
● 存储过程的调用：为了响应数据库更新触发器，可以调用一个或多个存储过程，甚至可以通过外部存储过程的调用，在 DBMS 数据库管理系统之外进行操作。

　　由此可见，触发器可以解决高级形式的业务规则或复杂行为限制，以及实现定制记录等方面的问题。例如，触发器能够找出表在数据修改前后，状态发生的差异，并根据这种差异进行处理。此外，一个表的同一类型（INSERT、UPDATE、DELETE）的多个触发器能够对同一种数据操作采取多种不同的处理。

总体而言，触发器性能通常比较低，当运行触发器时，系统处理的大部分时间花费在参照其他表的处理上。因为这些表既不在内存中，也不在数据库设备上，而删除表和插入表总是位于内存中。可见，触发器所参照的其他表的位置，决定了操作需要花费的时间长短。

10.2   触发器的种类

触发器与表是密不可分的，触发器是离不开表而存在的，并且触发器保护表中的数据。通常对表中数据的操作有三种基本类型，即数据插入、修改和删除。在 SQL Server 2000 之前的版本中，触发器有三种类型，即 INSERT、UPDATE、DELETE。

向某个表中插入数据时，如果该表有 INSERT 类型的触发器，那么该 INSERT 触发器就触发执行。同样，如果该表有 UPDATE 类型的触发器，那么当对该触发器表中的数据进行修改时，该触发器就触发执行。如果该表有 DELETE 类型的触发器，那么当对该触发器表中的数据进行删除时，该触发器就触发执行。

虽然触发器只有三种类型，但是对于一个表来说，可以有许多触发器。也就是说，同一种类型的触发器可以有多个。因为多个同一类型的触发器可以完成不同的操作。例如，表 author 可以有五个 INSERT 类型的触发器、三个 DELETE 类型的触发器以及两个 UPDATE 类型的触发器。

SQL Server 2000 还支持另外两种类型的触发器，即 AFTER 触发器和 INSTEAD OF 触发器。其中 AFTER 触发器即为 SQL Server 2000 版本以前所介绍的触发器。该类型触发器要求只有执行某一操作（INSERT、UPDATE、DELETE）之后，触发器才被触发，且只能在表上定义。可以为针对表的同一操作定义多个触发器。对于 AFTER 触发器，可以定义哪一个触发器被最先触发，哪一个被最后触发，通常使用系统存储过程 sp_settriggerorder 来完成此任务。

INSTEAD OF 触发器表示并不执行其所定义的操作（INSERT UPDATE DELETE），而仅是执行触发器本身。既可在表上定义 INSTEAD OF 触发器，也可以在视图上定义 INSTEAD OF 触发器，可以大大增强通过视图修改表中数据的功能，但对同一操作只能定义一个 INSTEAD OF 触发器。

10.3   创建触发器

上面介绍了有关触发器的概念作用和一些基本问题。下面将分别介绍在 MS SQLServer 中如何用 SQL Server 管理工具 Enterprise Manager 和 Transaction_SQL 来创建触发器，以及两者创建触发器方式的相似之处。

在创建触发器以前必须考虑以下几个方面。

- CREATE TRIGGER 语句必须是批处理的第一个语句。
- 表的所有者具有创建触发器的默认权限，表的所有者不能把该权限传给其他用户。
- 触发器是数据库对象，所以其命名必须符合命名规则。

- 尽管在触发器的 SQL 语句中可以参照其他数据库中的对象，但触发器只能创建在当前数据库中。
- 虽然触发器可以参照视图或临时表，但不能在视图或临时表上创建触发器，只能在基表或在创建视图的表上创建触发器。
- 一个触发器只能对应一个表，这是由触发器的机制决定的。

尽管 TRUNCATE TABLE 语句如同没有 WHERE 从句的 DELETE 语句，但是由于 TRUNCATE TABLE 语句没有被记入日志，所以该语句不能触发 DELETE 型触发器，WRITETEXT 语句不能触发 INSERT 或 UPDATE 型的触发器，当创建一个触发器时，必须指定触发器的名字在哪一个表上定义触发器，激活触发器的修改语句，如 INSERT、DELETE、UPDATE，当然两个或三个不同的们修改语句也可以都触发同一个触发器，如 INSERT 和 UPDATE 语句都能激活同一个触发器。

10.3.1　用企业管理器创建触发器

在企业管理器中创建触发器的操作步骤如下。

步骤 1　启动企业管理器，登录到指定的服务器。

步骤 2　展开数据库，选中要创建触发器的表。

步骤 3　单击鼠标右键，在弹出的菜单中选择"所有任务"中的"管理触发器"命令，如图 10-1 所示。

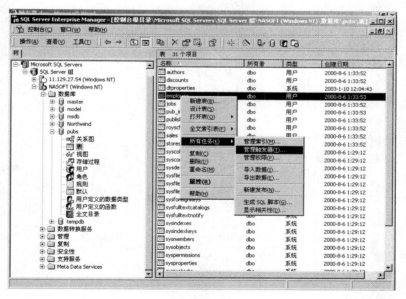

图 10-1　管理触发器

步骤 4　在"名字"下拉列表框中选择"新建"，在"文本"文本框中输入触发器文本，如图 10-2 所示。

步骤 5　单击"检查语法"按钮，检查语句是否正确。

步骤 6　单击"应用"按钮，在"名称"下拉列表中会有新创建的触发器名字。

步骤 7　单击"确定"按钮，关闭窗口创建成功。

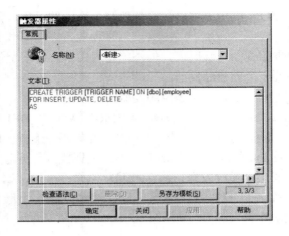

图 10-2　输入触发器文本

10.3.2　用 CREATE TRIGGER 命令创建触发器

用 CREATE TRIGGER 命令创建触发器，在 CREATE TRIGGER 语句中，指定定义触发器的基表、触发器执行的事件和触发器的所有指令。

CREATE TRIGGER 语句语法规则如下。

```
CREATE TRIGGER trigger_name
ON { table | view }
[ WITH ENCRYPTION ]
```

输入触发器 SQL 语句的文本。

```
{
{ { FOR | AFTER | INSTEAD OF }
{ [ DELETE ] [ , ] [ INSERT ] [ , ] [ UPDATE ] }
[ WITH APPEND ]
[ NOT FOR REPLICATION ]
AS
sql_statement [ ...n ]
} |
{ FOR | AFTER | INSTEAD OF { [ INSERT ] [ , ] [ UPDATE ] }
[ WITH APPEND ]
[ NOT FOR REPLICATION ]
AS
{ IF UPDATE column
[ { AND | OR } UPDATE column ]
[ ...n ]
| IF COLUMNS_UPDATED { bitwise_operator }
updated_bitmask
{ comparison_operator } column_bitmask [ ...n ]
}
sql_statement [ ...n ]
```

```
        }
    }
```

以上各参数的说明如下。

- trigger_name：指用户要创建的触发器的名字，触发器的名字必须符合 MS SQL Server 的命名规则，且其名字在当前数据库中必须是唯一的。
- table：指与用户创建的触发器相关联的表名字，并且该表已经存在。
- WITH ENCRYPTION：表示对包含有 CREATE TRIGGER 文本的 syscomments 表进行加密。
- AFTER：表示只有在执行了指定的操作 INSERT、DELETE、UPDATE 之后触发器才被激活，执行触发器中的 SQL 语句，若使用关键字 FOR，则表示为 AFTER 触发器，且该类型触发器仅能在表上创建。
- [DELETE][,][INSERT][,][UPDATE]：关键字用来指明哪种数据操作将激活触发器，至少要指明一个选项，在触发器的定义中三者的顺序不受限制，且各选项要用逗号隔开。
- WITH APPEND：表示增加另外一个已存在的某一类型触发器。
- NOT FOR REPLICATION：表示当复制处理、修改与触发器相关联的表时，触发器不能被执行。
- AS：指触发器将要执行的动作。
- sql_statement：是包含在触发器中的条件语句或处理语句，触发器的条件语句定义了另外的标准，来决定将被执行的 INSERT、DELETE、UPDATE 语句是否激活触发器。
- IF UPDATE column：用来测定对某一确定列是插入操作还是更新操作，但不与删除操作用在一起。
- IF COLUMNS_UPDATED：仅在 INSERT 和 UPDATE 类型的触发器中使用，用其来检查所涉及的列是被更新还是被插入。
- bitwise_operator：是在比较中使用的位逻辑运算符。
- updated_bitmask：是那些被更新或插入列的整形位掩码，如果表 T 包括 C1、C2、C3、C4、C5 五列。为了确定是否只有 C2 列被修改，可用 2 来做为掩码，如果想确定 C1、C2、C3、C4 是否都被修改，可用 14 来做位掩码。
- comparison_operator：是比较操作符，用= 表示检查在 updated_bitmask 中定义的所有列是否都被更新。
- column_bitmask：指那些被检查是否被更新的列的位掩码。

当创建触发器时，有关触发器的信息就记录在 sysobjects 系统表和 syscomments 系统表中。如果创建触发器的时候，使用了与原触发器相同的名称，那么原来的触发器就被新的触发器覆盖。SQL Server 不支持在系统表上创建的用户自己定义的触发器，所以，不能为系统表创建触发器。

创建触发器需要一定的许可。

下面的用户具有创建触发器的权限。

- 表的所有者。
- database owner (db_owner) 角色成员。
- system administrators (sysadmin) 角色成员。

注意：创建触发器的时候必须是表的所有者或者数据库的所有者，这是因为所创建的触发器有可能在表中增加列，甚至有可能修改表和表之间的关联。所以，实际上可以改变表或者数据库的结构模式，而这些操作必须有表的所有者或者数据库的所有者来完成。

虽然在触发器中可以包括许多 Transact-SQL 语句，但有些语句不能用在触发器中。SQL Server 不支持在触发器中包括下列语句。

- 所有的 CREATE 语句，例如。

  CREATE DATABASE
  CREATE SCHEMA
  CREATE TABLE
  CREATE INDEX
  CREATE PROCEDURE
  CREATE DEFAULT
  CREATE RULE
  CREATE TRIGGER
  CREATE VIEW

- 所有的 DROP 语句，例如。

  DORP DATABASE
  DORP SCHEMA
  DORP TABLE
  DORP INDEX
  DORP PROCEDURE
  DORP DEFAULT
  DORP RULE
  DORP TRIGGER
  DORP VIEW

- ALTER TABLE 和 ALTER DATABASE
- TRUNCATE TABLE
- GRANT 和 REVOKE
- UPDATE STATISTICS
- RECONFIGURE
- LOAD、RESTORE DATABASE 和 LOG
- 所有的 DISK 语句
- SELECT INTO (因为该语句创建了一个表)

为了确定表的触发器，可以执行系统存储过程 sp_depends <tablename>。为了查看触发器的定义，可以执行系统存储过程 sp_helptext <triggername>。为了确定触发器存在哪个表以及触发器的操作，可以执行系统存储过程 sp_helptrigger<tablename>。

【例 10.3.1】在 titles 表上创建一个插入更新类型的触发器，这个触发器的名称为 trg_id_titles。创建触发器的语句如下。

```
create trigger trg_di_titles
on titles
for delete,update
```

```
as sql_statements
return
```

【例 10.3.2】下面是一个确保数据的完整性的示例。在这个示例中，使用 reservation_delete 触发器维护 reservation 表中的预定内容。通过删除一条预定的内容，显示了触发器是如何维护 reservation 表的数据完整性。当在 loan 表中插入一条记录时（例如借出去一本书），通过删除 reservation 表中的一条内容，触发器强制数据的完整性。

```
USE library
GO
CREATE TRIGGER reservation_table
ON loan
FOR INSERT
AS
IF (SELECT r.member_no FROM reservation r JOIN inserted I
ON r.member_no =i.member_no
AND r.isbn=i.isbn ) > 0
BEGIN
DELETE r FROM reservation r INNER JOIN inserted
ON r.member_no = i. r.member_no
AND r.isbn=i.isbn
END
```

10.4 触发器的原理

从以上的介绍中可以看出触发器具有强大的功能，那么 SQL Server 是如何管理触发器来完成这些任务呢？下面将对触发器工作原理及实现方法做详细的介绍。每个触发器有两个特殊的表：插入表和删除表。这两个表都是逻辑表，由系统管理存储在内存中，而不是存储在数据库中，因此不允许用户直接对其修改。这两个表的结构总是与被触发器作用的表有相同的表结构，这两个表动态驻留在内存中。当触发器工作完成后，这两个表也被删除。这两个表主要保存因用户操作而被影响到的原数据值或新数据值，另外这两个表是只读的，即用户不能向这两个表写入内容，但可以引用表中的数据。

例如，可用以下语句查看 DELETED 表中的信息。

```
select * from deleted
```

10.4.1 插入表的功能

对一个定义了插入类型触发器的表来讲，一旦对该表执行了插入操作，那么对向该表插入的所有行来说，都有一个相应的副本存放到插入表中，即插入表就是用来存储向原表插入的内容。触发器可以检查插入表，来确定该触发器的操作是否应该执行以及如何执行。在插入表中的那些记录，总是触发器表中一行或者多行记录的拷贝。

所有的数据修改活动都登记在事务日志中，例如 INSERT、UPDATE 和 DELETE 语句，但是在事务日志中的信息是不可读的。然而，插入表却允许参考 INSERT 语句引起的记录在日志中的修改。然后，将这些修改与插入的数据进行比较，以便确认这些数据或者采取哪些操作。不必把插入的数据信息存储在变量中，就可以参考这些信息。

在下列程序清单中，创建一个 INSERT 触发器 adult_insert。该触发器确定哪一条记录在插入到 adult 表之前，与 member 表中现有的记录匹配。另外，该触发器还检查是否插入多条记录。例如，如果向 adult 表中插入三条记录，那么该触发器检查这些记录是否都与 member 表中现有的记录匹配。如果有相匹配的记录，那么即使是有一条相匹配的记录，这些记录都不会增加到 adult 表中。

【例10.4.1】创建一个INSERT触发器。

```
USE library
CREATE TRIGGER adult_insert
ON  adult
    FOR INSERT
AS
DECLARE @ rent int
SELECT @ rent=@ @ rowcount
IF (SELECT COUNT(*)
    FROM member m INNER JOIN inserted I
    ON m.member_no=i.member_no)=0
BEGIN
  PRINT ' Transaction cannot be processed. '
  PRINT ' NO entre in member for this adult '
  ROLLBACK TRANSACTION
END
IF(SELECT COUNT(*))
  FROM member m INNER JOIN inserted I
  ON m.member_no=i.member_no)<> @rcnt
BEGIN
PRINT ' Not all adults have an entry in the Member table. '
  PRINT ' The multi row Adult insert has been rolled back '
  ROLLBACK TRANSACTION
END
```

10.4.2　删除表的功能

对一个定义了删除类型触发器的表来讲，一旦对该表执行了删除操作，则将所有的删除行存放至删除表中。这样做的目的是一旦触发器遇到强迫它中止的语句并执行时，删除的那些行可以从删除表中得以恢复。

需要强调的是更新操作包括两个部分，即先将更新的内容去掉，然后将新值插入。

因此，对一个定义了更新类型触发器的表来讲，当报告会更新操作时，在删除表中存放了旧值，然后在插入表中存放新值。由于触发器只在被定义的操作执行时才被激活，即只在执行插入、删除和更新操作时，触发器将执行每条SQL语句，仅能激活触发器一次，可能存在一条语句影响多条记录的情况。在这种情况下就需要变量@@rowcount的值，该变量存储了一条SQL语句执行后所影响的记录数，可以使用该值对触发器的SQL语句执行后所影响的记录求合计值。一般来说，首先要用IF语句测试@@rowcount的值，以确定后面的语句是否执行。

使用DELETE语句时，应该考虑以下因素。

（1）当记录放在删除表中时，该记录就不会存在数据库的表中。因此，在数据库表和删除表之间没有共同的记录。

（2）删除表总是存放在内存中，这样可以提高性能。

（3）在 DELETE 触发器中，不能包括 TRUNCATE TABLE 语句，这是因为该语句是不记在日志的操作。

下面创建一个 DELETE 触发器。当书被还回来时，即在 loan 表中删除一条记录，这时该触发器修改 copy 表的 on_loan 列。这样，用户可以迅速的搜索 copy 表来确定某一本书是否可以借阅，不必连接 loan 表和 copy 表。

【例10.4.2】创建一个DELETE触发器。

```
USE  library
GO
CREATE TRIGGER loan_delete
ON loan FOR DELETE
AS
UPDATE c SET on_loan='N'
FROM copy c INNER JOIN deleted i
ON c.isbn=d.isbn AND c.copy_no=d.copu_no
```

10.4.3　INSTEAD OF 触发器

INSTEAD OF 触发器是 SQL Server 2000 的新添加的功能，AFTER 触发器等同于以前版本中的触发器，当为表或视图定义了针对某一操作 INSERT、DELETE、UPDATE 的 INSTEAD OF 类型触发器，且执行了相应的操作时，尽管触发器被触发，但相应的操作并不被执行，运行的只是触发器 SQL 语句本身。INSTEAD OF 触发器的主要优点是使不可被修改的视图能够支持修改，其中典型的例子是分割视图，为了提高查询性能，分割视图通常是一个来自多个表的结果集，因此不支持视图更新。下面通过例子介绍如何使用 INSTEAD OF 触发器来支持对分割视图所引用的基本表的修改。

【例 10.4.3】首先创建三个表 salemay、salejune 和 salejuly，分别用来保存五六七月的销售量信息。

```
create table salemay
sale_id char(6) not null,
sale_name varchar(20) ,
sale_qua smallint,
```

表 salejune、salejuly 与 salemay 具有相同的数据列。

创建分割视图 saleview，如下。

```
create view saleview
as
select * from salemay
```

```
union all
select * from salejune
union all
select * from salejuly
```

在视图 saleview 上创建 INSTEAD OF 触发器 saleviewtr，如下。

```
create trigger saleviewtr on saleview
instead of insert
as
begin
declare @sale_id char 4
select @sale_id=sale_id
from inserted
if substring @sale_id,1,3 ='may'
begin
insert into salemay
select sale_id, sale_name, sale_qua
from inserted
end
if substring @sale_id,1,3 ='jun'
begin
insert into salejune
select sale_id, sale_name, sale_qua
from inserted
end
if substring @sale_id,1,3 ='jul'
begin
insert into salejuly
select sale_id, sale_name, sale_qua
from inserted
end
end
```

此时能够成功执行插入语句 insert into saleview values('jul001', '先科 VCD',200)。INSTEAD OF 触发器的另一个优点是通过使用逻辑语句以执行批处理的某一部分，而放弃执行其余部分，比如可以定义触发器在遇到某一错误时转而执行触发器的另外部分。

10.5 触发器的应用

在前面讨论了触发器的优缺点、工作原理以及创建触发器的具体方法。接下来将介绍各种不同复杂程度的触发器的应用。

10.5.1 插入型触发器的应用

【例 10.5.1】向 pubs 数据库的 employee 表插入新的记录，如下。

```
create trigger employee_insupd
on employee
for insert, update
as
declare @min_lvl tinyint,
@max_lvl tinyint,
@emp_lvl tinyint,
@job_id smallint
select @min_lvl = min_lvl,
@max_lvl = max_lvl,
@emp_lvl = i.job_lvl,
@job_id = i.job_id
from employee e, jobs j, inserted i
where e.emp_id = i.emp_id and i.job_id = j.job_id
if @job_id = 1 and @emp_lvl <> 10
begin
raiserror 'job id 1 expects the default level of 10.',16,1
rollback transaction
end
else
if not @emp_lvl between @min_lvl and @max_lvl
begin
raiserror 'the level for job_id:%d should be between %d and %d.',
16, 1, @job_id, @min_lvl, @max_lvl
rollback transaction
end
```

当插入一行新数据时，如下。

```
insert employee( emp_id,fname,lname,job_id,job_lvl,pub_id)
values('ugv21716m ','ugv', 'dafe',1,10,1389)
```

由于在当前 pubs 数据库 job 表中，job_id 为 1 的记录对应 min_lvl 值为 11，而 max_lvl 值为
30，所以触发器被触发后返回如下信息。

Server: Msg 50000, Level 16, State 1, Line -1074283883

The level for job_id:1 should be between 11 and 30.

10.5.2　删除型触发器的应用

【例 10.5.2】对定义了删除型触发器的 pub_info 表进行删除操作时，首先检查要删除几行，
如删除多行，则返回错误信息。

```
create trigger dpub_info
on pub_info for delete
as
```

```
if @@rowcount = 0
return
if @@ rowcount > 1
begin
rollback transaction
raiserror " you can only delete one information at one time" ,16,1
end
return
```

当删除一行时此触发器被触发，如下。

```
delete from pub_info where pub_id='0736'
```

执行 select * from pub_info where pub_id='0736'语句时将输出以下信息。

```
0 row s affected
```

即该记录已被删除。

10.5.3 更新型触发器应用

更新型触发器有两种类型，通常意义上的更新型触发器和用于检查列改变的更新型触发器。这主要是因为更新操作可以涉及到数据项。修改一条记录就等于插入一条新记录和删除一条旧记录。同样 update 语句也可以看成是由删除一条记录的 delete 语句和增加一条记录的 insert 语句组成。当在某一个有 update 触发器的表上面修改一条记录时，表中原来的记录移动到删除表中，修改过的记录插入到插入表中。触发器可以检查删除表和插入表以及被修改的表，以便确定是否修改了多个行和应该如何执行触发器的操作。

所以说更新的操作包括两个部分：先将需更新的内容从表中删除掉，然后插入新值，因此更新型触发器同时涉及到删除表和插入表。

下面结合具体例子来对其进行介绍。

【例 10.5.3】

```
create trigger unemployee
on employee
for update
as raiserror 'update has been done successfully', 16, 10
```

执行以下的更新语句。

```
update employee set fname='smith' where emp_id='PMA42628M'
```

触发器被触发输出如下信息。

```
Server: Msg 50000, Level 16, State 10, Procedure uemployee, Line 4
update has been done successfully
```

当执行 select fname from employee where emp_id='PMA42628M'语句时输出结果如下。

```
fname
--------------------
smith
1 row s affected
```

在有些更新中更新的内容并不是整个记录，而仅仅是一列或几列，这时就要用到检查列改变的更新型触发器，它与通常意义上的触发器不同之处主要表现在它包括以下保留字。

```
IF UPDATE column
[{AND | OR} UPDATE column ]
[...n]
| IF COLUMNS_UPDATED {bitwise_operator} updated_bitmask
{ comparison_operator} column_bitmask [...n]
```

用 Transaction_SQL 的 CREATE TRIGGER 命令创建触发器部分，已经给出了上述保留字的具体含义，下面将通过两个例子，分别用到 IF UPDATE column 和 IF COLUMNS_UPDATED。

【例 10.5.4】当使用 IF UPDATE column 保留字更新 title 表中的 title_id 数据项时，titleauthor 表中相应的 title_id 也要进行更新。

```
create trigger utitle1 on titles
for update
as
declare @rows int
select @rows=@@rowcount
if @rows=0
return
if update title_id
begin
if @rows > 1
begin
raiserror 'update to primary keys of multiple row is not permitted' , 16,10
rollback transaction
return
end
update t set t.title_id=i.title_id
from titleauthor t, insertedi,deleted d
where t.title_id=d.title_id
end
return
```

必须首先删除与表 title 已建立的各主外键的关系，上述触发器才能被触发。

【例 10.5.5】使用 IF COLUMNS_UPDATED 保留字。

首先创建两个表：saledata 和 audisaledata，saledata 表保存某一销售业务的销售信息，audisaledata 表保存针对 saledata 表某些数据项发生变化的跟踪信息。

```
create table audisaledata
audit_log_id uniqueidentifier default newid ,
audit_log_type char (3) not null,
audi_customer_bankaccountnumber char (10) ,
audi_customer_address varchar (50) ,
```

```
audi_customer_name char (11) ,
audi_sale_id int,
audi_sale_name varchar (20) ,
audi_sale_qua smallint,
audi_sale_date datetime default getdate
create table saledata
sale_id int not null,
customer_bankaccountnumber char (10) not null,
customer_address varchar (50) ,
cusomer_name char (11) ,
sale_name varchar (20) ,
sale_qua smallint,
sale_date datetime default getdate
```

创建触发器。如果 saledata 表中有客户的银行账号地址或客户名称，数据项更新时触发器就会被触发，此时将产生一个跟踪记录，并将该记录插入 audisaledata 表中。

```
create trigger upsaledata
on saledata
for update as
if columns_updated & 14 > 0 /*表示第2、3 或第4 列数据项被修改时将开始执行以下语句*/
begin
insert into audisaledata
audit_log_type,
audi_customer_bankaccountnumber,
audi_customer_address,
audi_customer_name,
audi_sale_id,
audi_sale_name,
audi_sale_qua,
audi_sale_date
select 'old',
del.customer_bankaccountnumber,
del.customer_address,
del.customer_name,
del.sale_id,
del.sale_name,
del.sale_qua,
del.sale_date
from deleted del
insert into audisaledata
audit_log_type,
```

```
audi_customer_bankaccountnumber,
audi_customer_address,
audi_customer_name,
audi_sale_id,
audi_sale_name,
audi_sale_qua,
audi_sale_date
select 'new',
ins.customer_bankaccountnumber,
ins.customer_address,
ins.customer_name,
ins.sale_id,
ins.sale_name,
ins.sale_qua,
ins.sale_date
from inserted ins
end
```

插入新的销售业务并不能触发该触发器，如执行以下语句。

```
insert into saledata
values( 10001,'1234567890','成都市人民北路22号','祥和商场','长虹彩电'
150,getdate)
```

当把更新销售单号为 10001 的记录的客户账号设为 2311748936 时，触发器被触发并产生一条跟踪记录。

```
update saledata
set customer_bankaccountnumber='2311748936'
where sale_id=10001
```

当执行 select * from audisaledata 语句时，有如下输出结果。

```
audit_log_id audit_log_type audi_customer_bankaccountnumber audi_customer_
address
audi_customer_name audi_sale_id audi_sale_name audi_sale_qua audi_sale_date
EF0A3E00-8382-11D4-AF3A-B450B4234B66 old 1234567890
成都市人民北路22 号祥和商场10001
长虹彩电150 2000-08-05 23:15:05.643
EF0A3E01-8382-11D4-AF3A-B450B4234B66 new 2311748936
成都市人民北路22 号祥和商场10001
长虹彩电150 2000-08-05 23:15:05.643
2 row s affected
```

10.5.4　嵌套触发器

当某一触发器执行时，能够触发另外一个触发器，这种情况称为触发器嵌套，在 SQL Server

中触发器能够嵌套 32 层，如果不需要嵌套触发器。可以通过 sp_configure 选项来进行设置。在执行过程中，如果一个触发器修改某个表，而这个表已经有其他触发器，这时就要使用嵌套触发器。

任何一个触发器都可以包含影响另外一个表的 INSERT、UPDATE、DELETE 语句。允许触发器嵌套时，一个触发器可以修改第二个触发器的表，第二个触发器可以修改第三个触发器的表，以此类推。

当使用嵌套的触发器时，应考虑以下因素。

- 在默认的情况下，触发器不允许迭代调用。也就是说，触发器不能自己调用自己。例如，如果一个 update 触发器修改某一个表中的一列，并且引起对另外一列的修改，那么该 update 触发器仅执行一次，而不是反复执行。
- 因为一个触发器就是一个事务，所以在嵌套的触发器中，任意的一点失败，整个事务和数据修改全部回滚。因此，当测试触发器的时候，为了确定失败的位置，应该在触发器中打印信息的语句。

如果打算禁止使用触发器嵌套，可以使用以下语句。

```
sp_configure 'nested triggers','false'
```

注意：任何时候都可以通过检查全局变量@@ NESTLEVEL 的值来检查嵌套触发器的层数。该层数在 0 与 32 之间。

【例 10.5.6】有两个触发器，一个作用于 Sale 表，另一个作用于 Store 表，这两个触发器的定义如下。

```
/*First trigger deletes stores if the sales are deleted*/
create trigger d_sales
on sales
for delete
as
/*announce the trigger being executed*/
print'delete trigger on the sales table is executing…'
/*declare a temp var to store the store that is being deleted*/
declare @sstorid char 4 ,
@smsg varchar 40
/*now get the value of the store being deleted*/
select @sstorid = stor_id
from deleted
group by stor_id
/*now delete the store record*/
select @smsg=" deleting store" +@sstorid
print @smsg
delete stores
where stor_id=@sstorid
go
/*second trigger delete discounts if a store is deleted*/
```

```
create trigger d_stores
on stores
for delete
as
/*announce the trigger being executed*/
print'delete trigger on the stores table is executing'
/*declare a temp var to store the store that is being deleted*/
declare @sstorid char 4 ,
@smsg varchar 40
select @sstorid=stor_id
from deleted
group by stor_id
if @@rowcount = 0
begin
print 'no rows affected on the stores table'
return
end
/*now delete the store record*/
select @smsg='deleting discounts for store' + @smsg
print @smsg
delete discounts
where stor_id=@sstorid
go
```

当 DELETE 操作在表 Sales 上执行时,一个触发器作用于表 sales 之后,引发作用于 store 表上的触发器被触发。

所以当执行 delete from sales where stor_id='6380'语句时，输出结果如下。

```
delete trigger on the sales table is executing
deleteing store6380
delete trigger on the stores table is executing
1 row s affected
2 row s affected
```

必须删除与 sales 表已建立的各主外键关系，上面的触发器才能被触发。

10.5.5　触发器的高级应用

在触发器的应用中常常会遇到这种情况，即被触发的触发器试图更新与其相关联的原始的目标表，从而使触发器被无限循环地触发。对于该种情况，不同的数据库产品提供了不同的解决方案。

有些 DBMS 对一个触发器的执行过程采取的动作强加了限制；有些 DBMS 提供了内嵌功能，允许一个触发器主体对正在进行的触发器所处的嵌套级别进行限制；还有一些 DBMS 提供了一种系统设置，控制是否允许串联的触发器处理；也有一些 DBMS 对可能触发的嵌套触发器级别的数目进行限制。

在SQL Server中，这种能触发自身的触发器，被称为递归触发器。主要通过限制可能触发的嵌套触发器级别的数目进行控制。

另外，通过是否允许触发嵌套触发器也能实现对它的控制。

在 SQL Server 中，除非递归触发器的数据库选项被设置，否则一个触发器不会被递归触发。递归触发器有以下两种类型。

- 直接递归，即当一个触发器触发时执行的动作又引起同一个触发器的触发。例如，某一个更新操作引起某一个表上的触发器被触发，该触发器又执行更新操作，从而又触发了该触发器。

- 间接递归，即当一个触发器触发时执行的动作又引起另外一个表的触发器被触发，第二个触发器又触发第一个触发器，同时触发器也可能和游标一起使用，从而使其功能大大增强。

下面通过例子介绍如何使用游标和递归触发器，从而对触发器有更全面的了解。

【例 10.5.7】在本例中只要有新职工记录插入递归更新触发器就使 NoOfReports 列立即更新插入触发器修改。

首先将递归触发器选项设置为 TRUE。

```
use pubs
go
execute sp_dboption 'pubs', 'recursive triggers', true
go
然后创建一个emp_mgr 表
create table emp_mgr
emp char 30 primary key,
mgr char 30 null foreign key references emp_mgr emp ,
noofreports int default 0
go
```

创建插入型触发器。

```
create trigger emp_mgrins
on emp_mgr
for insert
as
declare @e char 30 , @m char 30
/*定义游标*/
declare c1 cursor for
select emp_mgr.emp
from emp_mgr, inserted
where emp_mgr.emp = inserted.mgr
/*打开游标*/
open c1
/*从游标中读取数据并存入变量@e 中*/
fetch next from c1 into @e
```

```
while @@fetch_status = 0
begin
update emp_mgr
set emp_mgr.noofreports = emp_mgr.noofreports + 1
where emp_mgr.emp = @e
fetch next from c1 into @e
end
/*关闭游标*/
close c1
/*释放游标*/
deallocate c1
create trigger emp_mgrupd on emp_mgr
for update
as
if update mgr
begin
update emp_mgr
set emp_mgr.noofreports = emp_mgr.noofreports + 1
ment mgr's
from inserted
where emp_mgr.emp = inserted.mgr
update emp_mgr
set emp_mgr.noofreports = emp_mgr.noofreports - 1
from deleted
where emp_mgr.emp = deleted.mgr
end
go
```

插入几行数据。

```
insert emp_mgr emp, mgr values 'harry', null
insert emp_mgr emp, mgr values 'alice', 'harry'
insert emp_mgr emp, mgr values 'paul', 'alice'
insert emp_mgr emp, mgr values 'joe', 'alice'
insert emp_mgr emp, mgr values 'dave', 'joe'
go
```

该语句将 dave's 的经理由 joe 改为 harry。

```
update emp_mgr set mgr = 'harry'
where emp = 'dave'
go
select * from emp_mgr
go
```

修改前该表的信息如下。

```
emp mgr NoOfReports
-----------------------------------------------------------------------------
Alice Harry 2
Dave Joe 0
Harry NULL 1
Joe Alice 1
Paul Alice 0
5 row s affected
```

修改后该表的信息如下。

```
emp mgr NoOfReports
-----------------------------------------------------------------------------
Alice Harry 2
Dave Harry 0
Harry NULL 2
Joe Alice 0
Paul Alice 0
5 row s affected
```

前面已经指出触发器最为突出的作用就是它能实现由主外键不能实现的复杂的完整性控制，下面的例子就是增强了复杂限制的触发器。

【例 10.5.8】

```
create trigger u_roysched on roysched
for update
as
declare @rows int
select rows = @@rowcount
if @rows = 0
return
if @rows > 1
begin
rollback tran
raiserror 'can only update or add one title at a time.',16,10
return
end
if select inserted.lorange from inserted < 5
begin
rollback tran
raiserror 'can only update lorange above 5',16,10
return
end
if select inserted.hirange from inserted > 1000
```

```
begin
rollback tran
raiserror 'can only update hirange below 1000',16,10
return
end
if select inserted.royalty from inserted <= 1000
begin
rollback tran
raiserror 'can only update royalty above 0',16,10
return
end
return
```

当执行如下语句时：
```
update roysched
set lorange=3
where title_id='BU1032'
```
输出信息如下。
```
Server: Msg 50000, Level 16, State 10, Line -1074283883
can only update or add one title at a time.
```

10.6 管理触发器

如果要显示作用于表上的触发器究竟对表有哪些操作,必须查看触发器信息。在 SQL Server 中有多种方法查看触发器信息, 本节将介绍两种常用的方法, 即通过 SQL Server 的 企业管理器以及系统存储过程 sp_help、sp_helptext 和 sp_depends。

10.6.1 使用企业管理器显示触发器信息

使用企业管理器显示触发器信息, 其操作步骤如下。
步骤 1　运行企业管理器登录到指定的服务器。
步骤 2　选择数据库和表。
步骤 3　从 Action 菜单项中选择 ALL Tasks, 再选择 Manage Triggers。

10.6.2 使用系统存储过程查看触发器

系统存储过程 sp_help、sp_helptext 和 sp_depends 分别提供了有关触发器的不同信息。下面分别对它们进行介绍。

1. sp_help
使用 sp_help 系统过程的命令格式如下。

```
sp_help '触发器名字'
```

通过该系统过程，可以了解触发器的一般信息，如触发器的名字、属性、类型和创建时间。

【例 10.6.1】执行以下命令。

```
sp_help dauthors
```

输出结果如下。

```
Name Owner Type Created_datetime
-----------------------------------------------------------
dauthors dbo trigger 2000-07-14 11:37:17.970
```

2. sp_helptext

通过 sp_helptext 能够查看触发器的正文信息。其语法格式如下。

```
sp_helptext '触发器名'
```

【例 10.6.2】执行以下命令。

```
sp_helptext dauthors
```

输出结果如下。

```
create trigger dauthors
on authors for delete
as
if @@rowcount=0
return
if @@rowcount>1
begin
rollback transaction
raiserror 'you can only delelte one author at one time',16, 1
end
return
```

3. sp_depends

通过 sp_depends 能够查看指定触发器所引用的表，或指定的表涉及的所有触发器。其语法形式如下。

```
sp_depends '触发器名字'
sp_depends '表名'
```

10.6.3　修改触发器

触发器是可以修改的，如果可以改变某一个触发器的定义，那就可以修改触发器，而不必删除。修改后，使用触发器的新定义取代了触发器的旧定义。由于延迟名称的解决方案，可以在触发器中参考不存在的表和视图。当触发器创建之后，如果这些对象还不存在，那么系统发出一个错误消息，并且系统立即修改触发器定义。

可以通过企业管理器和系统过程或 Transaction_SQL 命令修改触发器的名字和正文。

注意：在 SQL Server 以前的版本中，触发器是不能更改的。如果需要更改触发器，必须先删除触发器，然后再重新创建此触发器。

（1）使用 sp_rename 命令修改触发器的名字。

其语法格式如下。

```
sp_rename oldname,newname
```

（2）通过企业管理器修改触发器正文的操作步骤与查看触发器信息一样，修改完触发器后要使用 Check Syntax 选项对语句进行检查。

（3）通过 Alert trigger 命令修改触发器正文。

其语法格式如下。

```
ALTER TRIGGER trigger_name
ON table | view
[ WITH ENCRYPTION ]
{ { FOR | AFTER | INSTEAD OF { [ DELETE ] [ , ] [ INSERT ] [ , ]
[ UPDATE ] }
[ NOT FOR REPLICATION ]
AS
sql_statement [ ...n ] }
|
{ FOR | AFTER | INSTEAD OF { [ INSERT ] [ , ] [ UPDATE ] }
[ NOT FOR REPLICATION ]
AS
{ IF UPDATE column
[ { AND | OR } UPDATE column ]
[ ...n ]
| IF COLUMNS_UPDATED { bitwise_operator }updated_bitmask
{ comparison_operator } column_bitmask [ ...n ]
}
sql_statement [ ...n ]
}
}
```

其中各参数及保留字的含义，请参考"10.3　创建触发器"内容。

10.6.4　删除触发器

用户在使用完触发器后可以将其删除，只有触发器属主才有权删除触发器，删除已创建的触发器有两种方法。

用户可以在企业管理器中删除触发器，操作步骤如下。

步骤 1　在企业管理器中，右击触发器所在表或视图，在弹出的菜单中选择"所有任务"下的"管理出发器"命令。

步骤 2　在"触发器属性"对话框，选择要删除的触发器。在"文本"文本框中显示了该触发器的定义文本，如图 10-3 所示。

步骤 3　单击"删除"按钮，在弹出的对话框中单击"是"按钮，即可删除该触发器，如图 10-4 所示。

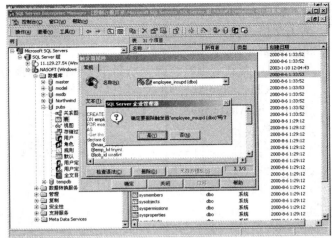

图 10-3 触发器属性窗口	图 10-4 删除触发器窗口

另外，还可以用系统命令 DROP TRIGGER 删除指定的触发器。

其语法形式如下。

```
DROP TRIGGER '触发器名字'
```

删除触发器所在的表时，SQL Server 将自动删除与该表相关的触发器。

10.6.5 使用触发器的建议

在实际系统开发过程中，如果使用触发器，请参考以下的一些经验和建议。

● 只在必要的时候使用触发器。如果同样的操作可以用其他方法完成，例如使用约束，那么应该使用约束。另外，使用触发器的定义语句尽可能地使其简单。要求处理触发器的大多数时间用于参考表和参考修改的数据。因为触发器是一个单独的事务，用于锁定对象的锁一致维护到事务完成。

● 触发器的执行速度比较快。因为在触发器中，涉及的两个表：插入表和删除表都是存在内存中，触发器的执行时间除了受系统的配置情况影响之外，主要由触发器所参考的表数量和触发器影响到的行数量确定。

10.7 本章小结

本章着重介绍了 SQL Server 中的触发器，学习了触发器的概念、类型、创建、修改等内容，可以掌握以下知识。

● 触发器是一组 SQL 语句集。触发器就其本质而言是一种特殊的存储过程。触发器在数据库开发过程中、在对数据库的维护和管理等任务中以及在维护数据库参照完整性等方面具有不可替代的作用。触发器是与表紧密联系在一起的，只要提及某个具体的触发器，那么就是指某个具体表的触发器。因此，触发器是在特定表上进行定义的，该表也称为触发器表。当有操作针对触发器表时，如在表中插入、删除、修改数据，该表用相应的操作类型的触发器，那么触发器就自动触发执行。

- 触发器有三种类型，即 INSERT、UPDATE、DELETE。
- 触发器可以修改数据库中与表相关的数据，有比 CHECK 约束强制更加复杂的数据完整性、定义定制的错误消息、可以比较数据修改前和修改后的状态等。
- 约束优先于触发器检查。如果在触发器上有约束，那么这些约束在触发器执行之前进行检查。
- 可以使用 CREATE TRIGGER 语句和企业管理器创建触发器。在 CREATE TRIGGER 语句中，指定了定义触发的基表、触发器执行的事件和触发器的所有指令。
- 触发器可以嵌套和迭代，嵌套最多有 32 层。
- 在触发器执行过程中，产生逻辑表插入表或者逻辑表删除表，这两种内部表都存在内存中。

触发器作为一种高级的保证数据完整性的方法，毫不费力地解决了比较复杂的数据完整性问题。对于触发器来说，只要满足一定条件，就可以触发完成各种简单复杂的任务，对一个数据库开发人员和数据库管理人员来说，掌握触发器是一件很重要的工作。

10.8 练 习

1. 连接数据库 pubs，按照表 employee 的结构在数据库中新建一张表 employee_delete，创建一个触发器，满足在 employee 中每删除一条记录，触发器将这条记录插入到 employee_delete 中。

2. 连接数据库 pubs，按照表 employee 的结构在数据库中新建一张表 employee_update，创建一个触发器，满足在 employee 中每修改一条记录，触发器将这条记录插入到 employee_update 中。

第 11 章　事　务

收发性管理技术采取事务和锁的机制实现，事务和锁是两个紧密联系的概念。事务就是一个单元的工作，包括一系列的操作，这些操作必须保持一致性。事务是 SQL Server 防止用户数据出现不一致状态的基础结构。SQL Server 通过支持事务机制管理多个事务，并保持事务的一致性。事务使用锁，防止其他用户修改另外一个还没有完成的事务中的数据。对于多用户来说，锁机制是必须的。在 SQL Server 2000 中，使用事务日志来保证修改的完整性和可恢复性。

SQL Server 2000 有多种锁，允许事务锁定不同的资源。锁就是保护指定的资源，不被其他事务操作。为了最小化锁的成本，SQL Server 2000 自动地以与事务相应等级的锁来锁定资源对象。

本章将学习在 SQL Server 开发环境下如何让事务和锁工作。SQL Server 中事务分为隐式事务和显式事务两种。

本章重点

◆　事务的由来
◆　事务的概念
◆　事务的回滚
◆　事务日志
◆　锁

11.1　事务的由来

使用 DELETE 命令或 UPDATE 命令对数据库进行更新时，一次只能操作一个表，这会造成数据库的数据不一致。例如，企业取消了财务部，需要将财务部从 department 表中删除，要修改 department 表，而 employee 表中的部门编号与财务部相对应的员工也应删除。因此两个表都需要修改，这种修改只能通过两条 DELETE 语句进行，假设财务部编号为 1012。

第一条 DELETE 语句修改 department 表如下。

delete from department
where dept_id ='1012'

第二条 DELETE 语句修改 employee 表如下。

delete from employee
where dept_id ='1012'

在执行第一条 DELETE 语句后，数据库中的数据已处于不一致的状态，因为此时已经没有财务部了，但 employee 表中仍然保存着属于财务部的员工记录，只有执行了第二条 DELETE 语句后数据才重新处于一致状态，但是如果执行完第一条语句后电脑突然出现故障无法再继续执行第二条 DELETE 语句，则数据库中的数据将处于永远不一致的状态，因此必须保证这两条 DELETE 语句同时执行。为解决类似的问题，数据库系统通常都引入了事务的概念。

11.2 事务的概念

事务是一种机制，也是一个操作序列，它包含了一组数据库操作命令。所有的命令作为一个整体一起向系统提交或撤销，操作的请求要么都执行，要么都不执行，因此事务是一个不可分割的工作逻辑单元。类似于操作系统中的原语，在数据库系统上执行并发操作时，事务是作为最小的控制单元来使用的。

事务具有四个属性：自动性、一致性、独立性和持久性。自动性是指事务必须是一个自动的单元工作，要么执行全部数据的修改，要么都不执行全部数据的修改。一致性是指当事务完成时，必须使所有的数据都具有一致的状态。在关系型数据库中，所有的规则必须应用到事务的修改上，以便维护所有数据的完整性。独立性是指并行事务的修改必须与其他并行事务的修改相互独立。一个事务看到的数据要么是另外一个事务修改这些事务之前的状态，要么是第二个事务已经修改完成的数据，但是这个事务不能看到正在修改的数据，这种特征也称为串行性。持久性是指当一个事务完成之后，它的影响永久性地产生在系统中，也就是这种修改写到了数据库中。

事务机制保证一组数据的修改要么全部执行，要么全部不去执行。SQL Server使用事务保证数据的一致性，并确保在系统失败时的可恢复性。事务是一个可以恢复的单元工作，由一条或者多条Transact-SQL语句组成，可以影响到表中的一行或者多行数据。事务打开以后，直到事务成功完成后提交为止，或者到事务执行失败全部取消或者全部回滚去为止。

通常在程序中用BEGIN TRANSACTION命令来标识一个事务的开始，用COMMIT TRANSACTION命令标识事务结束，这两个命令之间的所有语句被视为一体，只有执行到COMMIT TRANSACTION命令时，事务中对数据库的更新操作才算确认和BEGIN...END命令类似，这两个命令也可以进行嵌套，即事务可以嵌套执行这两个命令。

语法如下。

```
BEGIN TRAN[SACTION] [transaction_name | @tran_name_variable]
COMMIT [ TRAN[SACTION] [transaction_name | @tran_name_variable] ]
```

其中BEGIN TRANSACTION可以缩写为BEGIN TRAN，COMMIT TRANSACTION可以缩写为COMMIT TRAN或COMMIT，transaction_name指定事务的名称，只有前32个字符会被系统识别。@tran_name_variable用变量来指定事务的名称，变量只能声明为CHAR、VARCHAR、NCHAR或NVARCHAR类型。

【例11.2.1】删除财务部，代码如下。

```
declare @transaction_name varchar(32)
select @transaction_name = 'my_transaction_delete'
begin transaction @transaction_name
go
use pangu
go
delete from department
where dept_id = '1012'
go
delete from employee.where dept_id = '1012 '
```

```
go
commit transaction my_transaction_delete
go
```

11.3　事务的类型

根据系统的设置，可以把事务分成两种类型。一种是系统提供的事务，另一种是用户定义的事务。系统提供的事务是指在执行某些语句时，一条语句就是一个事务。这时要明确，一条语句的对象既可能是表中的一行数据，也可能是表中的多行数据，甚至是表中的全部数据。因此，只有一条数据构成的事务也可能包含了多行数据的处理。

例如，执行下面的这条数据操纵语句。

```
UPDATE authors
SET state=' XT '
```

这是一条语句，这条语句本身就构成了一个事务。这条语句由于没有使用条件限制，那么这条语句就是修改表中的全部数据。所以这个事务的对象，就是修改表中的全部数据。如果authors 表中有 1000 行数据，那么这 1000 行数据的修改要么全部成功，要么全部失败。

另外一种事务，是用户明确定义的事务。在实际应用中，大多数的事务处理及时采用了用户定义的事务来处理。在开发应用程序时，可以使用 BEGIN TRANSACTION 语句来定义明确的用户定义的事务。在使用用户定义的事务时，一定要注意两点：一是事务必须有明确的结束语句来结束。如果不是用明确的结束语句来结束，那么系统可能把从事务开始到用户关闭连接之间的全部操作都作为一个事务来对待。事务的明确结束可以使用 COMMIT 语句或ROLLBACK 语句其中的一个。COMMIT 语句是提交语句，将全部完成的语句明确地提交到数据库中。ROLLBACK 语句是取消语句，该语句将事务的操作全部取消，即表示事务操作失败。

还有一种特殊的用户定义的事务，这就是分布式事务。前面提到的事务都是在一个服务器上的操作，其保证的数据完整性和一致性是指一个服务器上的完整性和一致性。但是，如果一个比较复杂的环境，可能有多台服务器，那么要保证在多服务器环境中事务的完整性和一致性，就必须定义一个分布式事务。在这个分布式事务中，所有的操作都可以涉及对多个服务器的操作，当这些操作都成功时，那么所有的这些操作都提交到相应服务器的数据库中，如果这些操作中有一条操作失败，那么这个分布式事务中的全部操作都被取消。

11.4　事务回滚

事务回滚是指当事务中的某一语句执行失败时，将对数据库的操作恢复到事务执行前或某个指定位置。

事务回滚使用ROLLBACK TRANSACTION命令，其语法如下。

```
ROLLBACK [TRAN[SACTION] [transaction_name | @tran_name_variable
| savepoint_name | @savepoint_variable] ]
```

其中savepoint_name和@savepoint_variable参数用于指定回滚到某一指定位置，如果要让事务回滚到指定位置，则需要在事务中设定保存点，Save Point所谓保存点是指定其所在位置之前的事务语句不能回滚的语句，即此语句前面的操作被视为有效。

其语法如下。

```
SAVE TRAN[SACTION] {savepoint_name | @savepoint_variable}
```

各参数说明如下。

- avepoint_name：指定保存点的名称与事务的名称一样，只有前32个字符会被系统识别。
- @savepoint_variable：用变量来指定保存点的名称，变量只能声明为 CHAR、VARCHAR、NCHAR 或 NVARCHAR 类型。

【例11.4.1】删除财务部，再将财务部的职工划归到经理室，代码如下。

```
begin transaction my_transaction_delete
use pangu
go
delete from department
where dept_id = ' 1012 '
save transaction after_delete
update employee
set dept_id = ' 1001 '
where dept_id = ' 1012 '
if @@error!=0 or @@rowcount=0 then
begin
rollback tran after_delete  /* 回滚到保存点 after_delete，如果使用 rollback
my_transaction_delete 则会回滚到事务开始前 */
commit tran
print ' 更新员工信息表时产生错误 '
return end
commit transaction my_transaction_delete
go
```

11.5 事务日志

在SQL Server中，数据库是由数据库文件和事务日志文件组成的。一个数据库至少要包含一个数据库文件和一个事物日志文件。

事务日志文件是用来记录数据库更新情况的文件，扩展名为ldf。例如使用INSERT、UPDATE、DELETE等对数据库进行更改的操作都会记录在此文件中，而如SELECT等对数据库内容不会有影响的操作则不会记录在案。一个数据库可以有一个或多个事务日志文件。SQL Server中采用"Write-Ahead（提前写）"方式的事务，即对数据库的修改先写入事务日志中，再写入数据库。其具体的操作是：系统先将更改操作写入事务日志中，再更改存储在电脑缓存中的数据。为了提高执行效率，此更改不会立即写到硬盘中的数据库，而是由系统以固定的时间间隔执行CHECKPOINT命令，将更改过的数据批量写入硬盘。SQL Server有个特点，它在执行数据更改时会设置一个开始点和一个结束点，如果尚未到达结束点就因某种原因使操作中断，则在SQL Server重新启动时会自动恢复已修改的数据，使其返回未被修改的状态。由此可见，当数据库破坏时，可以用事务日志恢复数据库内容。

11.6 锁

11.6.1 锁的概念

锁（Lock）是在多用户环境下对资源访问的一种限制机制，是防止其他事务访问指定的资源的手段。锁是实现并发控制的主要方法，是多个用户能够同时操纵同一个数据库中的数据而不发生数据不一致现象的重要保障。一般来说，锁可以防止脏读、不可重复读和幻觉读。

脏读是指当一个事务正在访问数据，并且对数据进行了修改，而这种修改还没有提交到数据库中，这时，另外一个事务也访问这个数据，然后使用了这个数据。因为这个数据是还没有提交的数据，那么另外一个事务读到的这个数据是脏数据，依据脏数据所做的操作可能是不正确的。

不可重复读是指在一个事务内，多次读同一数据。在这个事务还没有结束时，另外一个事务也访问同一数据。那么，在第一个事务中的两次读数据之间，由于第二个事务的修改，那么第一个事务两次读到的数据可能是不一样的。这样就发生了在一个事务内两次读到的数据是不一样的，因此称为不可重复读。

幻觉读是指当事务不是独立执行时发生的一种现象。例如，第一个事务对一个表中的数据进行了修改，这种修改涉及到表中的全部数据行。同时，第二个事务也修改这个表中的数据，这种修改是向表中插入一行新数据。那么，以后就会发生操作第一个事务的用户发现表中还有没有修改的数据行，就好像发生了幻觉一样。

当对一个数据源加锁后，此数据源就有了一定的访问限制，通常称对此数据源进行了锁定，在SQL Server中除了可以对表（table）和数据库（database）锁定外还可以对以下的对象进行锁定。

- 数据行（row）：是可以锁定的最小空间，在 SQL Server 2000 中，实行了行级锁，数据页中的单行数据。
- 索引行（key）：指索引页中的单行数据，即索引的键值。
- 页（page）：页级锁是指在事务的操纵过程中，无论事务处理数据的多少，每次都锁定一页，在这个页上的数据不能被其他事务操纵。页是 sql server 存取数据的基本单位，其大小为 8KB。
- 盘区（extent）：一个盘区由 8 个连续的页组成。

11.6.2 锁的类别

在SQL Server中，锁有两种分类方法。
从数据库系统的角度来看，锁分为以下三种类型。

- 独占锁(exclusive lock)：独占锁锁定的资源只允许进行锁定操作的程序使用,其他任何对它的操作均不会被接受。执行数据更新命令,即 INSERT、UPDATE 或 DELETE 命令时，SQL Server 会自动使用独占锁。但当对象上有其他锁存在时，无法对其加独占锁，独占锁一直到事务结束才能被释放。

- 共享锁（Shared Lock）：共享锁锁定的资源可以被其他用户读取，但其他用户不能修改资源。在 SELECT 命令执行时，SQL Server 通常会对对象进行共享锁锁定。通常加共享锁的数据页被读取完毕后，共享锁就会立即被释放。
- 更新锁（Update Lock）：更新锁是为了防止死锁而设立的。当 SQL Server 准备更新数据时，它首先对数据对象作更新锁锁定，这样数据将不能被修改，但可以读取，等到 SQL Server 确定要进行更新数据操作时，它会自动将更新锁换为独占锁。但当对象上有其他锁存在时，无法对其作更新锁锁定。

从程序员的角度看锁分为以下两种类型：

- 乐观锁：乐观锁假定在处理数据时，不需要在应用程序的代码中做任何事情就可以直接在记录上加锁，即完全依靠数据库来管理锁的工作。一般情况下，当执行事务处理时，SQL Server 会自动对事务处理范围内更新到的表做锁定。
- 悲观锁：悲观锁对数据库系统的自动管理不自动支持，需要程序员直接管理数据或对象上的加锁处理，并负责获取共享和放弃正在使用的数据上的其他锁。

11.6.3　隔离级别

隔离是计算机电脑安全学中的一种概念，其本质上是一种封锁机制。它是指自动数据处理系统中的用户和资源的相关牵制关系，也就是用户和进程彼此分开，并和操作系统的保护控制分开。在SQL Server中，隔离级是指一个事务和其他事务的隔离程度，即指定了数据库如何保护（锁定）那些当前正在被其他用户或服务器请求使用的数据。指定事务的隔离级与在SELECT语句中使用锁定选项来控制锁定方式具有相同的效果。

在SQL Server中，有以下四种隔离级。

- READ COMMITTED：在此隔离级下，SELECT 命令不会返回尚未提交的数据，也不能返回脏数据，它是 SQL Server 默认的隔离级。
- READ UNCOMMITTED：与 READ COMMITTED 隔离级相反，它允许读取已经被其他用户修改但尚未提交确定的数据。
- REPEATABLE READ：在此隔离级下，用 SELECT 命令读取的数据在整个命令执行过程中不会被更改。此选项会影响系统的效能，非必要情况最好不用此隔离级。
- SERIALIZABLE：与 DELETE 语句中 SERIALIZABLE 选项含义相同。

隔离级需要使用SET命令来设定，其语法如下。

```
SET TRANSACTION ISOLATION LEVEL
{READ COMMITTED
| READ UNCOMMITTED
| REPEATABLE READ
| SERIALIZABLE }
```

11.6.4　查看锁

可以使用多种方法查看锁的信息，例如使用当前活动窗口，用系统存储过程Sp_lock、SQL Server查询器等。

- 使用当前活动窗口，查看锁的信息，如图 11-1 所示。

● 用系统存储过程 Sp_lock 查看锁的信息。

存储过程Sp_lock的语法如下。

```
sp_lock spid
```

SQL Server的进程编号spid可以在
master.dbo.sysprocesses 系统表中查到，spid是INT类
型的数据，如果不指定spid，则显示所有的锁。

【例11.6.1】显示当前系统中所有的锁。

```
use master
exec sp_lock
```

【例11.6.2】显示编号为55 的锁的信息。

```
use master
exec sp_lock 55
```

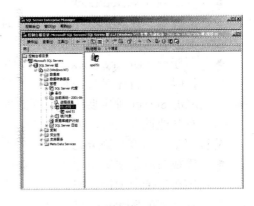

图 11-1　当前活动窗口

● 使用查询分析器查看锁的信息。

图11-2使用系统存储过程sp_lock在master数据库中查看SQL SERVER系统中的所有锁的信息。

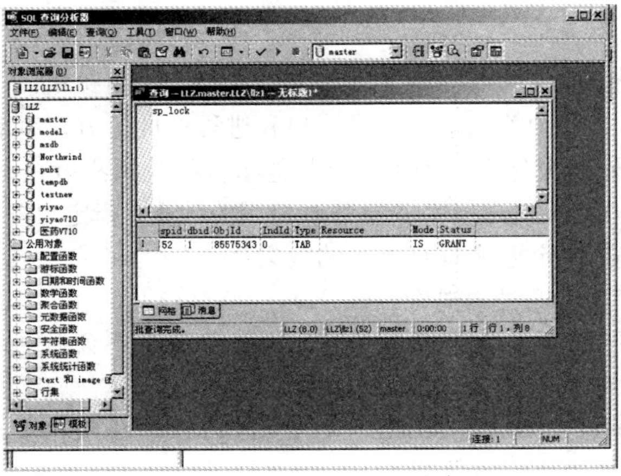

图 11-2　查询分析器查看锁的信息

11.6.5　死锁及其防止

死锁（Deadlocking）是在多用户或多进程情况下，为使用同一资源而产生的无法解决的争用状态。通俗地讲，就是两个用户各占用一个资源，两人都想使用对方的资源，但同时又不愿放弃自己的资源，就一直等待对方放弃资源，如果不进行外部干涉就将一直耗下去。

死锁是一个重要的话题。在事务和锁的使用过程中，死锁是一个不可避免的现象。当发生这样的现象时，系统可以自动检测到，然后通过自动取消其中一个事务来结束死锁，在发生冲突时，保留优先级高的事务，取消优先级低的事务。

死锁会造成资源的大量浪费，甚至会使系统崩溃。在SQL Server中解决死锁的原则是"选出一个进程作为牺牲者，将其事务回滚，并向执行此进程的程序发送编号为1205的错误信息。而防止死锁的途径就是不能让满足死锁条件的情况发生，为此用户需要遵循以下原则。

● 尽量避免并发地执行涉及到修改数据的语句。

● 要求每个事务一次就将所有使用的数据全部加锁，否则不予执行。

- 预先规定一个封锁顺序，所有的事务都必须按这个顺序对数据执行封锁，例如：不同的过程在事务内部对对象的更新执行顺序应尽量保持一致。
- 每个事务的执行时间不可太长，对程序段长的事务可考虑将其分割为几个事务。

11.7　本章小结

网络技术是信息技术发展的趋势。多用户、多事务、可伸缩、复制、数据仓库等都是为了适应网络技术的数据库发展方向。事务作为一个重要的数据库的基本概念，在保护数据库的可恢复性和多用户、多事务方面起了基础性的作用。一个事务就是一个单元的工作，该事务可能包括一条语句，也可能包括 100 条语句，而这些语句的所有操作，要么都完成，要么都撤销。在数据库备份和恢复过程中，事务也具有重要作用。可以利用日志进行事务日志备份，而不必每一次都进行耗费时间、精力和备份介质的完全备份。

锁是实现多用户、多事务等并发处理方式的手段。锁是由系统自动提供的，用户也可以进行一些定制。

本章中介绍了事务和锁的概念。从事务的由来、概念和回滚起，通过实例介绍了事物的编写方法。

通过本章应该掌握的内容如下。

- 事务的由来。
- 事务的概念。事务是一个单元的工作，要么都完成，要么都撤销。
- 事务的回滚，保证单元的一致性和可恢复性。
- 事务日志。
- 锁是保证并发控制的手段。
- 锁的定义、类别等。
- SQL Server 本身可以处理死锁。
- 用户可以根据实际情况定制锁的一些特征。

11.8　练　习

连接数据库 pubs，按照表 employee 的结构在数据库中新建一张表 employee_trans，用事务编写代码完成如下功能。

（1）向 employee 插入一条记录。

（2）在 employee_trans 里也插入该条记录。

如果插入和删除的操作有一个失败就都不进行。

第 12 章　用户和安全性管理

　　公司的数据库保存着大量的数据，如果这些数据落到不怀好意的人手里，对公司和公司的雇员来说，都将是极大的危害。这些数据可能包括个人信息、客户清单或机密的产品资料。公司不希望竞争对手以及非工作人员进入公司数据库。SQL Server 有足够强大的安全系统供用户锁住服务器，同时可以控制对服务器的访问以及对数据库至表的特定列的访问。

　　数据库系统中面临庞大的数据量，为了充分地发挥这些数据的作用，必须对这些数据进行全面完善的管理，保护数据的安全。这时，就需要权利的思想。在 SQL Server 这种非社会系统中，把权利定义为许可，通过实行许可管理，维护庞大数据的有秩序的流动，充分发挥这些数据信息的作用。

本章重点

◆　SQL Server 的登录认证
◆　管理 SQL Server 登录
◆　数据库用户
◆　权限管理
◆　角色管理
◆　许可管理技术

12.1　SQL Server 的登录认证

12.1.1　SQL Server 登录认证简介

SQL Server能在以下两种安全模式下运行。

● 　Windows 认证模式
● 　混合模式

1. Windows 认证模式

SQL Server数据库系统通常运行在NT服务器平台或基于NT构架的Windows 2000上，而NT作为网络操作系统，本身就具备管理登录，验证用户合法性的能力，所以Windows认证模式正是利用这一用户安全性和账号管理的机制，允许SQL Server也可以使用NT的用户名和口令。在该模式下，用户只要通过Windows的认证就可连接到SQL Server，而SQL Server本身也没有必要管理一套登录数据。

Windows认证模式比SQL Server认证模式的优点多，原因在于Windows认证模式集成了NT或Windows 2000的安全系统，并且NT安全管理具有众多特征，如安全合法性、口令加密、对密码最小长度进行限制等。所以当用户试图登录到SQL Server时，会从NT或Windows 2000的网络安全属性中获取登录用户的账号与密码，并使用NT或Windows 2000验证账号和密码的机制来检验登录的合法性，从而提高SQL Server的安全性。

在Windows NT中使用了用户组，所以当使用Windows认证时，把用户归入一定的NT用户组，以便在SQL Server中对NT用户组进行数据库访问权限设置时，能够把这种权限设置传递给单一用户，而且当新增加一个登录用户时，也将其归入某一NT用户组，这种方法可以使用户更方便地加入到系统中，并消除了逐一为每一个用户进行数据库访问权限设置而带来的工作量。

> 注意：如果用户在登录 SQL Server 时未设置用户登录名，则 SQL Server 将自动使用 NT 认证模式。如果 SQL Server 被设置为 NT 认证模式，则用户在登录时若输入一个具体的登录名，SQL Server 将忽略该登录名。如果 SQL Server 是运行在 Windows 95/98 上的桌面版，则 NT 认证模式无效。

2. 混合认证模式

在混合认证模式下，Windows认证和SQL Server认证这两种认证模式都是可用的。NT的用户既可以使用NT认证，也可以使用SQL Server认证。

3. SQL Server 认证模式

在该认证模式下，用户连接SQL Server时必须提供登录名和登录密码，这些登录信息存储在系统表syslogins中，与NT的登录账号无关。SQL Server自动执行认证处理，如果输入的登录信息与系统表登录中的某条记录相匹配，则表明登录成功。

12.1.2 SQL Server 认证模式的设置

在对登录进行增加、删除等操作前，必须首先设置 SQL Server 的认证模式。通过 SQL Server 企业管理器来进行认证模式的设置，主要执行以下步骤。

步骤 1 启动 SQL Server 企业管理器，选择要进行认证模式设置的服务器。

步骤 2 右击该服务器，在弹出菜单中选择"属性"，弹出"SQL Server 属性"对话框。

步骤 3 在"SQL Server 属性"对话框中选择安全性选项，如图 12-1 所示。

步骤 4 在安全性选项栏的"身份验证"处选择要设置的认证模式，同时可以在"审核级别"处选择任意一个单选按钮，来决定跟踪记录用户登录时的哪种信息，如登录成功或失败的信息。

步骤 5 在"启动服务账户"中设置当启动并运行 SQL Server 时默认登录者中哪一位用户。

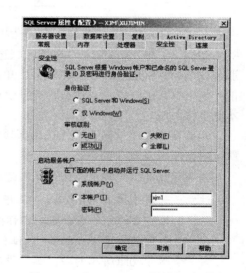

图 12-1 "SQL Server 属性"对话框

12.2 管理 SQL Server 登录

12.2.1 用 SQL Server 企业管理器管理 SQL Server 登录

在 SQL Server 中，通过 SQL Server 企业管理器执行以下步骤来管理 SQL Server 登录。

步骤 1 启动 SQL Server 企业管理器，单击登录服务器紧邻的"+"标志。

步骤 2 单击安全性文件夹旁边的"+"标志。

步骤 3 右击登录图标，从弹出菜单中选择"新建登录选项 SQL Server"，弹出"SQL Server 登录属性 − 新建登录"对话框。

步骤 4 在"名称"文本框中输入登录名，如图 12-2 所示。

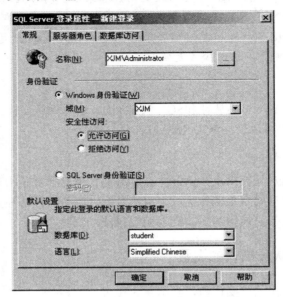

图 12-2 "SQL Server 登录属性 − 新建登录"对话框

步骤 5 在"身份验证"选项区域选择身份验证模式。如果正在使用 SQL Server 认证模式，那么在选择"SQL Server 身份验证"单选按钮之后，必须在"密码"文本框中输入密码。如果正在使用 NT 认证模式，那么在选择"Windows 身份验证"单选按钮之后，则必须在"域"文本框中输入域名。

步骤 6 在"默认设置"选项区域的"数据库"和"语言"选项框中指出用户在登录时的默认数据库以及默认的语言。

步骤 7 单击"确定"按钮，创建登录。

注意：如果选择了 Windows 验证模式，那么在"名称"文本框输入的账号必须是在 NT 中已经建立的登录者或组。名称格式为：NT 网络名称\用户名称或 NT 主机名\用户名称。

如果选择了 Windows 认证模式且使用了 NT 网络，那么在"域"文本框中输入登录账号或组所属的域；如果没有使用 NT 网络，则在"域"文本框中输入登录账号所属的 NT 主机名称。

如果选择了 Windows 认证模式且登录账号是 NT 中的内建用户组，例如 Administrators，那么必须在"域"文本框中输入"BUILTING"，而不是 NT 主机名或 NT 网络域。

12.2.2 使用 Transact_SQL 管理 SQL Server 登录

在 SQL Server 中，一些系统过程提供了管理 SQL Server 登录功能，主要包括：sp_gran 登录、sp_revoke 登录、sp_deny 登录、sp_add 登录、sp_drop 登录和 sp_help 登录。

下面对这些系统过程如何管理登录进行逐一介绍。

1. sp_add 登录

创建新的使用 SQL Server 认证模式的登录账号。

其语法格式如下。

```
sp_add 登录[@logi 名称=] '登录'
[ [@passwd =] 'password']
[ [@defdb =] '数据库']
[ [@deflanguage =] 'language']
[ [@sid =] 'sid']
[ [@encryptopt =] 'encryption_option']
```

其中参数介绍如下。

- @logi 名称：指登录名。
- @passwd：指登录密码。
- @defdb：指登录时默认数据库。
- @deflanguage：指登录时默认语言。
- @sid：指安全标识码。
- @encryptopt：指将密码存储到系统表时是否对其进行加密。
- @encryptopt：指参数有三个选项。
- NULL：表示对密码进行加密。
- skip_encryption：表示对密码不加密。
- kip_encryption_old：只在 SQL Server 升级时使用，表示旧版本已对密码加密。

注意：SQL Server 的登录名和密码最大长度为 128 个字符，这些字符可以是英文字母、符号、数字。但以下三种情况的登录名将被视为无效。

- 登录名包括 '\'字符。
- 新建的登录名是一个保留名，如 sa 或 public 或是已经存在的登录名。
- 登录名不能为 NULL 或是一个空字符串。

2. sp_drop 登录

SQL Server 中删除该登录账号，禁止其访问 SQL Server。

其语法格式如下。

```
sp_drop 登录 [@logi 名称=] '登录'
```

注意：不能删除系统管理者 sa 以及当前连接到 SQL Server 的登录；如果与登录相匹配的用户仍存在数据库 sys 用户 s 表中，则不能删除该登录账号；sp_add 登录 和 sp_drop 登录 只能用在 SQL Server 认证模式下。

3. sp_gran 登录

设定一个 Windows NT 用户或用户组为 SQL Server 登录者。

其语法格式如下。

```
sp_grant 登录 [@logi 名称=] '登录'
```

4. sp_deny 登录

拒绝某一个 NT 用户或用户组连接到 SQL Server。

其命令格式如下。

```
sp_grant 登录 [@logi 名称=] '登录'
```

5. sp_revoke 登录

用来删除 NT 用户或用户组在 SQL Server 上的登录信息。

其语法格式如下。

```
sp_revoke 登录 [@logi 名称=] '登录'
```

6. sp_help 登录

sp_help 登录用来显示 SQL Server 所有登录者的信息，包括每一个数据库里与该登录者相对应的用户名称。

其语法格式如下。

```
sp_help 登录[[@登录名称 Pattern =] '登录']
```

如果未指定@登录名称 Pattern，则当前数据库中所有登录者的信息（包括 NT 登录者）都将被显示。

注意：以上介绍的各系统过程，只有属于 sysadmin 和 securityadmin 服务器角色的成员才可以执行这些命令。

　　如果使用了 NT 认证模式，已经把某一个 NT 用户或用户组设定为 SQL Server 的登录者，那么若从 NT 域中删除该 NT 用户或用户组，则相应的 SQL Server 登录将成为孤儿。而且其 SQL Server 登录信息仍存储在系统表 sys 登录中。

　　孤儿登录是一个存在于 SQL Server 系统表中，但却被 SQL Server 拒绝的登录。即使试图再创建一个同名登录，也会失败，因为其已存在于系统表 sys 登录中。

　　即使将孤儿登录删除掉，并以相同的 NT 用户或用户组设定到 SQL Server 的连接，虽然能成功登录 SQL Server，但不能具备之前的权限，除非重新配置权限。因为登录信息包括安全标识符（SID），而删除前与添加后的 SID 是不同的。

12.3　数据库用户

12.3.1　数据库用户简介

　　数据库用户用来指出哪一个人可以访问哪一个数据库。在一个数据库中，用户 ID 唯一标识一个用户，用户对数据的访问权限以及对数据库对象的所有关系都是通过用户账号来控制的。用户账号总是基于数据库的，即两个不同数据库中可以有两个相同的用户账号。

　　在数据库中，用户账号与登录账号是两个不同的概念。一个合法的登录账号只表明该账号通过了 NT 认证或 SQL Server 认证，但不能表明其可以对数据库数据和数据对象进行某种或某些操作，所以一个登录账号总是与一个或多个数据库用户账号相对应（这些账号必须分别存在相异的数据库中），这样才可以访问数据库。例如，登录账号 sa 自动与每一个数据库用户 dbo 相关联。

通常数据库用户账号总是与某一登录账号相关联，但有一个例外，那就是 guest 用户。

在安装系统时，guest 用户被加入到 master、pubs、tempdb 和 Northwind 数据中，那么 SQL Server 为什么要进行这样的处理呢？下面看看在用户通过 NT 认证或 SQL Server 认证而成功登录到 SQL Server 之后，SQL Server 进行了哪些操作。

步骤 1　SQL Server 检查该登录用户是否有合法的用户名，如果有合法用户名，则允许其以用户名访问数据库。否则执行步骤 2。

步骤 2　SQL Server 检查是否有 guest 用户，如果有，则允许登录用户以 guest 用户来访问数据库；如果没有，则该登录用户被拒绝。

由此可见，guest 用户主要是让那些没有用户账号的 SQL Server 登录者将其作为默认的用户，从而使该登录者能够访问具有 guest 用户的数据库。

注意：通常可以像删除或添加其他用户那样删除或添加 guest 用户，但是不能从 master 或 tempdb 数据库中删除该用户，并且在新建的数据库中不存在 guest 用户，除非将其添加进去。

12.3.2　管理数据库用户

1. 利用 SQL Server 企业管理器管理数据库用户

（1）创建新数据库用户。

利用 SQL Server 企业管理器创建一个新数据库，执行操作步骤如下。

步骤 1　启动 SQL Server 企业管理器，单击登录服务器旁边的"+"标志。

步骤 2　打开"数据库"文件夹，选择要创建用户的数据库。

步骤 3　右击"用户"图标，在弹出菜单中选择"新建数据库用户"命令，弹出"数据库用户属性－新建用户"对话框，如图 12-3 所示。

图 12-3　"数据库用户属性－新建用户"对话框

步骤 4　在"登录名"的下拉列表中内选择已经创建的登录账号，在"用户名"文本框内输入数据库用户名称。

步骤 5　在"数据库角色成员"下的选项框中为该用户选择数据库角色（关于数据库角色的知识请参见"12.5.2　角色的管理"）。

步骤 6　单击"确定"按钮。

在创建一个SQL Server登录账号时，可以先为该登录账号设置在不同数据库中所使用的用户名称，这实际上是完成了创建新的数据库用户这一任务。在打开的"SQL Server登录属性"对话框中选择"数据库访问"标签，如图12-4所示。

（2）查看、删除数据库用户。

在 SQL Server 企业管理器中，选中"用户"图标，则在右侧的窗格中显示当前数据库的所有用户，如图 12-5 所示。

在右侧窗格中右击想要删除的数据库用户，在弹出的右键菜单选择"删除"，则从当前数据库中删除该数据库用户。

2. 利用系统过程管理数据库用户

SQL Server 利用以下系统过程管理数据库用户。

- sp_add 用户：sp_granddbaccess。
- sp_drop 用户：sp_revokedbaccess。
- sp_help 用户。

图 12-4　SQL Server 登录属性

图 12-5　删除数据库用户

注意：使用 sp_add 用户和 sp_drop 用户是为了保持与以前版本相兼容，所以建议使用 sp_granddbaccess 和 sp_revokedbaccess。

（1）创建新数据库用户。

前面介绍除了 guest 用户外，其他用户必须与某一登录账号相匹配，所以不仅要输入新创建的新数据库用户名称，还要选择一个已经存在的登录账号。同理，在使用系统过程时，也必须指出登录账号和用户名称。

系统过程 sp_granddbaccess 就是被用来为 SQL Server 登录者或 NT 用户或用户组建立一个相匹配的数据用户账号。

其语法格式如下。

```
sp_grantdbaccess [@logi 名称=] '登录'
[ [@名称_in_db =] '名称_in_db' [OUTPUT]]
```

其中参数介绍如下。

- @logi 名称：表示 SQL Server 登录账号、NT 用户或用户组。如果使用的是 NT 用户或用户组，那么必须给出 NT 主机名称或 NT 网络域名。登录账号、NT 用户或用户组必须存在。
- @名称_in_db：表示登录账号相匹配的数据库用户账号。该数据库用户账号并不存在于当前数据库中，如果不设置该参数值，SQL Server 将把登录名作为默认的用户名称。

注意：使用该系统过程总是为登录账号设置一个在当前数据库中的用户账号，如果设置该登录者在其他数据库中的用户账号，必须首先使用 Use 命令，将其设置为当前数据库。

（2）删除数据库用户。

系统过程 sp_revokedbaccess 用来将数据库用户从当前数据库中删除，其相匹配的登录者就无法使用该数据库。sp_revokedbaccess 的语法格式如下。

```
sp_revokedbaccess [@名称_in_db =] '名称'
@名称_in_db 含义参看 sp_granddbaccess 语法格式。
```

正如不能删除有数据库用户与之相匹配的登录账号一样，如果被删除的数据库用户在当前数据库中拥有任一对象（如表、视图、存储过程），将无法用该系统过程将它从数据库中删除。只有在删除其所拥有的所有对象后，才可以将数据库用户删除。另外一种解决办法是使用 sp_change 对象 owner 改变对象的所有者，这样也可以被允许删除数据库用户。

注意：对于 sp_granddbaccess 和 sp_revokedbaccess 这两个系统过程，只有 db_owner 和 db_access-admin 数据库角色才有执行它的权限。

（3）查看数据库用户信息。

sp_help 用户被用来显示当前数据库的指定用户信息，其语法格式如下。

```
sp_help 用户[[@名称_in_db =] 'security_account']
```

12.4 权限管理

12.4.1 权限管理简介

用户在登录到 SQL Server 之后，其安全账号（用户账号）所归属的 NT 组或角色所被授予的权限决定了该用户能够对哪些数据库对象执行哪种操作，以及能够访问、修改哪些数据。在 SQL Server 中包括两种类型的权限，即对象权限和语句权限。

1. 对象权限

对象权限总是针对表、视图、存储过程而言，它决定了能对表、视图、存储过程执行哪些操作（如 UPDATE、DELETE、INSERT、EXECUTE）。如果用户想要对某一对象进行操作，其必须具有相应的操作的权限。例如，当用户要成功修改表中数据时，则前提条件是他已经被授予表的 UPDATE 权限。

不同类型的对象支持针对它的不同操作，例如不能对表对象执行 EXECUTE 操作。针对各种对象的可能操作列举如表 12-1 所示。

表 12-1 对象的操作

对象	操作
表	SELECT INSERT UPDATE DELETE REFERENCE
视图	SELECT UPDATE INSERT DELETE
存储过程	EXECUTE
列	SELECT UPDATE

2. 语句权限

语句权限主要指用户是否具有权限来执行某一语句。这些语句，通常是一些具有管理性的操作，如创建数据库、表、存储过程等。这种语句虽然仍包含有操作（如 CREATE）的对象，但这些对象在执行该语句之前并不存在于数据库中（如创建一个表，在 CREATE TABLE 语句未成功执行前数据库中没有该表），所以将其归为语句权限范畴。语句权限总结表，如表 12-2 所示。

在 SQL Server 中使用 GRANT、REVOKE 和 DENY 三种命令来管理权限。

- GRANT：用来把权限授予某一用户，允许该用户执行针对该对象的操作（如 UPDATE、SELECT、DELETE、EXECUTE）或允许其运行某些语句（如 CREATE TABLE、CRETAE 数据库）。
- REVOKE：取消用户对某一对象或语句的权限（这些权限是经过 GRANT 语句授予的），不允许该用户执行针对数据库对象的某些操作（如 UPDATESELECT、DELETE、EXECUTE）或不允许其运行某些语句（如 CREATE TABLE、CREATE 数据库）。
- DENY：用来禁止用户对某一对象或语句的权限，明确禁止其对某一用户对象执行某些操作（如 UPDATE、SELECT、DELETE、EXECUTE）或运行某些语句（如 CREATE TABLE、CREATE 数据库）。

表 12-2 语句权限总结表

语句	含义
CREATE 数据库	创建数据库
CREATE TABLE	创建表
CREATE VIEW	创建视图
CREATE RULE	创建规则
CREATE 默认设置	创建默认
CREATE PROCEDURE	创建存储过程
BACKUP 数据库	备份数据库
BACKUP LOG	备份事务日志

下面介绍管理语句权限和对象权限 GRANT、DENY、REVOKE 三种语句的 Transact-SQL 命令。

管理语句权限 GRANT 命令的语法规则如下。

```
GRANT {ALL | statement[ ...n]}
TO security_account[ ...n]
```

管理对象权限 GRANT 的语法命令如下。

```
GRANT
{ ALL [ PRIVILEGES ] | 权限 [ ...n ] }
{
[ column [ ...n ] ] ON { table | view }
| ON { table | view } [ column [ ...n ] ]
| ON { stored_procedure | extended_procedure }
| ON { 用户_defined_function }
}
TO security_account [ ...n ]
[ WITH GRANT OPTION ]
[ AS { 组 | role } ]
```

各参数含义说明如下。

- ALL：表示具有所有的语句或对象权限。对于语句权限来说，只有 sysadmin 角色才具有所有的语句权限；对于对象权限来说，只有 sysadmin 和 db_owner 角色才具有访问某一数据库所有对象的权限。
- Statement：表示用户具有使用该语句的权限。这些语句包括：CREATE 数据库；CREATE DEFAULT；CREATE PROCEDURE；CREATE。
- RULEWITH GRANT OPTION：表示该权限授予者可以向其他用户授予访问数据对象的权限。

REVOKE 和 DENY 语法格式与 GRANT 语法格式一样。

12.4.2 利用 SQL Server 企业管理器管理权限

在 SQL Server 中通过两种途径可实现对语句权限和对象权限的管理，从而实现对用户权限的设定。这两种途径分别为面向单一用户和面向数据库对象两种权限设置。

1. 面向单一用户的权限设置

在 SQL Server 企业管理器，其执行步骤如下。

步骤 1　启动 SQL Server 企业管理器，登录到指定的服务器。

步骤 2　展开指定的数据库，然后单击"用户"图标，此时在右窗格中将显示数据库所有用户。

步骤 3　在数据库用户清单中选择要进行权限设置的用户，右击用户名，从弹出的右键菜单中选择"属性"命令，弹出"数据库用户属性"对话框，如图 12-6 所示。

步骤 4　在"数据库用户属性"对话框中单击"权限"按钮弹出如图 12-7 所示的"数据库用户属性"对话框，在该对话框中进行对象权限设置。

步骤 5　单击"确定"按钮，完成权限设置。

图 12-6 "数据库用户属性"对话框   图 12-7 "数据库用户属性"对话框对象权限设置

如果在图 12-6 对话框的"数据库角色成员"选项栏中选择任何一个数据库角色（在默认条件下，任何数据库用户都至少是 public 角色），实际上就完成了数据库用户语句权限的设置。因为对于这些数据库固定角色，SQL Server 已定义了其具有哪些语句权限。

在图 12-7 的"用户权限设置"对话框中，显示了用户当前数据库中的所有对象，其中包括表、视图、存储过程等，同时也设置了针对该对象能够进行的操作。通过单击其中的空白方格来完成权限设置。当空白方格内为对号时，表示执行了 GRANT 语句，即用户能够对该对象执行相应的操作；当空白方格内为错号时，表示执行了 DENY 语句，即禁止对该对象的相应操作。

通过单击"仅列出此用户具有权限的对象"单选按钮，将列出该用户有权访问的所有数据库对象以及详细的访问权限设置信息。

在图 12-7 的"用户权限设置"对话框，可以单击"列"按钮，在打开的"列权限"对话框中来决定用户对哪些列具有哪些权限，如图 12-8 所示。

2. 面向数据库对象的权限设置

在 SQL Server 企业管理器其执行步骤如下。

步骤 1 启动 SQL Server 企业管理器，登录到指定服务器。

步骤 2 展开指定的数据库，从中选择用户对象（表、视图、存储过程）。

步骤 3 在右面的窗格中选择要进行权限设置的对象，右击该对象。

步骤 4 在弹出菜单中选择"所有任务"，选择"管理权限"，此时弹出"对象属性"对话框，如图 12-9 所示。

步骤 5 设置权限，单击"确定"按钮，完成权限设置。

"对象属性"对话框与"数据库用户属性"对话框极为相似，在"数据库用户属性"对话框中，可以为某一用户设置对当前数据库所有对象的访问权限；在"对象属性"对话框中，可以为某一数据库对象设置当前数据库所有用户对其的访问权限。

单击"仅列出对此对象具有权限的用户/用户定义的数据库角色"单选按钮，可以列出所有对该对象具有访问权限的数据库用户或角色。

图 12-8　"列权限"对话框　　　　图 12-9　"对象属性"对话框对象权限设置

12.5　角色管理

12.5.1　角色管理简介

自 SQL Server7 版本开始引入的新的概念"角色"，替代了以前版本中组的概念。和组一样，SQL Server 管理者可以将某些用户设置为某一角色，这样只对角色进行权限设置便可实现对所有用户权限的设置，大大减少了管理员的工作量。在 SQL Server 中主要有两种角色类型：服务器角色与数据库角色。

1. 服务器角色

服务器角色是指根据 SQL Server 的管理任务，以及这些任务相对的重要性等级来把具有 SQL Server 管理职能的用户划分成不同的用户组，每一组所具有的管理 SQL Server 的权限已被预定义。服务器角色适用在服务器范围内，并且其权限不能被修改。例如，具有 sysadmin 角色的用户在 SQL Server 中可以执行任何管理性的工作，任何企图对其权限进行修改的操作都将会失败。这一点与数据库角色不同。

SQL Server 共有 7 种预定义的服务器角色，角色的具体含义如表 12-3 所示。

表 12-3　服务器角色

服务器角色	描述
sysadmin	可以在 SQL Server 中做任何事情
serveradmin	管理 SQL Server 服务器范围内的配置
setupadmin	增加删除连接服务器，建立数据库复制管理扩展存储过程
securityadmin	管理数据库登录
processadmin	管理 SQL Server 进程
Dbcreator	创建数据库并对数据库进行修改
Diskadmin	管理磁盘文件

2. 数据库角色

在 SQL Server 中经常会出现要将一套数据库专有权限授予给多个用户，但这些用户并不属于同一个 NT 用户组，或者虽然这些用户可以被 NT 管理者划为同一 NT 用户组，但却没有管理 NT 账号的权限，这时我们就可以在数据库中添加新数据库角色，或使用已经存在的数据库角色，并让这些有着相同数据库权限的用户归属于同一角色。

由此可见，数据库角色能为某一用户或一组用户授予不同级别的管理，以及访问数据库或数据库对象的权限，这些权限是数据库专有的。而且，还可以使一个用户具有属于同一数据库的多个角色。

SQL Server 提供了两种数据库角色类型：预定义的数据库角色和用户自定义的数据库角色。

（1）预定义的数据库角色。

预定义数据库角色是指这些角色所具有的管理、访问数据库权限已被 SQL Server 定义，并且 SQL Server 管理者不能对其所具有的权限进行任何修改。SQL Server 的每一个数据库中都有一组预定义的数据库角色，在数据库中使用预定义的数据库角色可以将不同级别的数据库管理工作分给不同的角色，从而很容易实现工作权限的传递。例如，准备让某一用户临时或长期具有创建和删除数据库对象（表、视图、存储过程）的权限，那么只要把他设置为 db_ddladmin 数据库角色即可。

在 SQL Server 中，预定义的数据库角色如表 12-4 所示。

表 12-4　预定义的数据库角色

数据库角色	权限
db_owner	数据库的所有者，可以执行任何数据库管理工作，可以对数据库内的任何对象进行任何操作。如删除、创建对象，将对象权限指定给其他用户，该角色包含以下各角色的所有权限
db_accessadmin	可增加或删除 NT 认证模式下的 NT 用户或 NT 用户组登录者以及 SQL Server 用户
db_datareader	能对数据库中任何表执行 SELECT 操作，从而读取所有表的信息
db_datawriter	能对数据库中任何表执行 INSERT、UPDATE、DELETE 操作，但不能进行 SELECT 操作
db_addladmin	可以新建、删除、修改数据库中任何对象
db_securityadmin	管理数据库内权限的 GRANT、DENY 和 REVOKE 语句，主要包括语句和对象权限，以及角色权限的管理
db_backupoperator	可以备份数据库
db_denydatareader	不能对数据库中任何表执行 SELECT 操作
db_denydatawriter	不能对数据库中任何表执行 UPDATE、DELETE 和 INSERT 语句

（2）用户自定义的数据库角色。

如果要为某些数据库用户设置相同的权限，但是这些权限不等同于预定义的数据库角色所具有的权限，可以通过定义新的数据库角色来满足，从而使这些用户能够在数据库中实现某一特定功能。

用户自定义的数据库角色具有以下几个优点。

- SQL Server 数据库角色可以包含 NT 用户组或用户。
- 在同一数据库中用户可以具有多个不同的自定义角色，这种角色是自由组合的，不仅仅是 public 与其他一种角色的结合。
- 角色可以进行嵌套，从而在数据库实现不同级别的安全性。

用户定义的数据库角色有两种类型：标准角色和应用角色。

标准角色类似于 SQL Server 7 版本以前的用户组，它通过对用户权限等级的认定，将用户划分为不同的用户组，使用户总是相对于一个或多个角色，从而实现管理的安全性。所有的预定义的数据库角色或 SQL Server 管理者自定义的某一角色（该角色具有管理数据库对象或数据库的某些权限）都是标准角色

应用角色是一种比较特殊的角色类型。如让某些用户只能通过特定的应用程序间接地存取数据库中的数据（比如通过 SQL Server Query Analyzer 或 Microsoft Excel），而不是直接地存取数据库数据时，就应该考虑使用应用角色。当某一用户使用了应用角色时，便放弃了已被赋予的所有数据库专有权限，拥有的只是应用角色被设置的权限。通过应用角色，总能实现这样的目标，即可以控制方式来限定用户的语句或对象权限。

标准数据库角色与应用角色的差异主要表现在以下几个方面。

- 应用角色不具有组的含义，因此不能像使用标准角色那样把某一用户设置为应用角色。
- 当用户在数据库中激活应用角色时，必须提供密码，即应用角色是受口令保护的，而标准角色并不受口令保护。

由此可以看出，应用角色并不像标准角色可以通过把用户加入到不同的角色当中，使用户具有这样或那样的语句或对象权限，而是首先将这样或那样的权限赋予应用角色，然后将逻辑加入到某一特定的应用程序中，从而通过激活应用角色而实现对应用程序存取数据的可控性。只有应用角色被激活，角色才是有效的，用户只可以执行应用角色相应的权限，而不管用户是一个 sysadmin 或 public 标准数据库角色。

12.5.2　角色的管理

1. 管理服务器角色

（1）使用 SQL Server 企业管理器管理服务器角色。

使用 SQL Server 企业管理器的执行步骤如下。

步骤 1　启动 SQL Server 企业管理器，登录到指定的服务器。

步骤 2　单击安全性文件夹，单击 Server Role 图标。

步骤 3　在右窗格中右击服务器角色，在弹出的右键菜单中选择"属性"命令，弹出"服务器角色属性－sysadmin"对话框，如图 12-10 所示，可以看到该角色的成员。

步骤 4　如果要增加服务器角色成员，在"服务器角色属性－sysadmin"对话框中选择"添加"按钮，弹出"添加角色"对话框，从中选择登录者。

步骤 5　在"服务器角色属性－sysadmin"对话框中选择"权限"标签，便可查找到该服务器角色所可执行的所有权限，如图 12-11 所示。

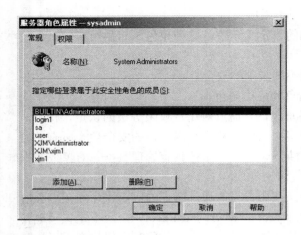 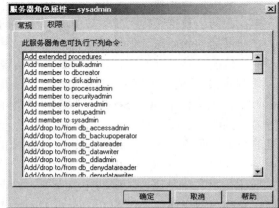

图 12-10 "服务器角色属性-常规"对话框   图 12-11 "服务器角色属性-权限"对话框

（2）使用存储过程管理服务器角色。

在 SQL Server 中，管理服务器角色的存储过程主要有两个：sp_addsrvrolemember 和 sp_dropsrvrrolemember。

sp_addsrvrolemember 是将某一登录加入到服务器角色内，使其成为该角色的成员。其语法格式如下。

```
sp_addsrvrolemember [@logi 名称=] '登录' [@role 名称=] 'role'
```

其中参数介绍如下。

● @logi 名称：登录者名称。

● @role 名称：服务器角色。

sp_dropsrvrrolemember 用来将某一登录者从某一服务器角色中删除，当该成员从服务器角色中被删除后，便不再具有该服务器角色所设置的权限。

其语法格式如下。

```
sp_dropsrvrrolemember [@logi 名称=] '登录' [@role 名称=] 'role'
```

其中参数含义请参考 sp_addsrvrolemember 的相关介绍。

2. 管理数据库角色

（1）使用SQL Server企业管理器创建数据库角色。

虽然用户不能创建自己的服务器角色但可以创建自定义的数据库角色。使用 SQL Server 企业管理器，执行操作步骤如下。

步骤 1   启动 SQL Server 企业管理器登录到指定的服务器。

步骤 2   展开指定的数据库，选中"角色"图标。

步骤 3   右击图标，在弹出的右键菜单中选择"新建数据库角色"，弹出"数据库角色属性-新建角色"对话框，如图 12-12 所示。

步骤 4   在"名称"文本框中输入该数据库角色的名称。

步骤 5   在"数据库角色类型"选项区域选择角色类型。如果选择"标准角色"，可单击"添加"按钮，将数据库用户增加到新建的数据库角色当中；如果选择了"应用程序角色"，则在"密码"框中输入口令。

步骤 6   单击"确定"按钮，完成设置。

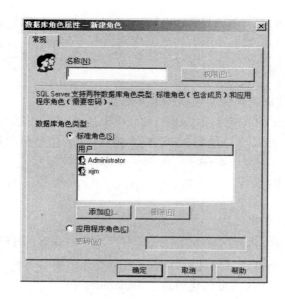

图 12-12   "数据库角色属性－新建角色"对话框

当新增加的数据库角色创建成功后，可以通过以上步骤重新进入图 12-12 所示的对话框，此时"权限"为可用状态。单击"权限"按钮弹出"数据库角色属性"对话框，进行角色权限设置。

（2）删除自定义的数据库角色。

在用 SQL Server 企业管理器创建数据库角色的第二步，单击"角色"图标后，在右面的窗格中选择要删除的数据库角色图标右击，在弹出菜单中选择"删除"选项，则该数据库角色被删除。

注意：在 SQL Server 中不能删除预定义的数据库角色，如 db_ddladmin db_owner。

（3）使用存储过程管理数据库角色。

在 SQL Server 中支持数据库角色管理的存储过程有 sp_addrole、sp_addapprole、sp_dr-oprole、sp_dropapprole、sp_helprole、sp_helprolemember、p_addrolemember、sp_droprolemember，下面分别进行介绍。

sp_addrole 系统过程用来创建新数据库角色，其语法格式如下。

```
sp_addrole [@role 名称=] 'role' [ [@owner 名称=] 'owner']
```

其中参数介绍如下。

● @role 名称：要创建的数据库角色名称。

● @owner 名称：数据库角色的所有者，在默认情况下是 dbo。

若要建立应用角色，应使用系统过程 sp_addapprole，其语法格式与 sp_addrole 相同。

sp_droprole 用来删除数据库中某一自定义的数据库角色，其语法格式如下。

```
sp_droprole [@role 名称=] 'role'
```

其中参数介绍如下。

@role 名称：指自定义的数据库角色。

注意：如果该数据库角色中还有成员或仍拥有数据库对象，则无法删除该角色，必须首先删除其中的成员或数据库对象。

若要删除应用角色，应使用系统过程 sp_dropapprole，与语法格式 sp_droprole 相同。

sp_helprole 用来显示当前数据库所有的数据库角色的全部信息，其语法格式如下。

```
sp_helprole [[@role 名称=] 'role']
```

其中参数介绍如下。

● @role 名称：指数据库角色（包括预定义的数据库角色）。

● sp_addrolemember：用来向数据库某一角色中添加数据库用户，这些角色可以是用户自
定义的标准角色，也可以是预定义的数据库角色，但不能是应用角色。其语法格式如下。

```
sp_addrolemember [@role 名称=] 'role'
[@member 名称=] 'security_account'
```

各参数含义说明如下。

● @role 名称：指数据库角色。

● @member 名称：指 SQL Server 的数据库用户、角色或 NT 用户或用户组。

注意：预定义的数据库角色不能是数据库角色的成员，例如不能将预定义的数据库角色
db_accessadmin 加入到自创建的角色 sleauthors 中。

sp_droprolemember 是用来删除某一角色的成员，其语法格式如下。

```
sp_droprolemember [@role 名称=] 'role'
[@member 名称=] 'security_account'
```

其中各参数的含义请查看 sp_addrolemember 存储过程的相关内容。

sp_helprolemember 用来显示某一数据库角色的所有成员，其语法格式如下。

```
sp_helprolemember [[@role 名称=]' role ']
```

如未指明角色名称，则显示当前数据库所有角色的成员。

12.6　许可管理技术

许可是用来指定授权用户可以使用的数据库对象，以及这些授权用户对这些数据库对象可
以执行的操作。用户在登录到 SQL Server 之后，其用户账号所归属的 Windwos 组或角色所被
赋予的许可（权限）决定了该用户能够对哪些数据库对象执行哪种操作以及能够访问、修改哪
些数据。每一个数据库都有自己独立的许可系统。

从另一方面讲，许可也是一种工作职责。工作职责规定相应的工作人员的工作内容，可以
做什么，不可以做什么工作。许可规定了访问数据库中用户的数据权限，可以查看哪些数据和
执行哪些操作，不可以查看哪些数据和执行哪些操作。

12.6.1　许可的类型

在 SQL Server 系统中，许可有三种类型：语句许可、对象许可和预定义的许可。

语句许可表示对数据库操作的许可。语句许可给用户执行某些 Transact-SQL 语句的权利。
如 CREATE DATABASE 应用到该语句本身，而不是在数据库中已经定义了的特定对象。只有
sysadmin，db_owner，db_securityadmin 角色的成员才能授予语句许可。

语句许可的具体内容如下。

● CREATE　DATABASE。

- CREATE TABLE。
- CREATE VIEW。
- CREATE PROCEDURE。
- CREATE INDEX。
- CREATE RULE。
- CREATE DEFAULT。

对象许可表示对数据库特定对象的操作许可。即涉及使用数据或者执行存储过程所要求的许可称为对象许可。特定的数据库对象包括表、视图、列和存储过程。表和视图许可控制用户在表或者视图上执行 SELECT、INSERT、UPDATE 和 DELETE 语句的能力。

SELECT、UPDATE 和 REFERENCES 许可可以有选择地应用到单个列上。如在一个有外键约束的表上，如果用户向表中增加一行数据或者修改外键所在列的数据，那么系统要验证这些数据是否是外键所参考的数据；如果用户在所参考的表中或者所参考的列上没有 SELECT 许可，那么该列的 REFERENCES 许可必须授予该用户，否则该用户的操作失败。

EXECUTE 许可只是存储过程的对象许可。

对象许可类型及内容如下。

- SELECT（表、视图、列）。
- UPDATE（表、视图、列）。
- DELETE（表、视图）。
- INSERT（表、视图）。
- REFERENCES（列）。
- EXEC（存储过程）。

预定义许可是指系统安装以后有些用户和角色不必授权就会有的许可。这些角色包括固定的服务器角色和固定的数据库角色；这些用户包括数据库对象所有者。只有固定的角色或数据库对象所有者的成员才可以执行某些活动。执行这些活动的许可被称为预定义的许可，又称为明确的许可。

固定的角色具有明确的管理许可。例如，当某一个用户增加到 sysadmin 角色中作为其中一位成员时，它就自动继承了在 SQL Server 系统中做任何事情的全部许可。Sysadmin 角色的许可不能改变，也不能把这些许可应用到其他用户账户，如配置 SQL Server 系统的能力。

对象所有者也具有明确的许可，这些许可允许对其所拥有的对象执行全部活动的许可。如一个用户是某一个许可的所有者，那么它就可以执行与该表有关的全部活动。也就是说，该用户可以查看、增加、删除表中的数据，或者修改表的定义，以及控制允许其他用户使用该表的许可。

12.6.2 验证许可

在 SQL Server 系统中可按照下列步骤验证许可是否有效。

步骤 1 当用户执行某项操作时，如执行一条 Transact-SQL 语句或者选择一项菜单选项时，Transact-SQL 语句就发送到 SQL Server 系统中。

步骤 2 当 SQL Server 系统接受到这些 Transact-SQL 语句时，检查该用户是否具有执行该语句的许可。

步骤 3 SQL Server 系统执行两种动作，如果该用户没有相应的许可，那么 SQL Server 系统不执行该操作，并且返回一个错误信息；如果该用户有相应的许可，那么 SQL Server 系统执行该操作。

12.6.3　许可的管理

许可的管理就是指对许可的授权、否定和收回。用户或者角色的许可可以是授予、否定或者收回三种状态之一。

如许可的信息存储在系统表 sysprotects 中。

许可语句 GRANT，在表 sysprotects 中的状态正，描述可以执行操作。

许可语句 DENY，在表 sysprotects 中的状态负，描述不能执行操作和不能被角色覆盖。

许可语句 REVOKE，在表 sysprotects 中的状态无，描述不能执行操作，但是可以被角色覆盖。

12.6.4　许可的授予

可以使用企业管理器或者 GRANT 语句授权许可。可以把许可授予安全性账户，允许这些账户执行数据库操作或使用数据库中的数据。当授权许可时，应该考虑下列一些因素。

● 只能在当前数据库中授权许可。
● 默认情况下，sysadmin、db_owner、db_securityadmin 角色的成员和数据库对象所有者具有授予许可的权限。

使用 GRANT 语句授权许可的语法形式如下。

语句权限：

```
GRANT { ALL | statement [ ,...n ] }
TO security_account [ ,...n ]
```

对象权限：

```
GRANT
{ ALL [ PRIVILEGES ] | permission [ ,...n ] }
{
    [ ( column [ ,...n ] ) ] ON { table | view }
    | ON { table | view } [ ( column [ ,...n ] ) ]
    | ON { stored_procedure | extended_procedure }
    | ON { user_defined_function }
}
TO security_account [ ,...n ]
[ WITH GRANT OPTION ]
[ AS { group | role } ]
```

参数 ALL 表示授予所有可用的权限。对于语句权限，只有 sysadmin 角色成员可以使用 ALL。对于对象权限，sysadmin 和 db_owner 角色成员和数据库对象所有者都可以使用 ALL。

12.6.5　许可的否定

如果希望限制某些用户或者角色的许可，可以否定安全账户的许可。在安全性账户上否定许可就表示：

（1）删除以前授予该用户或者角色的许可。

（2）禁止从另外一个角色中继承的许可。

（3）确保用户或者角色不能从任何其他角色中继承许可。

在否认许可时，要考虑下面两个因素。

● 只能在当前数据库中否认许可。

● 默认情况下，sysadmin、db_owner、db_securityadmin 角色的成员和数据库对象所有者具有否认许可的权限。

可以用 DENY 语句，其语法形式如下。

语句权限：

```
DENY { ALL | statement [ ,...n ] }
TO security_account [ ,...n ]
```

对象权限：

```
DENY
    { ALL [ PRIVILEGES ] | permission [ ,...n ] }
    {
        [ ( column [ ,...n ] ) ] ON { table | view }
        | ON { table | view } [ ( column [ ,...n ] ) ]
        | ON { stored_procedure | extended_procedure }
        | ON { user_defined_function }
    }
TO security_account [ ,...n ]
[ CASCADE ]
```

12.6.6 许可的收回

通过收回许可，可以禁止使用授权的许可或否认的许可。收回许可类似于否认许可。不同的是收回许可是删除某个授权的许可，它不阻止该用户或者角色将来继承这种许可。通过收回该许可的 DENY 语句，还可以删除以前否认的许可，当使用收回许可时，要考虑下面两个因素。

● 只能在当前数据库中收回许可。

● 收回许可就是删除系统表 sysprotects 中的内容，这些内容是由授权许可和否认许可创建的。

● 默认情况下，sysadmin、db_owner、db_securityadmin 角色的成员和数据库对象所有者都具有收回许可的权限。

可以用 revoke 语句删除以前授权的许可和否认的许可。

revoke 语句的语法行式如下。

语句权限：

```
REVOKE { ALL | statement [ ,...n ] }
FROM security_account [ ,...n ]
```

对象权限：

```
REVOKE [ GRANT OPTION FOR ]
    { ALL [ PRIVILEGES ] | permission [ ,...n ] }
```

```
    {
        [ ( column [ ,...n ] ) ] ON { table | view }
        | ON { table | view } [ ( column [ ,...n ] ) ]
        | ON { stored_procedure | extended_procedure }
        | ON { user_defined_function }
    }
{ TO | FROM }
    security_account [ ,...n ]
[ CASCADE ]
[ AS { group | role } ]
```

12.6.7　许可的信息

许可的信息存储在系统表 sysprotects 中，可以使用系统存储过程 sp_helprotect 查看数据库或者数据库的有关许可的内容。

系统存储过程 sp_helprotect 的语法形式如下。

```
sp_helprotect [ [ @name = ] 'object_statement' ]
    [ , [ @username = ] 'security_account' ]
    [ , [ @grantorname = ] 'grantor' ]
    [ , [ @permissionarea = ] 'type' ]
```

参数介绍如下。

- [@name =]'object_statement'是指当前数据库中要报告其权限的对象或语句的名称。
- object_statement 的数据类型为 nvarchar(776)，默认值为 NULL，此默认值将返回所有的对象及语句权限。如果值是一个对象（表、视图、存储过程或扩展存储过程），那么它必须是当前数据库中一个有效的对象。对象名称可以包含所有者限定符，形式为 owner.object。

如果 object_statement 是一个语句，则可以如下。

CREATE DATABASE

CREATE DEFAULT

CREATE FUNCTION

CREATE PROCEDURE

CREATE RULE

CREATE TABLE

CREATE VIEW

BACKUP DATABASE

BACKUP LOG

- [@username =]'security_account'是返回其权限的安全账户名称。
- security_account 的数据类型为 sysname，默认值为 NULL，这个默认值将返回当前数据库中所有的安全账户。security_account 必须是当前数据库中的有效安全账户。当指定 Microsoft® Windows NT®用户时，请指定该 Windows NT 用户在数据库中可被识别的名称（用 sp_grantdbaccess 添加）。
- [@grantorname =] 'grantor'是已授权的安全账户的名称。grantor 的数据类型为 sysname，

默认值为 NULL，这个默认值将返回数据库中任何安全账户所授权限的所有信息。当指定 Windows NT 用户时，请指定该 Windows NT 用户在数据库中可被识别的名称（用 sp_grantdbaccess 添加）。

- [@permissionarea =] 'type' 是一个字符串，表示是显示对象权限（字符串 o）、语句权限（字符串 s）还是两者都显示(os)。type 的数据类型为 varchar(10)，默认值为 os。type 可以是 o 和 s 的任意组合，在 o 和 s 之间可以有也可以没有逗号或空格。

12.7　本章小结

本章主要讨论了 SQL Server 的安全性管理问题。涉及数据库用户、角色、权限等。作为一名系统管理员或安全管理员，在进行安全属性配置前，首先要确定应使用哪种身份认证模式，要注意恰当地使用 guest 用户和 public 角色，并深刻了解应用角色对于实现数据查询和处理的可控性所展示出的优点。

另外，在本章还讲解了许可的内容，应掌握许可的类型，许可的状态，如何授权许可，否认许可，收回许可等。

12.8　练　习

1. 连接数据库 pubs，在数据库中增加一个用户 test，口令为 test；该用户的角色为 public，并且为 test 授予 select 表 sales 的权限。
2. 修改数据库中 test 权限，使对表 sales 只有 insert 的权限。

第 13 章　备份和恢复

SQL Server 提供了内置的安全性和数据保护，主要是防止非法登录者或非授权用户对 SQL Server 数据库或数据造成破坏。但这种安全管理机制在有些情况下显得力不从心，如合法用户不小心对数据库的数据做了不正确的操作，保存数据库文件的磁盘遭到损坏，或运行 SQL Server 的服务器因某种不可预见的事情而导致崩溃，这就需要提出另外的解决方案，即数据库的备份和恢复来解决这种问题，并应随时更新备份。

本章重点

◆　备份和恢复概述
◆　创建数据库设备
◆　数据库备份
◆　使用备份向导
◆　恢复数据库
◆　备份和恢复系统数据库

13.1　备份和恢复概述

13.1.1　备份和恢复

备份和恢复组件是 SQL Server 中的重要组成部分。备份就是指对 SQL Server 数据库或事务日志进行拷贝。数据库备份记录了在进行备份这一操作时数据库中所有数据的状态。如果数据库因意外而损坏，这些备份文件将在数据库恢复时被用来恢复数据库。

由于 SQL Server 支持在线备份，所以通常情况下可一边进行备份一边进行其他操作。

注意：在备份过程中不允许执行以下操作。

（1）创建或删除数据库文件。

（2）创建索引。

（3）执行非日志操作。

（4）自动或手工缩小数据库或数据库文件大小。

如果正在执行以上某种操作且准备进行备份，则备份处理将被终止。如果在备份过程中打算执行以上任何操作，则操作将失败而备份继续进行。

恢复就是把遭受破坏的数据、丢失的数据或出现错误的数据库恢复到原来的正常状态，这一状态是由备份决定的，但是为了维护数据库的一致性，在备份中未完成的事务并不进行恢复。

进行备份和恢复的工作主要是由数据库管理员来完成的，实际上数据库管理员日常比较重要和频繁的工作就是对数据库进行备份和恢复。

如果在备份或恢复过程中发生中断，可以重新从中断点开始执行备份或恢复。这在备份或恢复一个大型数据库时极有价值。

13.1.2 数据库备份的类型

在 SQL Server 2000 中有以下四种备份类型。

- 数据库备份（Database Backups）。
- 事务日志备份（Transaction Log Backup）。
- 差异备份（Differential Database Backups）。
- 文件和文件组备份（File and File Group Backup）。

下面将详细介绍这四种备份类型的内容和涉及使用时的注意事项。

1. 数据库备份

数据库备份是指对数据库的完整备份，包括所有的数据和数据库对象。实际上，备份数据库过程就是首先将事务日志写到磁盘上，然后根据事务创建相同的数据库和数据库对象，以及拷贝数据的过程。由于是对数据库的完全备份，所以这种备份类型不仅速度较慢，而且会占用大量磁盘空间。正因为如此在进行数据库备份时常将其安排在晚间。因为此时整个数据库系统几乎不进行其他事务操作，从而可以提高数据库备份的速度。

在对数据库进行完全备份时，所有未完成的事务或者发生在备份过程中的事务都不会被备份。如果使用了数据库备份类型，则从开始备份到开始恢复这段时间内发生的任何针对数据库的修改将无法恢复，所以必须在按照要求和条件的情况下才使用这种备份类型。比如：

- 数据不是非常重要，尽管在备份之后恢复之前数据被修改，但这种修改是可以忍受的。
- 通过批处理或其他方法，在数据库恢复之后可以很容易地重新实现在数据损坏前发生的修改。
- 数据库变化的频率不高。

进行数据库备份时，如果在备份完成之后又进行了事务日志备份，则在数据库备份过程中发生的事务将被备份；如果只进行数据库备份，通常将数据库选项 trunc.log on chkpt 设置为 true，这样每次在运行到检查点 checkpoint 时都会将事务日志截断。

【例 13.1.1】数据库完全备份。

```
use master
exec sp_addumpdevice'disk', 'nandbac', 'c:\test\nwndbac.bak'
backup database northwind to nandbac
```

【例 13.1.2】覆盖文件内容。

```
BACKUP DATABASE northwind to nandbac with init
```

【例 13.1.3】附加在文件之上。

```
BACKUP DATABASE northwind to nandbac with noinit
```

【例 13.1.4】备份到临时磁盘文件。

```
BACKUP DATABASE northwind to 'c:\test\nwndbac.bak'
```

注意：如果对数据库一致性要求较高（将数据库恢复到发生损坏的一刻），则不应使用数据库备份。

2. 事务日志备份

事务日志备份是指对数据库发生的事务进行备份，包括从上次进行事务日志备份、差异备份和数据库完全备份之后，所有已经完成的事务。通常在以下情况选择事务日志备份。

- 不允许在最近一次数据库备份之后发生数据丢失或损坏现象。

- 存储备份文件的磁盘空间很小或者留给进行备份操作的时间有限。如兆字节级的数据库需要很大的磁盘空间和备份时间。
- 准备把数据库恢复到发生失败的前一点。
- 数据库变化较为频繁。

由于事务日志备份仅对数据库事务日志进行备份，需要的磁盘空间和备份时间要比数据库备份（备份数据库和事务）少，这也是它的优点所在。正是基于此，在备份时常采用这样的类型，即每天进行一次数据库备份，而以一个或几个小时的频率备份事务日志。这样利用事务日志备份，就可以将数据库恢复到任意一个创建事务日志备份的时刻。

但创建事务日志备份相对比较复杂，因为在使用事务日志对数据库进行恢复操作时，还必须有一个完整的数据库备份，而且事务日志备份恢复时必须要按一定的顺序进行。比如在上周末对数据库进行了完整的数据库备份，在从周一到本周末的每一天都进行一次事务日志备份，如果想对数据库进行恢复，则必须首先恢复数据库备份，然后按照顺序恢复从周一到本周末的事务日志备份。

> 注意：有些时候数据库事务日志会被中断，如数据库中执行了非日志操作（如创建索引、创建或删除数据库文件），自动或手工缩小数据库文件大小，此时应该立即创建数据库或差异备份，然后再进行事务日志备份，以前进行的事务日志备份也没有必要了。

- 当备份事务日志时，SQL Server 系统执行下列操作。
- 备份从最近成功执行了 backup log 语句的地方到当前事务日志的末尾之间的事务日志。
- 清除日志到事务日志活动部分的开始处。
- 清除日志不活动部分中的信息，重新声明磁盘空间。

事务日志备份的语法形式如下。

```
BACKUP DATABASE { database_name | @database_name_var }
TO < backup_device > [ ,...n ]
   [ WITH
   [[, ]{INIT| NOINIT}]
   [[, ][NAME={backup_set_name| @ backup_set_name _var}]
   ]
```

【例 13.1.5】事务日志备份。

```
use master
exec sp_addumpdevice 'disk', 'nandbaclog'
backup log northwind TO nandbaclog
```

（1）NO_TRUNCATE 选项。

如果数据库文件被破坏了或者丢失了，应该使用 NO_TRUNCATE 选项备份数据库。使用该选项可以备份全部最近的数据库活动。这时，SQL Server 系统保存整个数据库事务日志，即使数据库是不可访问的；不清除已经提交的事务日志；允许将数据恢复到系统失败的时候。当恢复数据库时，可以恢复数据库备份和应用那些使用 NO_TRUNCATE 选项创建的事务日志备份。

（2）清除事务日志。

可以使用有 NO_TRUNCATE 选项和 NO_LOG 选项的 BACKUP LOG 语句来清除事务日志。应该经常备份事务日志，使事务日志保持一个合适的大小。如果事务日志满了，那么用户不能修改数据库并且不能完全恢复系统失败时的数据库。必须通过执行完全数据库备份和保存数据或者通过执行删除事务日志来清除事务日志。

（3）TRUNCATE_ONLY 选项。

如果希望清除数据库的事务日志，但是又不希望保存数据库的备份，那么可以使用 TRUNCATE_ONLY 选项。这时 SQL Server 系统删除日志中的不活动部分，不进行事务日志备份，这样可以释放事务日志使用的磁盘空间。

在执行完全数据库备份之前，通过使用 TRUNCATE_ONLY 选项，可以清除事务日志，以便产生一个较小的完全数据库备份。

这时，不能恢复记录在事务日志中的任何变化，应该立即执行 BACKUP DATABASE 语句。

在同一条 BACKUP DATABASE 语句中，不能同时使用 TRUNCATE_ONLY 选项和 NO_LOG 选项。

如果事务日志 100%满了，那么必须使用 NO_LOG 选项备份事务日志。

使用 TRUNCATE_ONLY 选项备份事务日志的语法形式如下。

```
BACKUP DATABASE{database_name| @database_name_var }
To<backup_file>[,...n]
[with {TRUNCATE_ONLY| No_LOG| NO_TRUNCATE}]
```

（4）设置 truncate log on checkpoint 选项。

可以在数据库中将 truncate log on checkpoint 选项设置为 true。这时，当检查点发生时，全部提交的事务写到数据库中，然后删除事务日志。如果设置 truncate log on checkpoint 选项为 false，那么就不能备份事务日志和使用事务日志在系统失败时恢复数据库。这时，数据库就不再记录数据库的任何变化。

3. 差异备份 Differential Database Backups

差异备份是指将最近一次数据库备份以来发生的数据变化备份起来，因此差异备份实际上是一种增量数据库备份。与完整数据库备份相比，差异备份由于备份的数据量较小，所以备份和恢复所用的时间较短。通过增加差异备份的备份次数，可以降低丢失数据的风险，将数据库恢复至进行最后一次差异备份的时刻，但是它无法像事务日志备份那样提供到失败点的无数据损失备份。

在实际操作中为了最大限度地减少数据库恢复时间以及降低数据损失数量，通常一起使用数据库备份、事务日志备份和差异备份，采用的备份方案如下。

● 首先有规律地进行数据库备份，比如每晚进行备份。

● 其次以较小的时间间隔进行差异备份，比如三个小时或四个小时一次。

● 最后在相邻的两次差异备份之间进行事务日志备份，可以每二十或三十分钟一次。

这样在进行恢复时，先恢复最近一次的数据库备份，接着进行差异备份，最后进行事务日志备份的恢复。

但更多地用户是希望数据库能恢复到数据库失败那一时刻，可采用的备份方案如下。

● 首先如果能够访问数据库事务日志文件，则应备份当前正处于活动状态的事务日志。

● 其次恢复最近一次数据库备份。

● 接着恢复最近一次差异备份。

● 最后按顺序恢复自差异备份以来进行的事务日志备份。

当然，如果无法备份当前数据库正在进行的事务，则只能把数据库恢复到最后一次事务日志备份的状态而不是数据库失败点。

4. 文件和文件组备份

文件和文件组备份是指对数据库文件或文件夹进行备份，但不会像完整的数据库备份那样同时也进行事务日志备份。使用该备份方法可提高数据库恢复的速度，因为其仅对遭到破坏的文件或文件组进行恢复。

但是在使用文件或文件组进行恢复时，必须有一个自上次备份以来的事务日志备份来保证数据库的一致性，所以在进行完文件或文件组备份后，应再进行事务日志备份，否则在文件或文件组备份中，所有数据库变化将无效。

如果需要恢复的数据库部分涉及多个文件或文件组，则应把这些文件或文件组都进行恢复。例如在创建表或索引时，表或索引跨多个文件或文件组，则在事务日志备份结束后应再对表或索引有关的文件或文件组进行备份。否则在文件或文件组恢复时将会出错。

当 SQL Server 系统备份文件或文件组时，它可以只备份在文件选项或者文件组选项中指定的数据库文件或文件组，并且允许只备份指定的数据库文件而不是整个数据库。当执行数据库文件或者数据库文件组备份时，应考虑下列一些因素。

- 必须指定文件或者文件组的逻辑名称。
- 为了使存储的文件与数据库的其余部分一致，必须执行事务日志的备份。
- 为了确保所有的数据库文件或文件组有规律地备份，应该指定一个周期，备份每一个文件或文件组的规划。
- 最多可以指定 16 个文件或者文件组。

执行数据库文件或者文件组备份的语法形式如下。

```
BACKUP DATABASE{database_name| @database_name_var }
    [<file_or_filegroup>[,…n]] to <backup_file>[,…n]
```

其中，<file_or_filegroup>是指定包含在数据库备份中的文件或文件组的逻辑名。可以指定多个文件或文件组。

```
FILE= logical_file_name| FILEGROUP=logical_filegroup_name
```

13.1.3　备份组合

在选择备份组合时，要权衡恢复能力、备份时间和备份文件大小，来达到最优化的备份组合。

一般，用户总是依赖所要求的恢复能力（如将数据库恢复到失败点），备份文件的大小（如完成数据库备份、只进行事务日志的备份或差异数据库备份）以及留给备份的时间等来决定使用哪种类型的备份。常用的备份选择方案会进行数据库备份，或在进行数据库备份的同时进行事务日志备份，或使用完整数据库备份和差异数据库备份。

选用的备份组合会对备份和恢复产生直接影响，且决定了数据库在遭到破坏前后的一致性。

另外，在备份时还要决定使用哪种备份设备（如磁盘或磁带），并决定如何在备份设备上创建备份（比如将备份添加到备份设备上或将其覆盖）。

13.1.4　数据恢复模式

在 SQL Server 2000 中有三种数据库恢复模式，分别如下。

- 简单恢复（Simple Recovery）。

- 完全恢复（Full Recovery）。
- 批日志恢复（Bulk-logged Recovery）。

1. 简单恢复

简单恢复是指在进行数据库恢复时仅使用了数据库备份或差异备份，而不涉及事务日志备份。简单恢复模式可使数据库恢复到上一次备份的状态，但由于不使用事务日志备份来进行恢复，所以无法将数据库恢复到失败点状态。当选择简单恢复模式时，通常使用的备份组合是首先进行数据库备份，然后进行差异备份。

2. 完全恢复

完全恢复是指通过使用数据库备份和事务日志备份，将数据库恢复到发生失败的时刻，因此几乎不造成任何数据丢失。这便成为解决因存储介质损坏而数据丢失问题的最佳方法。

（1）首先进行完全数据库备份。

（2）然后进行差异数据库备份。

（3）最后进行事务日志的备份。

如果准备让数据库恢复到失败时刻，必须对数据库失败前正处于运行状态的事务进行备份。

3. 批日志恢复

批日志恢复在性能上要优于简单恢复和完全恢复模式，它能尽最大努力减少批操作所需要的存储空间。这些批操作主要是：SELECT INTO、批装载操作（如 bcp 操作或批插入操作）、创建索引、针对大文本或图像的操作（如 WRITETEXT UPDATETEXT）。选择批日志恢复模式所采用的备份策略与完全恢复所采用的恢复策略基本相同。

由此可以看出，在实际应用中备份组合和恢复策略的选择不是相互孤立的，而是有着紧密的联系。这并不仅仅是因为数据库备份是数据库恢复的前提，以便在采用哪种数据库恢复模式的决策中考虑如何进行数据库备份。

总之，必须考虑当使用该备份进行数据库恢复时，使用的备份模式能把遭到损坏的数据库带到怎样的状态，是数据库失败的时刻，还是最近一次备份的时刻。但必须强调的一点是：备份类型的选择和恢复模式的确定都应服从于同一目标，尽最大可能以最快速度减少或消灭数据丢失。

13.2　备份设备的种类

备份设备是 SQL Server 存储数据库或事务日志备份的地方。

备份设备可以是本地机器上的磁盘文件、远端服务器上的磁盘文件、磁带以及命名管道。

当创建一个备份设备时，你要给它一个逻辑名称和一个物理名称。逻辑名称可以长达 120 个字符，而且必须符合 SQL Server 关于命名标识符的规定。最好使用尽可能具有描述性而又不太长的名称。这样，便于在看到逻辑名就可以清楚地知道设备里所备份的内容。物理名是一个包括路径或关于网络设备通用命名标准（UNC）的文件系统名。物理名可以长达 260 个字符。

例如一个共享位于服务器 BackupServ 上，它的 UNC 将是\ \BackupServ \Backup Share。如表 13-1 列举了所有备份设备类型的逻辑名称和物理名称。

表 13-1　备份设备的类型

设备	类型逻辑名称	物理名称
本地磁盘	DISK_BACK UP	E：\ BACK UP S \ DB BACK UP 01 . DAT
网络磁盘	NET_BACK UP_	\\SQLBACK\BACKU S \ NETBACKUP. DAT
磁带	TAPE_BACK UP	\\.\ TA P E 0
命名管道	NP_BACK UP	\ \ SQL BACK \ PIPE \ SQL \ BACK UP

13.2.1　磁盘备份设备

磁盘备份设备可以位于本地电脑上或一个网络服务器上。使用磁盘备份设备备份数据库的优点是备份过程很快。当使用一个本地电脑上的磁盘设备时，很重要的一点是要拷贝备份设备到磁带或一个网络服务器上，以防磁盘被清理掉。当使用一个网络共享的磁盘设备时，必须先检查 SQL Server 运行下的设备账号是否拥有正确的许可来写到机器上。

13.2.2　磁带备份设备

SQL Server 现在只支持本地磁带设备。SQL Server 2000 不支持网络磁带驱动器。在 SQL Server 能识别磁带驱动器前，用户必须先在 Windows 中安装 SQL Server。在 SQL Server 中创建一个磁带设备，指定的必须是 Windows NT 所分配的物理名称。第一个安装在电脑中的磁带驱动器将命名为\ \ . \ TAPE 0。其后安装的驱动器按递增数命名。

13.2.3　命名管道备份设备

微软公司以第三方软件销售商的方式提供命名管道备份设备来备份和恢复 SQL Server。命名管道备份设备不能通过 SQL Enterprise Manager 创建和管理。要备份到命名管道，在调用备份命令时，你必须提供一个管道名。

13.2.4　创建备份设备

当执行数据库备份时，首先必须创建包含备份的备份文件。SQL Server 系统提供了可以使用的多种备份方法。

执行备份的第一步是创建将要包含备份内容的备份文件。为了执行备份操作，在使用之前所创建的备份文件称为永久性的备份文件。这些永久性的备份文件也成为备份介质。如果希望重新使用所创建的备份文件或者设置系统自动备份数据库，那么必须使用永久性的备份文件。创建永久性备份文件有两种方法：执行系统存储过程 sp_addumpdevice，或使用 SQL Server 企业管理器创建备份设备。

执行系统存储过程 sp_addumpdevice 可以在磁盘上或者磁带上创建永久性的备份文件，或者定向数据到某个数据管道中。当创建永久性的备份文件时，应该考虑以下因素。

- SQL Server 系统在 master 数据库的系统表 sysdevices 中，创建该永久性的备份文件的逻辑名称和物理名称。
- 必须指定该备份文件的逻辑名称和物理名称。
- 一个数据库最多可以创建 32 个备份文件。

当使用 SQL Server 企业管理器创建备份设备时，实际上，就是 SQL Server 系统执行系统存储过程 sp_addumpdevice。系统存储过程 sp_addumpdevice 的语法形式如下。

```
sp_addumpdevice [ @devtype = ] 'device_type' ,
[ @logicalname = ] 'logical_name' ,
[ @physicalname = ] 'physical_name'
[ , { [ @cntrltype = ] controller_type
    | [ @devstatus = ] 'device_status'
    }
]
```

下面例子在硬盘上创建了一个永久性备份的文件。

```
USE master
EXEC sp_addumpdevice 'disk', 'testbackupfile'
    'c:\sqlserver\backup\testbackupfile.bak'
```

使用 SQL Server 企业管理器创建备份设备，操作步骤如下。

步骤 1 启动"企业管理器"，双击要工作的服务器名字。在连接上服务器后，单击"管理"文件夹左边的加号（+），选择"备份"选项单击鼠标右键选择"新建备份设备"选项，如图 13-1 所示。

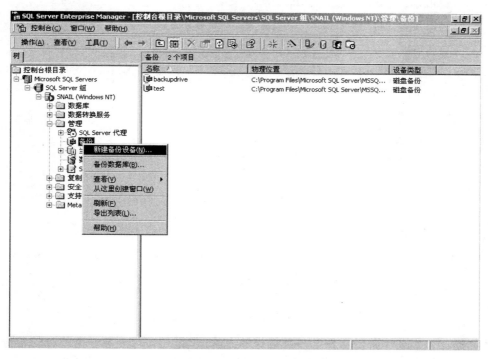

图 13-1 新建备份设备

步骤 2 弹出"备份设备属性－新设备"对话框，如图 13-2 所示。

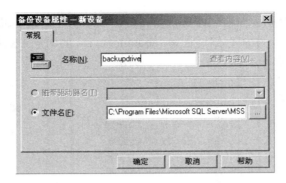

图 13-2 "备份设备属性－新设备"对话框

步骤 3 在"名称"文本框中输入"backupdvive"。注意在"名称"框中所输入的内容会立即填入"文件名"文本框。用户可以按照需要修改文件名，但是在本例操作中不要管它。

步骤 4 单击"确定"按钮，创建备份设备。

步骤 5 重复步骤 1~4，注意在"名称"文本框使用"backupdrive_ Log"作为名字。

步骤 6 重复步骤 1~4，注意在"名称"文本框使用"backupdrive _ Differential"作为名字。

步骤 7 完成以上步骤后，"备份"文件夹如图 13-3 所示。

图 13-3 备份设备创建后的"备份"文件夹

虽然创建一个永久性备份文件是一种很好的方法，但是还可以创建一个临时的备份文件。创建一个临时的备份文件可使用 BACKUP DATABASE 语句，这时不必指定一个已有的永久性备份文件。如果不打算重新使用这些备份文件，那么可以创建临时的备份文件。如，正在执行一次性的数据库备份或正在测试准备自动进行的备份操作，那么可以创建临时备份文件。

创建临时备份文件有两种方法：使用使用 BACKUP DATABASE 语句，或 SQL Server 企业管理器。SQL Server 系统创建临时文件来存储备份操作的结果。在创建临时文件时，必须指定介质类型和完整的路径名称、文件名称。

BACKUP DATABASE 语句的语法形式如下。

```
BACKUP DATABASE { database_name | @database_name_var }
TO < backup_file> [ ,...n ]
```
其中，< backup_file>是
```
{{backup_file_name| @backup_file_name_evar}| {DISK|TAPE|PIPE}=
{temp_file_name| @temp_file_name_evar}
```
在磁盘上创建了一个临时备份文件，并把 model 库备份到该文件上。
```
USE master
BACKUP DATABASE model TO DISK =' C:\temp\tempmodel.bak '
```

13.3　备份用户数据库

以下是为一个数据库 testbakup 制定的备份方案。

● 全数据库备份。在午夜 12:00 到凌晨 6:00 之间，作为要做的其他所有备份的起始点，在这段时间内进行全数据库备份。

● 增量备份。因为需要尽可能快的恢复，决定每 6 个小时做一次增量备份。这样先从全数据库备份中恢复，然后再从上一次增量备份中恢复，最后是事务日志备份。大大加快恢复的过程。

● 事务日志备份。公司丢失了任何数据，至少会使客户烦躁不安，因为他们将收不到他们的订货。公司认为所能容许的最大丢失数据量是 15 分钟内的交易量。因此，在两次增量备份之间，每 15 分钟需要做一次事务日志备份。

下面介绍创建数据库完全备份，具体方法如下。

步骤 1　启动"企业管理器"后，双击要工作的服务器名字。在连接上服务器后，单击"管理"文件夹左边的加号（+），并选择"备份"选项。单击鼠标右键，在弹出的右键菜单中选择"备份数据库"命令，如图 13-4 所示。

图 13-4　备份数据库

步骤 2　打开"SQL Server 备份"对话框，如图 13-5 所示。

步骤 3　创建 testBakup 数据库的全数据库备份。在"数据库"下拉列表框内，选择"testBakup"。

步骤 4　在"名称"文本框中，输入一个最能描述创建备份内容的名字。这里输入"testBakup备份"。

步骤 5　在"描述"文本框内，可以任何输入可帮助记住备份工作的信息。

步骤 6　在"备份"部分，保证选择正确的备份类型，在本例中选择"数据库-完全"。

步骤 7　在"目的"选项区域，单击"添加"按钮，打开"备份设备"对话框。单击"备份设备"选项按钮，在下拉列表中，选择正确的备份设备，然后单击"确定"按钮。

步骤 8　在"重写"选项区域，选中"重写现有媒体"单选按键。

步骤 9　在"调度"选项区域，选中"调度"复选框，然后单击文本框含有省略号(...)的按钮，打开"编辑调度"对话框，如图 13-6 所示。

图 13-5　SQL Server 备份

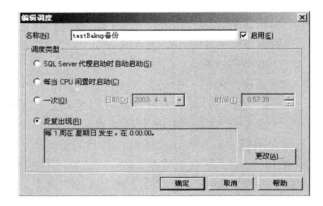

图 13-6　编辑调度

步骤 10　在"名称"文本框内，输入一个有描述力的名字。这里输入"testBakup 备份"。

步骤 11　在"调度类型"选项区域，选中"反复出现"单选按钮，然后单击"更改"按钮，打开"编辑反复出现的作业调度"对话框，如图 13-7 所示。

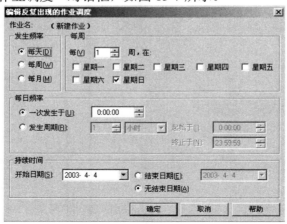

图 13-7　编辑反复出现的作业调度

步骤 12　设置运行备份操作的任务调度表，然后单击"确定"按钮。这里，在"发生频率"选项区域选择"每天"单选按钮，在"每日频率"选项区域选择"一次发生于"单选按钮。

步骤 13　在"编辑反复出现的作业调度"对话框中，单击"确定"按钮。

步骤 14　在"SQL Server 备份"对话框内，单击"确定"按钮。

步骤 15　单击"SQL Server 代理"选项后选择"作业"，可确保备份任务已被列入任务计划表中。刚才创建的备份工作将列在右边方框内。

注意：做这些备份工作，首先必须打开 SQL Sever 查询分析器并运行以下代码。将关闭"检查点上截短日志"选项。

```
sp_dboption testbakup, 'trunc,log no chkpt', false
go
```

使用备份向导执行备份，操作步骤如下。

步骤 1　在企业管理器窗口的菜单中，选择工具中的"备份"选项，出现图 13-8 所示的窗口。

步骤 2　选中"备份向导"，单击"确定"按钮，出现欢迎窗口，如图 13-9 所示。

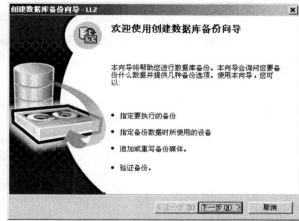

图 13-8　向导窗口　　　　　　　　　图 13-9　备份向导—欢迎窗口

步骤 3　单击"下一步"按钮，出现选择数据库窗口，如图 13-10 所示，在该窗口的"数据库"下拉列表框，选择要备份的数据库，在这里选择"pubs"数据库。

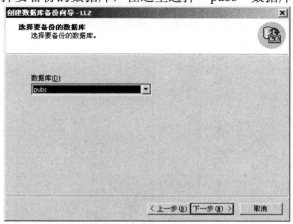

图 13-10　选择数据库窗口

步骤 4　单击"下一步"按钮，则出现输入备份名称和描述信息的窗口，如图 13-11 所示，在窗口的文本框中输入备份的名称和备份的描述信息。

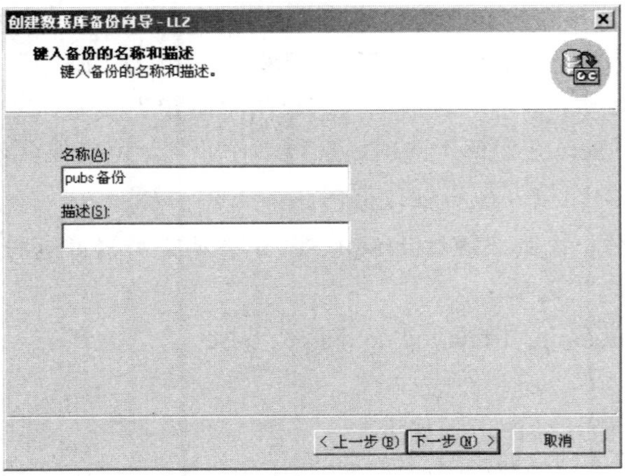

图 13-11　备份名称窗口

步骤 5　单击"下一步"按钮，出现选择备份类型窗口，如图 13-12 所示。

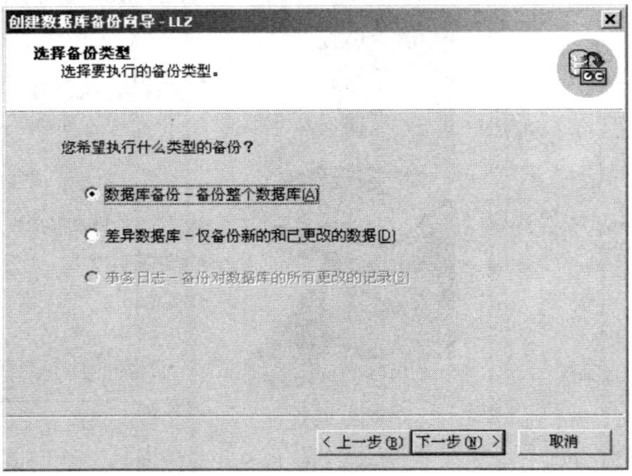

图 13-12　备份类型窗口

步骤 6　选择备份类型后，出现选择备份设备和动作窗口，如图 13-13 所示。

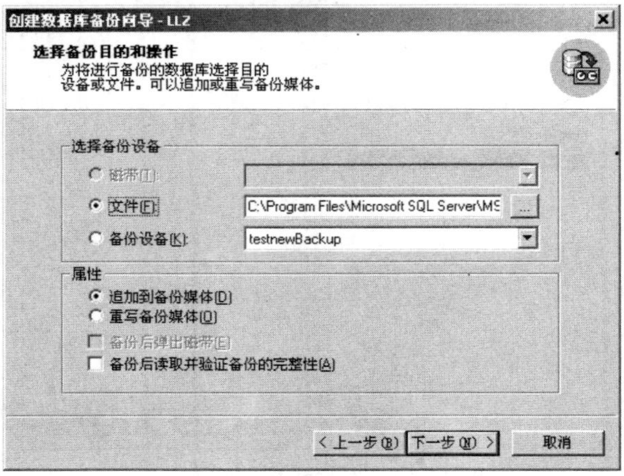

图 13-13　选择备份设备和动作窗口

步骤7　单击"下一步"按钮，出现备份验证和调度窗口，如图13-14所示，在该窗口中，可以检查媒体集的标签和备份集到期日期，调度设置失效日期和设置备份。

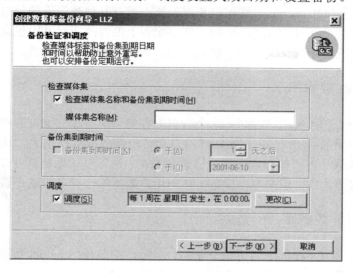

图 13-14　备份验证和调度窗口

步骤8　单击"下一步"按钮，出现确认备份设置窗口，如图13-15所示。如果设置的内容正确，单击"完成"按钮，完成备份操作。

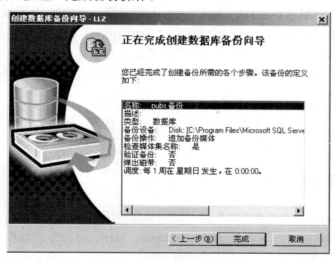

图 13-15　确认备份设置窗口

13.4　备份系统数据库

与用户数据库一样，应该对某些系统数据库也做定期的备份，尤其是 maste 数据库和 msdb 数据库。不管什么时候在 model 数据库中做了修改，都应该做一个备份。通常这些数据库很少修改。如果服务器参与了复制，还应该也备份分发数据库。

13.4.1　备份 maste 数据库

maste 数据库包含 SQL Serve 设置信息和服务器上所有其他数据库的信息。用户应该经常备份这个数据库，尤其是在对 SQL Serve 做了任何配置上的修改或对其中包含的数据库做了变动之后。这些修改包括增加或修改一个数据库、创建登录或增加备份设备。

13.4.2　备份 msdb 数据库

SQL Server Agent 使用 msdb 数据库。这个数据库存储了所有计划调度表中的任务和这些任务的所有历史。只要增加/修改任务、增加/修改自动备份任务或更改别名，这个数据库都会被修改。在安装 SQL Server 时"检查点上截短日志数据库"选项默认地被打开。为了实施事务日志备份，必须关闭这个选项。用户可以像备份任何用户数据库一样备份这个数据库。

13.4.3　备份 model 数据库

无论什么时候在 SQL Serve 中创建一个新的数据库，都要使用 model 数据库。这里包括所有数据库中的默认对象。增加任何信息到 model 数据库当中，都需要备份这个数据库。

13.4.4　备份分发数据库

如果 SQL Serve 在复制过程中被配置成远程分布服务器或是出版/分发服务器，必须要有一个数据库用作分发处理。此数据库的名字默认为"distribution"，但在设置复制时名字可以修改。分发数据库中有等待复制、然后送往订阅服务器的所有事务。用户可以备份分发数据库，如同备份任何一个用户数据库一样，而且你应该经常做备份。

13.5　还原数据库

13.5.1　恢复用户数据库

在了解恢复数据库的一些理论后，下面介绍恢复数据库的实际操作步骤。恢复 SQL Server 数据库有两种主要的方法。一种是通过 SQL Enterprise Manager 恢复数据库。另一种方法是在 SQL 查询分析器中使用 RESTORE DATA BAS E 命令。关于该方法的更多信息请在 SQL Server Books Online 中搜索"RESTORE DATABASE"。

在"企业管理器"中恢复用户数据库的操作步骤如下。

步骤 1　启动"企业管理器"后，双击要工作的服务器名字。在连接上服务器后，单击"管理"文件夹右边的加号（+），在要恢复的数据库上单击鼠标右键，这里了选取"testBakup"数据库，在弹出的右键菜单中选取"所有任务"，接着单击"还原数据库"选项，如图 13-16 所示。

步骤 2　打开"还原数据库"对话框的"常规"标签页，如图 13-17 所示。

步骤 3　在该对话框中，可以删除要恢复的数据库以及其他选项。在该对话框中你主要选项是执行时间点恢复。单击 Point in time restore 选项旁边的按钮后，可以设置时间点，恢复要恢复到的日期和时间。

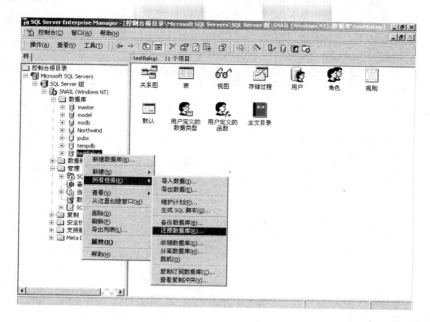

图 13-16 选择"还原数据库"

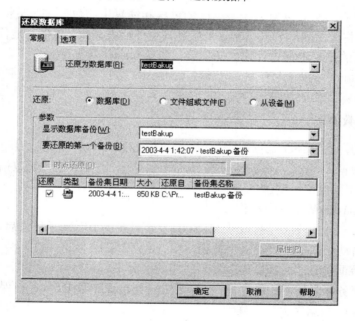

图 13-17 还原数据库

步骤 4 从图 13-18 所示的"选项"标签页中可以选择恢复启动后 SQL Server 将要执行的选项,还有用于数据库文件的可选的新路径和名称。如果试图移动数据库文件到不同的硬盘驱动器,可以将恢复数据库文件备份到非原始位置的其他地方,会非常管用。

步骤 5 完成以上设置后,单击"确定"按钮恢复数据库。这就开始恢复处理。

步骤 6 当恢复完成后,SQL Serve 会弹出对话框,提示用户恢复已经完成并且数据库可以使用。

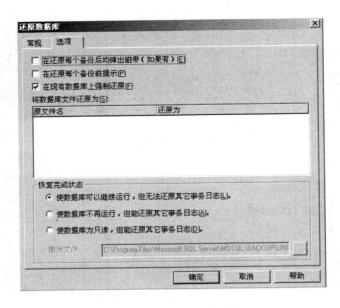

图 13-18　还原数据库选项

13.5.2　恢复系统数据库

除了 master 数据库以外，恢复系统数据库的过程和恢复用户数据库非常相似。如果 master 数据库丢失了，用户将无法启动 SQL Serve 来恢复其他任何数据库。对于其他任何系统数据库，都可以按照前面讲到的恢复步骤进行同样的处理。如果 master 数据库损坏了，有两种选择：一种是已经备份了 master 数据库。另一种是没有备份 master 数据库，那就只好重建 master 数据库并重建数据库里的数据。

1. 恢复 master 数据库

正如前面提到的，当 master 数据库丢失或损坏时，SQL Server 将无法启动。为此，只好重建一个新的 master 数据库，接着从备份中恢复 master 数据库。另外其他系统数据库（包括 model、msdb 以及分发数据库）也都要重建。

下面介绍新建 master 数据库的操作步骤。

步骤 1　从 SQL Server 安装光盘或从 MSSQL 安装目录的 BINN 子目录启动 SQL Server 安装程序。安装程序启动后，单击"继续"按钮。

步骤 2　当开始重建时，选择要初次安装时用的字符集、排序规则和统一编码校验。如果不选择与初次安装服务器时相同的排序规则，将无法恢复 master 数据库，并确保配置的新 master 数据库和原来的 master 数据库大小一样。

步骤 3　当 SQL Server 完成重建 master 数据库后，会启动 MSSQL Server 服务，打开"企业管理器"，使用无口令的 sa 账号连接到服务器。

步骤 4　添加备份设备，该设备必须与上次备份 master 数据库的设备所在位置、名称、类型一致。

步骤 5　从最近一次备份中恢复 master 数据库。当 master 数据库恢复后，必须终止并重启 SQL Server。

步骤 6　重新应用自最新一次备份以来所发生的任何改变。

步骤7　恢复msdb数据库或者重建所有任务和报警。用户必须做这些工作,因为重建master数据库的处理破坏并重建了 msdb 数据库。

2. 修复 master 数据库

如果没有备份 master 数据库,只能使用修复 master 数据库来替代恢复。该处理比恢复要复杂。在该处理过程中,将重建 master 数据库并重新关联所有的用户数据库。在重建 master 数据库之后,必须重建所有用户登录、数据库选项以及备份设备。通常,要为可能出现这种情况而保留好资料,可以是脚本文件形式,也可以是打印出的文档形式。如果用户没有这些资料,唯一的选择只能是根据记忆来重建这些信息,虽然这不是最佳的选择。下面介绍修复服务器上的 master 数据库以及所有用户数据库的操作步骤。

步骤1　运行 SQL Server 安装程序并按照前面所讲的方法重建 master 数据库。

步骤2　重建所有的备份设备。

步骤3　恢复 model、msdb 以及分发数据库。

步骤4　使用 sp_attach_db 系统存储过程重新关联所有用户数据库。关于 sp_attach_db 系统存储过程的更多信息,请在 SQL Server Books Online 中搜索"sp_attach_db"。

步骤5　使用 SQL Enterprise Manager 重新给数据库用户分配服务器登录 ID。

步骤6　重置数据库选项,如 Select Into/Bulk Copy。

步骤7　重新输入所有的 SQL Server 设置信息,包括 SQL 邮件的设置、安全性的设置以及内存的设置。

13.6　本章小结

本章讲解了 SQL Server 备份。介绍了在准备备份数据库时,需要考虑的事情,包括数据库中存储的数据量、有多少数据被修改了、多少数据被丢失。在确定了这些信息后,就可以以开始创建备份计划表了。

另外还介绍了恢复数据库。首先讲解了所有实际恢复处理的需求。接着是学习了自动修复处理。然后学习了恢复用户数据库。最后学习了恢复和修复 master 数据库。

13.7　练　习

1. 为数据库 pubs 制定以下备份方案。

(1) 全数据库备份。在午夜 12:00 到凌晨 6:00 之间作为其他备份的起始点,在这段时间内做一个全数据库备份。

(2) 增量备份。因为需要尽可能快的恢复,决定每 6 个小时做一次增量备份。这样先从全数据库备份中恢复,然后再从上一次增量备份中恢复,最后是事务日志备份。这样将大大加快恢复的过程。

(3) 事务日志备份。在两次增量备份之间,每 15 分钟需要做一次事务日志备份。

2. 针对习题 1 的备份方案,恢复数据库 pubs。

第 14 章　DB2 基础

IBM 是关系型数据库的鼻祖，它开创了人们对业务数据的管理和应用的新纪元。自关系型数据库诞生以来，IBM 在这个领域不断创新与发展，并引领商用数据库的发展潮流。DB2 是 IBM 公司旗下的产品，起源于 System R。它支持从 PC 到 UNIX、从中小型机到大型机、从 IBM 到非 IBM 的各种操作平台。它既可以在主机上以主/从方式独立运行，也可以在客户/服务器环境中运行。本章将学习 DB2 的一些基础知识，使读者对 DB2 数据库有一个初步的了解。

本章重点

◆ DB2 概述
◆ DB2 数据库的对象
◆ DB2 UDB 的图形用户界面

14.1　DB2 概述

14.1.1　DB2 的划分

下面简单介绍一下 DB2 在两个方面进行的划分。

1. 按支持的平台划分

DB2 几乎可以在所有的主流平台上运行，是目前支持平台范围最广泛的数据库产品。下面将 DB2 所支持的平台按 4 个类别进行划分。

第 1 个类别是大型机平台。在这个平台上通过 DB2 for z/OS 和 OS/390、DB2 for VM and VSE 等多个版本来对不同类型的大型机操作系统进行支持。

第 2 个类别是小型机 AS/400。AS/400 上的操作系统叫做 OS/400，这个操作系统里面直接集成了 DB2。

第 3 个类别是 UNIX 平台。目前市面主流的 UNIX 平台包括 IBM 的 AIX、SUN 的 Solaris 以及 HP 的 HP-UX。在这些操作系统上，DB2 都有相应的版本。

第 4 个类别是 PC 平台。Windows 是目前主流的 PC 操作系统，DB2 支持的 Windows 平台包括 Windows NT、Windows 2000、Windows XP 以及 Windows 2003。

在这里，并没有提到 Linux，是因为在 IBM 的推动下，从大型机到 PC 机的所有机型都可以运行 Linux，DB2 能够支持所有这些机型上运行的 Linux 操作系统，因此很难将 Linux 具体划分到某个类别。最早的 DB2 诞生于 MVS 平台，后来虽然被划分成了不同的版本，但是其核心算法是基本相同的。另外，由于不同的硬件平台和操作系统具有各自的特性，DB2 也针对不同的平台都进行了优化，保证能够在相应的平台上得到最佳的运行效果。

2. 按目标用户群划分

在对数据库选型时，可以针对用户的规模来选择不同级别的数据库版本。下面将 DB2 按目标用户群来进行版本划分。

- DB2 Everyplace 版是一种能够嵌入手持设备中的数据库,可用于支持无线运算,允许用户在手持设备上处理数据,并可以与企业数据库服务器同步更新数据。
- DB2 个人版是一个功能完备的数据库,可以在 Windows 和 Linux 平台上运行。该版本是允许个人用户开发和部署本地数据库的应用程序,但不能对远程客户端应用程序提供网络支持。
- DB2 工作组服务器版适合于部门级的数据库应用,它不仅具备了 DB2 个人版的全部功能,还能够对远程客户端应用程序提供网络支持。DB2 工作组服务器版可以在 Windows、Linux 和 UNIX 平台上运行。
- DB2 企业服务器版是适合于大中型企业的数据库,除了具备 DB2 工作组服务器版的全部功能之外,还包含了 DB2 Connect 组件,该组件允许 Windows、LINUX、UNIX 平台上的客户端应用程序连接到主机和 AS/400 上面的数据库服务器。此外,对于那些可用性要求高,且数据量很大的数据库系统,还可以选择带有分区功能的 DB2 企业服务器版。该版本支持集群和大规模并行处理器技术,允许将一个数据库分布在多个数据库节点上。

14.1.2 DB2 与其他数据库的比较

下面介绍 DB2 和其他几种主流大型数据库在开放性、可伸缩性、并行性、性能方面的比较。

1. 开放性

- SQL Server:只能在 Windows 系统平台上运行,没有任何的开放性,操作系统的系统稳定对数据库十分重要。而且 Windows 平台的可靠性、安全性和伸缩性很有限,不象 UNIX 操作系统那样久经考验。
- Oracle:几乎能在所有主流的平台上运行,采用完全开放的策略。允许客户选择最适合的解决方案。
- Sybase ASE:几乎能在所有主流平台上运行(包括 Windows),但在多平台的混合环境中,会出现一些问题。
- DB2:几乎能在所有主流平台上运行(包括 Windows),最适于处理海量数据。DB2 在企业级的应用最为广泛,在全球 500 强的企业中,几乎 85%以上采用了 DB2 数据库服务器。

2. 可伸缩性、并行性

- SQL Server:并行实施和共存模型不太成熟,且很难处理日益增多的用户数和数据卷,伸缩性有限。
- Oracle:Oracle 的并行服务器对各种 UNIX 平台的集群机制都有相当高的集成度。
- Sybase ASE:Sybase ASE 虽然有 DB SWITCH 来支持其并行服务器,但 DB SWITCH 在技术层面还不是很成熟,而且只支持版本 12.5 以上的 ASE SERVER。DB SWITCH 技术需要一台服务器充当 SWITCH,从而会在硬件上带来一些麻烦。
- DB2:DB2 具有很好的并行性,它把数据库管理扩充到了并行的、多节点的环境。

3. 性能

- SQL Server：在多用户使用时性能不佳。
- Oracle：性能最高，始终保持开放平台下的 TPC-D 和 TPC-C 的世界记录。
- Sybase ASE：性能接近 SQL Server，但在 UNIX 平台下的并发性要优于 SQL Server。
- DB2：性能较高，适用于数据仓库和在线事物处理。

14.1.3 DB2 的架构

DB2 是遵循客户端/服务器架构的。不同需求的用户可以通过前面介绍的不同类型的客户端来对服务器进行存取。客户端和服务器可以驻留在同一台物理机器上，也可以驻留在不同的物理机器上并通过网络来交互。DB2 支持的网络协议包括 TCP/IP、NetBIOS、APPC 以及命名管道。此外，由于主机和 AS/400 上的数据库服务器遵循的是一种名为 DRDA（Distributed Relational Database Architecture，分布式关系数据库应用请求端）的体系架构，因此在这种架构中，数据库应用程序必须通过 DRDA 应用程序请求端来访问 DRDA 应用程序服务器上的数据库服务器。因此，对于 Intel/UNIX 平台上的 DB2 客户端应用程序，必须要通过一个名为 DB2 Connect 的组件所提供的 DRDA 应用程序请求器功能才能与主机和 AS/400 的数据库服务器相连。

14.1.4 DB2 产品组件

DB2 数据库产品组件大致为：DB2 引擎、DB2 连接器、运行时客户端、管理客户端、应用程序开发客户端、分布式关系数据库应用请求端、分布式关系数据库应用服务器端。

1. DB2 引擎

DB2 引擎是整个数据库系统的核心，提供了最基本和最重要的功能。它负责对数据的存取、保证数据的完整性和安全性，以及控制数据库并发性。DB2 引擎决定了数据库管理系统是否稳定和高效。

2. DB2 连接器

DB2 连接器可以提供对 DRDA 的支持，Inter 平台和 Unix 平台上的客户端应用程序可以通过它提供的一些支持对大型机等的数据库服务器进行存取。

3. 运行时客户端

这种客户端是最基本的客户端产品。绝大多数情况下，应用程序若要对 DB2 服务器进行存取，都需要该客户端的支持。DB2 运行时客户端允许用户交互式地使用 SQL 语句对 DB2 进行存取，并提供了对 ODBC 和 JDBC 的支持。

4. 应用程序开发客户端

DB2 应用程序开发客户端除了包含所有的 DB2 图形化管理工具和 DB2 运行时客户端的全部功能之外，还包括了开发 DB2 数据库应用程序所需的一组开发工具，以满足开发人员的需求。用户应该根据个人需求以及客户端系统上安装的操作系统种类来选择安装 DB2 客户端产品。例如，用户拥有一个为 AIX 系统开发的数据库应用程序并且不需要 DB2 管理工具和应用程序开发工具，则应当安装 DB2 Runtime Client for AIX。

5. 管理客户端

DB2 管理客户端中除了包含 DB2 运行时客户端的全部功能之外，还附带了很多图形化的管理工具，可以用来对 DB2 服务器进行管理和监控。

6. 分布式关系数据库应用请求端

DRDA 应用请求端提供了远程客户机支持。客户端应用程序可以通过多种网络协议对数据库服务器进行存取。

7. 分布式关系数据库应用服务器端

DRDA 应用服务器端是主要用于安装 DB2 连接器的目标数据库服务器。作为远程数据库服务器，允许客户端应用程序进行存取数据和访问数据。

14.1.5 DB2 的安装

下面介绍在 Windows 环境下的 DB2 通用数据库企业版的安装过程和注意事项。

下面以安装 DB2 UDB 企业服务器版为例，对安装过程进行说明。

步骤 1 安装产品组件。将安装盘放入光驱，出现如图 14-1 所示的界面，选择安装产品组件。

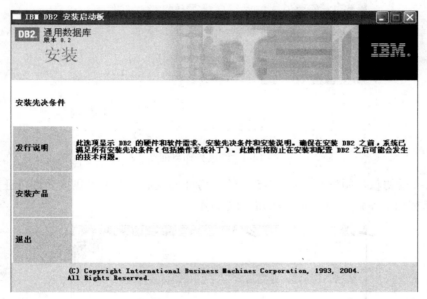

图 14-1 DB2 企业服务器版安装初始化界面

说明：如果程序没有自动运行，请双击光盘根目录中的 setup.exe。其中，点击安装先决条件和发行说明组件时，会弹出说明文件供读者参考。

步骤 2 选择要安装的产品。在图 14-2 的界面中选择 "DB2 UDB 企业服务器版" 单选按钮，单击 "下一步" 按钮。弹出正在准备安装的界面，如图 14-3 所示，此时用户需要等待一段时间。

步骤 3 单击 "下一步" 按钮，如图 14-4 所示。

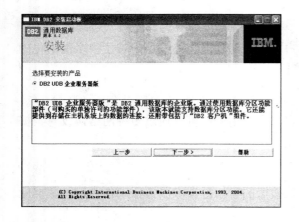

图 14-2　安装数据库向导

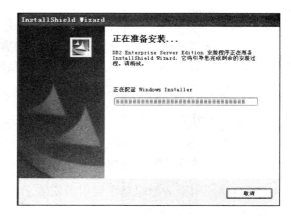

图 14-3　等待界面

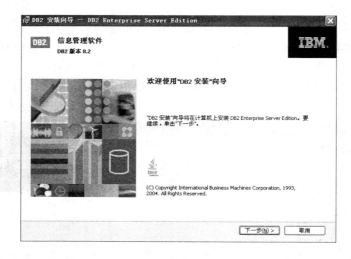

图 14-4　继续操作界面

步骤 4　接受协议。阅读完毕图 14-5 中的许可证协议后，选中"我接受许可证协议中的全部条款"单选按钮，单击"下一步"按钮继续安装。

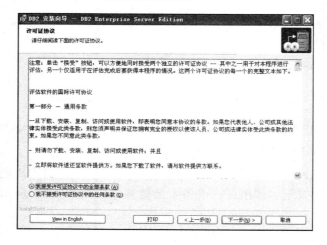

图 14-5　接受协议

步骤5　选择安装类型。有三种条件供用户选择：①典型安装，②压缩安装，③定制安装。默认情况下是选择典型安装。其中，用户可选择安装数据仓储和卫星管理功能。单击"下一步"按钮，如图14-6所示。

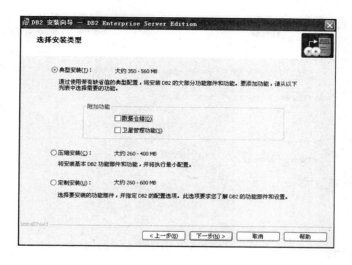

图 14-6　选择安装类型

说明："典型安装"选项是系统默认且最常使用的安装选项，建议大多数用户使用这种安装类型；"压缩安装"选项这种类型占用的机器资源少，并执行最小配置；"定制安装"选项允许用户自定义安装的内容，是一种比较高级的安装选项，一般适合于有经验的用户进行安装。

步骤6　选择安装操作。在图14-7所示的界面中，选中"在此计算机上安装 DB2 Enterprise Server Edition"单选按钮，单击"下一步"按钮进行安装。

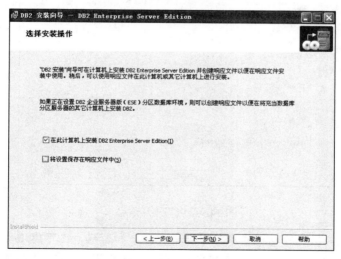

图 14-7　选择安装操作

说明："将设置保存在响应文件中"的含义是把安装过程的各个选项设置记录到一个文件中，在其他相同类型的机器上进行安装时可以直接使用响应文件方式进行安装，简化安装步骤，这只适用于有多台类型相同的机器进行相同安装的情况。

步骤 7　选择安装路径。在图 14-8 所示界面中，可以按照默认情况进行安装，也可以由用户自定义选择。单击"驱动器"下拉菜单选择要安装的磁盘位置，单击"更改"按钮，修改"目录"路径，然后单击"下一步"按钮。

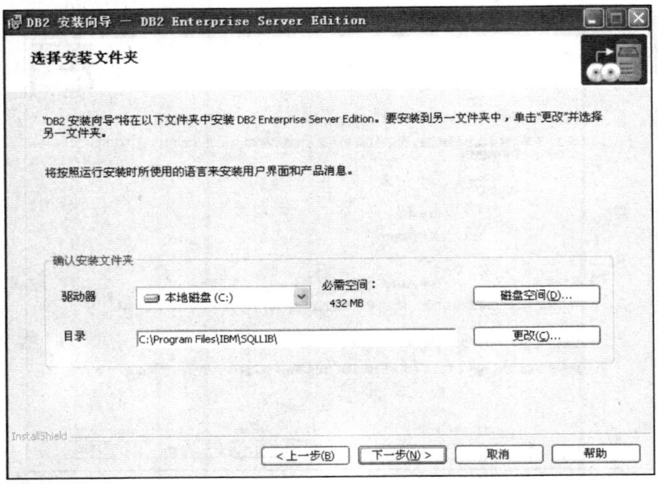

图 14-8　选择安装路径

说明：建议和其他软件一样，将 DB2 安装到系统盘外的其他磁盘上。

步骤 8　设置用户信息。在图 14-9 所示的用户信息界面中，填入需要的用户信息。完成上述操作后，单击"下一步"按钮继续安装。

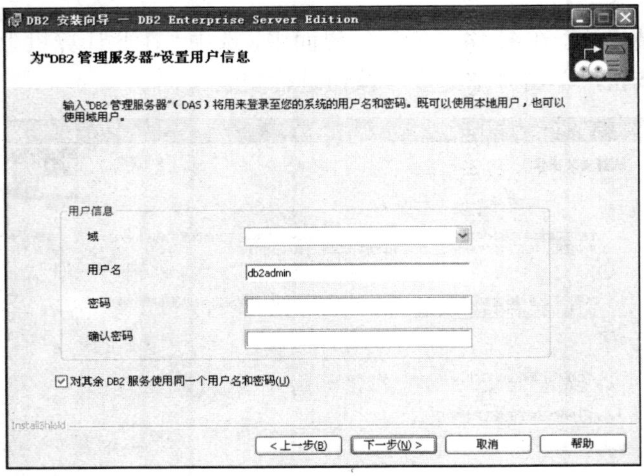

图 14-9　填写用户信息

说明：这一阶段，用户可以提供本机管理员的账户和密码，也可以通过使用安装程序默认的用户名 db2admin 和用户自定义的密码来创建用户帐户。建议使用本机的管理员用户帐户，这样在登录计算机时不需要以不同的帐户登录计算机。用户名必须遵循 DB2 用户名、用户标识、组名和实例名命名规则中描述的 DB2 命名约定。

步骤 9　设置管理联系人列表。默认情况是选择"本地"单选按钮，单击"下一步"按钮，如图 14-10 所示。

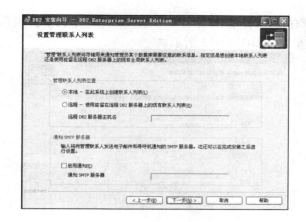

图 14-10　设置管理联系人

步骤 10　配置 DB2 实例。在这一阶段安装向导程序会进行配置 DB2 实例。默认情况下，单击"下一步"按钮，如图 14-11 所示。

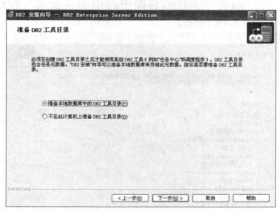

图 14-11　配置 DB2 实例

说明：DB2 安装向导程序会检测安装在机器上的通信协议。

步骤 11　准备 DB2 工具目录。选择默认选项，单击"下一步"按钮，如图 14-12 所示。

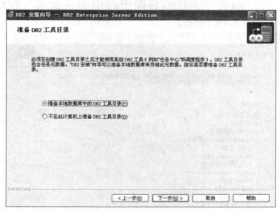

图 14-12　准备 DB2 工具目录

步骤 12   指定用来存储 DB2 工具目录的本地数据库。本例中按照系统默认的设置进行安装，也可由用户自定义安装，如图 14-13 所示。

图 14-13   填写本地数据库

步骤 13   添加联系人。在新建联系人信息栏中填入姓名和电子邮件地址，这样当发生突破健康指示器阀值时，可以通过电子邮件通知联系人，也可选择将任务延迟到安装完成后进行，如图 14-14 所示。

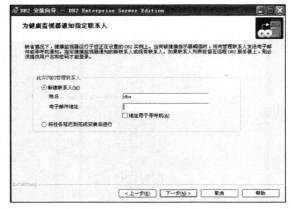

图 14-14   填加联系人

步骤 14   复制文件。在开始复制文件的界面中，单击"安装"按钮，进行 DB2 数据库服务器文件的复制和安装，如图 14-15 所示。

图 14-15   复制文件向导

说明：可通过开始复制文件向导中的下拉条查看当前设置。

步骤 15　安装完毕。文件复制完毕后，单击"完成"按钮，完成对 DB2 的安装，如图 14-16 所示。

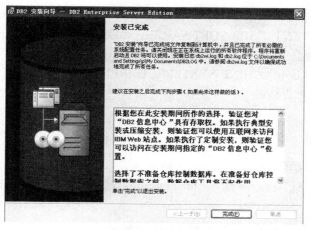

图 14-16　安装完毕

14.1.6　DB2 卸载

DB2 通用数据库企业版的卸载方法如下。

步骤 1　在"开始"菜单中选择"控制面板"，单击"添加或删除程序"选项，选择"DB2 Enterprise Server Edition"，如图 14-17 所示。单击"删除"按钮，系统会提示图 14-18 所示的信息，单击"是(Y)"即可完成对 DB2 的卸载。

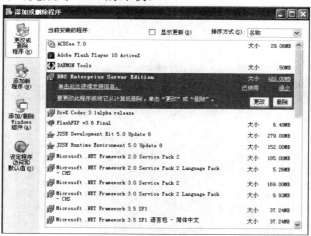

图 14-17　添加或删除程序

图 14-18　提示信息

步骤 2　运行 DB2 的卸载程序，选择"卸载"选项。

注意：如果卸载失败或出错，可以手动删除相关文件。首先删除目标目录中的所有文件，然后在 Windows 下，使用注册表编辑器来编辑注册表，从而删除文件，具体位置如下所示。

HKEY_CURRENT_USER\SOFTWARE\IBM\DB2

HKEY_LOCAL_MACHINE\SOFTWARE\IBM\DB2

HKEY_LOCAL_MACHINE\SYSTEM\CURRENTCONTROLSET\SERVICES\ 目录下所有以 DB2 开头的服务

14.1.7　测试连接

通过以下步骤来完成测试连接。

步骤 1　通过在"运行"窗口中输入"db2cmd"，启动"DB2 命令行处理"窗口，如图 14-19 所示。

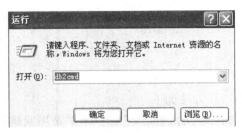

图 14-19　运行命令

步骤 2　在命令窗口输入"db2 list database directory"命令，列出本地数据库。在大多数情况下，该命令至少会列出一个数据库，即使在新安装的 DB2 中也是如此，如图 14-20 所示。

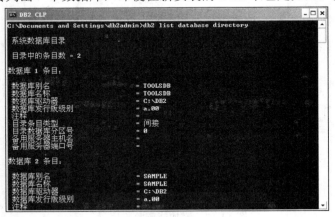

图 14-20　数据库列表界面

说明：如果命令未列出任何数据库，使用"db2 create database name"命令可创建一个数据库，其中变量 name 是为新数据库选择的名称。

步骤 3　输入"db2 connect to name user username using password"命令，可测试本地连接，如图 14-21 所示。

其中变量 name 是"db2 list database directory"命令返回的本地数据库的名称或用户创建的数据库名称。变量 username 和 password 是在 DB2 安装过程中指定的用户名和密码。

图 14-21   输入命令窗口

说明：如果此命令成功，则表示已安装了 IBM DB2 通用数据库企业版，且它就绪于远程连接。如果命令失败，请参阅 DB2 通用数据库出版物中列出的 DB2 文档，以获取故障诊断信息。

14.2   DB2 数据库的对象

14.2.1   DB2 实例

1. 实例的概念

实例是 DB2 系统中的重要概念。可以把实例看作是一个逻辑的数据库管理器，是数据库管理器在内存中的映像。在 Windows 环境下，实例可以作为一个 Windows 服务的形式存在。在安装了 DB2 的机器上，可以创建并同时启动多个实例。由于每个实例都运行在单独的内存区域，所以一个实例出现了问题不会影响到其他的实例。此外，每个实例都有一个数据库管理器配置文件，配置文件中包含了很多数据库管理器配置参数，用来对该实例的行为进行控制。在一个实例中，可以创建多个 DB2 数据库。每个数据库都有三个重要元素：系统编目表、日志和数据库配置文件。其中，系统编目表是整个数据库的数据字典，它由一组表组成，表中又包含了三类信息。一类是数据库对象的定义；一类是数据库对象的授权信息，用于控制对数据库的存取；还有一类是数据库的统计信息，DB2 优化器在对应用程序进行优化的同时，会利用这些统计信息来生成最终结果。日志由一组文件组成，是保护数据完整性的重要手段。日志文件中记录着对数据库中数据所做的更改。当需要对数据库进行恢复操作时，系统可利用这些记录来对数据库进行恢复，有关日志的详细信息我们会在后面的章节中加以介绍。另外，每个数据库都有自己的配置文件，配置文件中包含的参数会影响对应数据库的运行。

2. 实例的创建、删除、列出与切换

要创建实例必须拥有相应的权限，Windows 中属于 Administrator 组的用户。以下所示命令都是在 Windows 系统下实现的。

创建实例的系统级命令。

```
db2icrt<实例名>
```

删除实例的系统命令。

```
db2idrop<实例名>
```

列出实例的系统命令。

```
Db2ilist
```

查看当前实例的命令。

```
Get instance
```

当系统中有多个实例时，以下命令可以在不同的实例间进行切换，系统级命令如下

```
Set DB2INSTANCE<实例名>
```

注意：在当前命令窗口中该命令不会生效，需要先执行 exit 退出命令窗口，再重新打开一个命令窗口执行该命令。

14.2.2 DB2 管理服务器

DB2 管理服务器，通常被简称为 DAS，它是用来辅助服务器任务执行的控制点。如果需要使用控制中心等图形管理工具进行管理工作，DB2 管理服务器必须处于活动状态。用户可以在进行 DB2 安装的时候创建 DB2 管理服务器，也可以在安装完成后使用命令，进行人工创建，但在每个数据库节点上，只能存在一个 DB2 管理服务器。DB2 管理服务器的具体功能包括：允许客户端对服务器进行远程管理、实现作业管理和调度、响应 DB2 Discovery 请求并搜集当前服务器上的相关信息反馈给发出 DB2 Discovery 请求的系统。

以下是 DB2 管理服务器的相关命令（Windows 系统下）。

创建 DB2 管理服务器。

```
db2admin create
```

删除 DB2 管理服务器。

```
db2admin drop
```

启动和终止 DB2 管理服务器。

```
db2admin start
db2admin stop
```

显示当前 DB2 管理服务器名称。

```
db2admin
db2set db2adminserver
```

配置当前 DB2 管理服务器参数。

```
db2 get admin cfg
db2 update admin cfg using…
```

14.2.3 表空间

表空间是在数据库和表之间定义的一个逻辑层，是定义表和索引在数据库内存储的位置。DB2 中所有的表和索引都存放在表空间中。

在 DB2 中设立表空间这样一个逻辑层包含以下几个方面的原因。

● 提高了管理的灵活性。比如，我们可以将相关的表存储在一个表空间中，不需要的时候，可以将整个表空间删除，而不必逐个删除各个表。

- 可以提高性能。比如，由于 DB2 表空间可以专门对长型数据进行优化，因此将长型数据存储在长型表空间中会得到更高的效率。
- 可以安全控制，管理员可以通过制止用户对特定表空间的使用来提高系统的安全性。

DB2 中的表空间有两种分类方法，第一种是按照存储管理模式分类，第二种是按照存放数据的类别来分类。

按照存储管理模式分类可将表空间分成两种类型，一种是 SMS（System Management Space，系统管理空间），这种表空间的存储管理由操作系统负责；另一种是 DMS（Database Management Space，数据库管理空间），这种表空间的存储管理由数据库管理器自己管理。

按照存放数据的类别可将表空间分成四种类别，第一种叫做 REGULAR 表空间，这种表空间可以存放除了临时表以外的所有数据。第二种叫做大表空间，这种表空间可以存储表中的长型列和大对象数据，并针对这类数据专门作了优化。后两类表空间都是临时表空间，一种是系统临时表空间，这种表空间可以存储系统操作所生成的临时表，比如排序和多表连接生成的临时表；另外一种是用户临时表空间，这种表空间专门用于存储用户通过 declare 语句创建的临时表。

SMS 的每个容器是操作系统的文件空间中的一个目录；DMS 的每个容器是一个固定的、预分配的文件或是物理设备。SMS 的管理比较简单，由操作系统自动管理，空间的大小会随数据量的变化系统自动调整。

14.2.4　表

在 DB2 中存储的数据对象就是表(Table)。表中包含若干列，每一列都有指定列名和数据类型，一个列可以称为一个字段。

创建表的典型语句如下。

```
CREATE TABLE<表名称>
(
        字段1 数据类型 [列级别约束],
        字段2 数据类型 [列级别约束],
……
        字段n 数据类型 [列级别约束]
    [表级别约束]
) [IN<表空间名称>]
[INDEX IN<表空间名称>]
[LONG IN<表空间名称>]
```

其中数据类型参见 14.2.8 节，约束参见 14.2.10 节，表空间参见 14.2.4 节。

注意：表创建好后可以进行一定程度的修改，但是应避免删除某个字段，尽管在语法上是允许的。

删除表时若使用 DROP TABLE 语句，需特别注意的是，删除表既是删除其中的数据，也删除表的定义。

14.2.5 视图

视图（view）就像是一个逻辑表，它本身不存储数据，而是架设在其他表或者视图上来查看数据。与关系表不同，视图中的数据不需要物理地存储在硬盘上，当查询视图时就会获取数据。除了在系统编目中存储它的定义之外，视图不使用物理空间。在创建视图之后，可以使用DML(Data Manipulation Language，数据操纵语言)查询视图，甚至更新视图。视图提供了灵活的数据访问功能，可以访问一个表的子集或者来自多个表的结果集的联结，同时隐藏了基表中数据的复杂性。

创建视图的基本语法如下。

```
CREATE VIEW<视图名称>[(字段列表)] AS 子查询 [WITH CHECK OPTION]
```

如果省略字段列表，则会根据子查询的字段列表来生成视图的字段。

其中 WITH CHECK OPTION 选项可以在视图上指定一个约束，此约束在通过视图进行数据插入和修改时会起作用。

14.2.6 模式

模式是数据库对象的高级限定符，在 DB2 中，绝大多数数据库对象的名称都分成两部分，第一部分就是模式名，第二部分才是对象名，中间用点号加以分割。模式的主要作用是为数据库对象进行逻辑分组，以便管理。比如每个用户创建的数据库对象可以使用自己的用户名作为模式名，不同部门使用的数据库对象也可以使用自己部门名称作为模式名，这样就不会造成混淆。此外，模式还是一种安全控制的手段。数据库管理员可以限制用户是否能够创建、修改和删除某种模式下的数据库对象。模式分为系统模式和用户模式两种。

14.2.7 索引

索引是表的一个或多个列的键值的有序列表。使用索引有以下两个好处。
● 确保一个或多个列中值的唯一性。
● 提高对表进行的查询的性能。

当执行查询时想以更快的速度找到所需的列或要以索引的顺序显示查询结果时，DB2 优化器会选择使用索引。

索引可以定义为唯一的或非唯一的。非唯一的索引允许重复的键值；唯一的索引只允许列表中出现一个键值。唯一的索引允许显示单个 NULL，然而，第二个值会导致重复现象，因此不允许。

索引是使用 CREATE INDEX SQL 语句创建的。为支持主键或唯一性约束，也可以隐式创建索引。当创建唯一索引时，检查键数据的唯一性，如果发现重复，该操作则失效。

索引可以创建为升序、降序或双向，选择哪个选项取决于应用程序如何访问数据。

在数据库中创建索引时，按照指定的顺序存储键。索引通过要求数据处于指定的顺序帮助提高查询的性能。升序索引还被用于确定 MIN 列函数的结果，降序索引被用于确定 MAX 列函数的结果。如果应用程序还需要数据按与索引相反的顺序排序，那么 DB2 允许创建双向索引。双向索引使您不必创建逆向索引，而且它不需要优化器按逆向对数据排序。它还允许有效地恢复 MIN 和 MAX 函数值。

创建一个索引花费的时间比较长。DB2 必须读每一行来抽取键，再对键进行排序，然后将列表写到数据库中。如果表比较大，那么将使用一个临时表空间对键进行排序。

当然，DB2 还提供了用 DROP INDEX SQL 语句从数据库中除去索引。索引是无法修改的，如果需要更改索引，必须删除后再重新创建该索引。

下面是创建索引时需注意的问题。

注意：由于索引是键值的永久列表，它们在数据库中需要空间。所以，创建的索引越多就需要数据库中有更多的存储空间。所需的空间总量是由键列的长度决定。

索引是值的额外副本，所以当表中的数据被更新时，它们也一定被更新。如果表数据经常被更新，需要考虑额外的索引则会对更新性能产生的影响。

如果按适当的列定义索引，能大大提高索引查询的性能。

14.2.8　数据类型

DB2 提供了丰富而又灵活的数据类型分类。DB2 提供的基本数据类型有 INTEGER、CHAR 和 DATE，同时它还为创建用户定义的数据类型提供了方便，这些用户定义的数据类型使得用户能够创建适应目前复杂编程环境的复杂的、非传统的数据类型。DB2 主要分为 2 种数据类型：内置的数据类型和用户自定义的数据类型。

内置数据类型的分类有。数字型（Numeric）、字符串型（String）、日期时间型（Datetime）、数据链接型（Datalink）。

用户定义的数据类型分类有：用户定义的单值类型、用户定义的结构化类型、用户定义的引用类型。

以下只介绍内置型数据类型。

1. 数字型数据类型。

有整数、小数、浮点数三种数字型数据类型。这些类型可以存储的数字型数据在范围和精度上都有所不同。

- 整数（Integer）：SMALLINT、INTEGER 和 BIGINT 用于存储整型数字。SMALLINT 可以用两个字节存储从-32768 到 32767 的整数。INTEGER 可以用四个字节存储从 -2,147,483,648 到 2,147,483,647 的整数。BIGINT 可以用八个字节存储从 -9,223,372,036,854,775,808 到 9,223,372,036,854,775,807 的整数。
- 小数（Decimal）：DECIMAL 用于存储带小数部分的数字。定义这种数据类型，必须指定精度（p）、数字的总位数和小数位（s），即小数点右边的数字位数。数据库中必需的用于存储的字节数取决于数字的精度并且用公式 p/2+1 来计算。所以，DECIMAL(10,2)要求 10/2 +1 或者说 6 个字节。
- 浮点数（Floating Point）：REAL 和 DOUBLE 用于存储数字的近似值。例如，非常小或者非常大的科学计量可以定义为 REAL。定义 REAL 时长度可以定义在 1 和 24 之间并要求用 4 个字节来存储。DOUBLE 的长度可以定义在 25 和 53 之间，并要求用 8 个字节存储。FLOAT 可以作为 REAL 或 DOUBLE 的同义词。

2. 字符串型（String）数据类型

DB2 提供了几种数据类型用来存储字符数据或字符串。

下列数据类型用于存储单字节字符串。

- CHAR：CHAR 或 CHARACTER 用于存储固定长度的字符串，最大长度为 254 个字节。

- VARCHAR：VARCHAR 用于存储可变长度的字符串。VARCHAR 列的最大长度是 32,672 个字节。在数据库中，VARCHAR 数据只占用必需的空间。

下列数据类型用于存储双字节字符串。

- GRAPHIC：GRAPHIC 用于存储固定长度的双字节字符串，最大长度是 127 个字符。
- VARGRAPHIC：VARGRAPHIC 用于存储可变长度的双字节字符串，最大长度是 16336 个字符。

DB2 还提供了用来存储非常长的字符串数据类型。所有的长字符串数据类型都有相似的特征。首先，数据不是以行数据实际存储在数据库中，这意味着访问这些数据需要进行一些额外处理。长数据类型的长度最大可以定义到 2G。长数据类型有：LONG VARCHAR、CLOB 或称字符大对象、LONG VARGRAPHIC、DBCLOB 或称双字节字符大对象、BLOB 或称二进制大对象。

3. 日期时间型（Datetime）数据类型

DB2 提供了三种数据类型来存储日期和时间：DATE、TIME、TIMESTAMP。

这些数据类型的值都以内部格式存储在数据库中，但在程序中您可以将它们作为字符串进行操作。这些数据类型中的任何一个被检索时，都表示为字符串。在更新这些数据类型时，必须用引号把值引起来。

DB2 提供了一些内置函数来操作日期时间值。例如，您可以用 DAYOFWEEK 或 DAYNAME 函数确定日期值的星期号。您可以用 DAYS 函数计算两个日期间有多少天。DB2 还提供了特殊的寄存器，可用它们根据当天时钟的时间，生成当前日期、时间或时间戳记。例如，CURRENT DATE 返回一个表示系统当前日期的字符串。

日期和时间值的格式取决于数据库的国家或地区代码，这些代码在创建数据库时指定。几种可用的格式是：ISO、USA、EUR 和 JIS。例如，如果您的数据库使用的是 USA 格式，那么日期值的格式为 "MM/DD/YYYY"。创建应用程序时，可以通过使用 BIND 命令的 DATETIME 选项更改格式。

TIMESTAMP 是一个由七部分组成的值（年、月、日、小时、分钟、秒和微秒）。年份部分的范围是从 0001 到 9999。月份部分的范围是从 1 到 12。日部分的范围是从 1 到 n，其中 n 的值取决于月份。小时部分的范围是从 0 到 24。分钟和秒部分的范围都是从 0 到 59。微秒部分的范围是从 000000 到 999999。字符串表示为 YYYY-MM-DD-HH.MM.SS.NNNNNN。

14.2.9　缓冲池

一个缓冲池是与单个数据库相关联的，可以被多个表空间使用。当考虑将缓冲池用于一个或多个表空间时，必须保证表空间页的大小和缓冲池页的大小对于缓冲池所"服务"的所有表空间而言都是一样的。一个表空间只能使用一个缓冲池。

创建缓冲池使用 CREATE BUFFERPOOL 语句。缓冲池的缺省大小是 BUFFPAGE 数据库配置参数所指定的大小，但是可以通过在 CREATE BUFFERPOOL 命令中指定 SIZE 关键字来覆盖该缺省值。足够的缓冲池大小是数据库拥有良好性能的关键所在，因为它可以减少磁盘 I/O 这一最耗时的操作。大型缓冲池还会对查询优化产生影响，因为更多的工作可在内存中完成。

14.2.10 约束

约束是一种用来控制存储在数据库中的值的机制。通过约束，我们可以在数据库设计的时候对商业规则进行强化，从而避免从语法上看合格但不符合应用需求的数据进入数据库。

DB2 中提供了四种约束。

- 唯一性约束：用于确保列中的值是唯一的。
- 参照完整性约束：用于定义表之间的关系，并确保这些关系持续有效。
- 检查约束：用于验证列数据没有违反为列定义的规则。
- 信息约束：用于控制约束什么时候起作用。

1. 唯一性约束

用于确保表中值的唯一性。该约束可以定义在一列上也可以定义在多列上，如果定义在多列上，则唯一性会由多列一起维护，也就是说，某一列的列值重复并不算违反唯一性约束，而要看列值的组合结果是否完全相同。

以下是唯一性约束和主关键字以及唯一性索引的区别。主关键字和唯一性约束相同的地方在于，主关键字也可以保证列值的唯一性，而且也必须被定义成唯一的和非空的。但是这两者之间还是有区别的，区别就在于一个表上只能创建一个主关键字，但可以创建多个唯一性约束。从数据库设计的角度说，作为主关键字的列一定要是能够代表表所对应的实体上的最关键的属性。比如，同样的一个人，如果在学生管理系统中，最能代表他的是学号，而在认证考试系统中，他的考号就成为最主要的属性。而对于唯一性约束，没有这个要求，可以基于任何需要维护唯一性的列创建唯一性约束。唯一性索引也可以维护列值的唯一性，但是被定义为唯一性索引的列是允许为空的，而能够创建唯一性约束的列则一定要被定义为非空的。另外，在创建唯一性约束的时候，系统会自动创建一个名为<当前模式名>. <约束名>的一个唯一性索引。

2. 参照完整性约束(RI)

参照完整性约束，通常简称为 RI，这是一种用来强化表和表之间关系的约束。那为什么需要定义参照完整性约束呢？我们在前面已经介绍过，表对应的是现实社会中的实体，在现实社会中，实体和实体之间可能会有各种联系，因此对应到数据库设计中就会变成表和表之间的联系。如果是一对一的关系，这在二维表中很容易体现；如果是多对多的关系，我们通常是在两个表之间再额外建立一个 Associate 表，用这个表来维护多对多的关系；如果是一对多的关系，就需要通过参照完整性约束来维护了。比如部门表和雇员表，一个部门中可以包含多个雇员，而一个雇员只能为一个部门工作，这就是个典型的一对多关系。要想在表与表之间建立起参照完整性约束，应该定义外部关键字(Foreign Key，FK)。前面已经介绍过参照完整性约束是为了维护一对多的关系，则外部关键字就要定义在多的一方，在参照完整性约束中，对于父关键字的要求是值的唯一性和非空性，而对于外部关键字的要求是要么值为空，要么必须与某一个父关键字的值相匹配。对应到这个例子也就说明，一个雇员不能为一个不存在的部门工作。

3. 检查约束

检查约束可以为表中数据预先定义一个范围，以后插入和更改表的时候，检查约束都会检查新的数据是否符合预先定义的范围，如果不符合，系统会阻止相关操作的进行。

4. 信息约束

严格地说，信息约束并不是一种独立的约束，它主要是出于性能的考虑，对于参照完整性约束和检查约束的一种控制。

这种约束具有下面四种模式。

- ENFORCED 指明在数据插入或修改时要强制检查数据的有效性。
- NOT ENFORCED 指明在数据插入或修改时不检查数据的有效性，这样在输入数据时，由于不对数据有效性进行检查，操作的执行速度就会更快，但前提是用户要能够保证输入的数据符合约束的要求。
- ENABLE QUERY OPTIMIZATION 指明约束信息在特定的条件下可以被优化器使用。DISABLE QUERY OPTIMIZATION 指明约束信息不被优化器使用。

14.3　DB2 UDB 的图形用户界面

在 UDB 之前的 DB2 产品中，给用户提供的图形界面很少。大部分的管理工作和操作只能通过手工键入命令的方式来实现。UDB 的出现改变了这一现状，它提供了丰富的图形化工具，使管理工作变得更加轻松。

14.3.1　创建样本数据库

在完成 DB2 服务器和客户机的安装之后，在默认设置下，系统会自动启动"第一步"，也可通过单击"第一步"窗口下的"创建样本数据库"选项来创建 DB2 数据库，如图 14-22 所示。具体创建步骤如下。

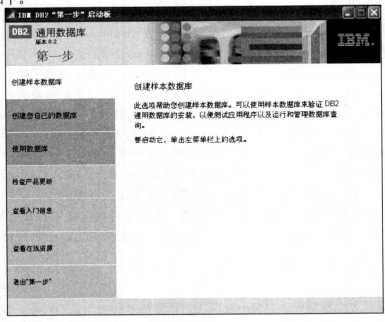

图 14-22　初始化界面

步骤 1　在"IBM DB2'第一步'启动版"窗口单击"创建样本数据库"选项（在窗口右方有对该选项的说明），弹出"第一步—创建样本数据库"对话框，如图 14-23 所示。

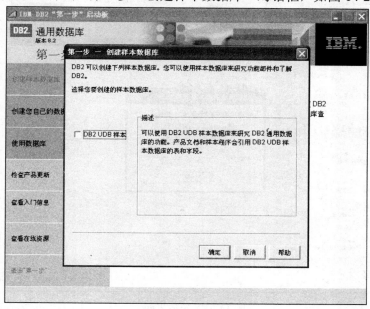

图 14-23　选择创建的样本数据库

步骤 2　在对话框中勾选"DB2 UDB 样本"复选框，点击"确定"按钮，系统弹出创建所选的样本数据库窗口，如图 14-24 所示。从图中可以看到显示的是创建正在进行中，此时，用户需要等待一段时间。

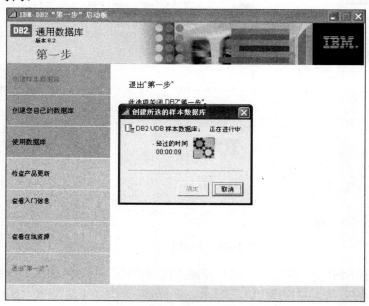

图 14-24　选择所选样本数据库进行界面

步骤 3　等待时间结束后，在"创建选择的样本数据库"窗口中显示 DB2 UDB 的样本数据库：已完成并显示出经过多长时间完成。此时，单击确认按钮。如图 14-25 所示。

步骤 4　创建完样本数据库后，可通过单击"IBM DB2 第一步"窗口中"使用数据库"选项来打开"控制中心"窗口来查看创建的样本数据库，如图 14-26 所示。

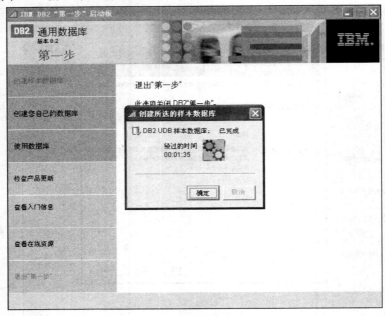

图 14-25　等待界面

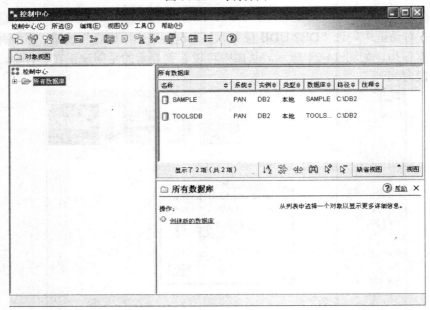

图 14-26　控制中心界面

步骤 5　在"控制中心"窗口中，展开左侧"控制中心"中的目录树，找到刚刚创建的样本数据库"SAMPLE"，展开"SAMPLE"目录，该目录下的所有信息即是"SAMPLE"数据库中的数据库对象，如图 14-27 所示。

步骤 6　单击左侧的"表"，可以在"控制中心"窗口的右边窗格中看到该数据库下所有的表。鼠标双击相应的表项，可以查看和修改表中的信息。

图 14-27　控制中心目录树展开界面

　　以上介绍的就是通过"IBM DB2 第一步"窗口创建一个 DB2 数据库的过程，用户客通过此过程可以了解到 DB2 图形化工具的一些基本知识。

14.3.2　控制中心

　　控制中心是 UDB 的管理工具的核心，绝大多数的管理任务和对其他管理工具的存取都可以通过控制中心来完成，如图 14-28 所示。打开控制中心的方式是：选择"开始"→"程序"→"IBM DB2"→"一般管理工具"→"控制中心"命令，打开 DB2 的"控制中心"窗口，也可通过在命令窗口中输入 db2cc 命令来打开"控制中心"。

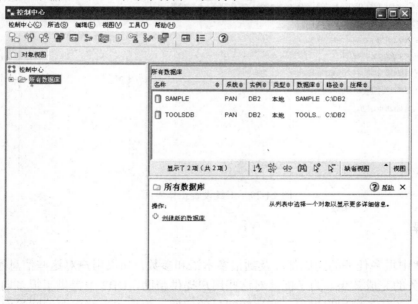

图 14-28　控制中心工作界面

　　控制中心界面由如下几部分组成。

- 菜单栏：菜单栏位于屏幕的顶部，标题栏的下方。从菜单栏选择菜单，允许用户执行许多功能，如关闭 DB2 工具、获取帮助和了解产品信息等。可以通过选择菜单栏上的每一项来熟悉这些功能，通过菜单的方式完成对控制中心的存取。
- 工具栏：位于菜单栏下方的一组图形按钮，通过单击其中的工具按钮可以调用相应的管理工具，如任务中心、复制中心等。
- 对象窗格：对象窗格位于窗口的左边，它按照 DB2 数据库对象的层次关系（系统－实例－数据库－数据库内部对象）对系统进行组织，以树状的形式显示。用户可以方便地从中找到要管理的对象。对象窗格中的某些对象以文件夹的方式显示，包含其他对象。对象左面的加号(+)表示该对象是折叠的，可通过单击加号展开对象。展开对象后，在它的左面会出现一个减号，要折叠该对象，单击减号。
- 内容窗格：位于屏幕的右边窗格中。此窗格显示在对象窗格中选定对象包含的所有对象。例如，若您在对象窗格中选择"表"文件夹，数据库中所有的表都将出现在"内容"窗格中。

提示：用户可以在对象窗格或内容窗格中选择要操作的对象，按鼠标右键按出弹出式菜单，能对该对象进行的所有操作几乎都包含在菜单中。

14.3.3 工具设置

工具设置可以用来更改某些系统工具的设置。例如是否需要在启动工具时自动启动本地 DB2。工具设置可以从工具栏上的图形按钮存取，也可以通过控制中心工具栏上的图形按钮启动"工具设置"，具体界面如图 14-29 所示。

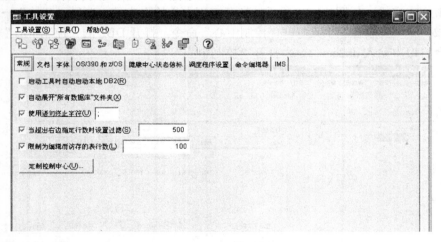

图 14-29　工具设置工作界面

14.3.4 向导

DB2 UDB 中很多任务的完成都涉及到很多术语和参数，如果用户对这些信息不是很了解，则会影响到任务的完成效果。为了能够对这些用户提供帮助，DB2 中提供了很多向导。这些向导可以针对不同的任务向用户提出一些比较浅显的问题，根据用户对问题的回答而设定相应的参数，帮助用户完成相应的任务。向导无论对于初学者还是专家级 DB2 用户都是很有用的。向导可通过控制中心菜单栏中的"工具"下的"向导"打开。打开后的界面如图 14-30 所示。

图 14-30　向导工作界面

14.3.5　命令工具

DB2 提供了三种使用命令的方法。

- 命令编辑器－图形方式。
- 命令窗口－非交互方式。
- 命令行处理器－交互方式。

1. 命令编辑器

命令编辑器用于输入 DB2 命令的图形化工具。可以在命令编辑器中输入 DB2 命令，执行后查看输出结果。用户可通过"开始"→"程序"→"IBM DB2"→"命令行工具"→"命令编辑器"打开，如图 14-31 所示。

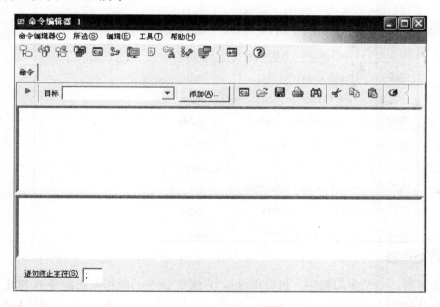

图 14-31　命令编辑器界面

说明：打开命令编辑器，可以添加目标。在选择了目标数据库后，命令标签旁出现的查询结果和存取方案变为可用状态。

2. 命令窗口

命令窗口是 DB2 非交互方式下的命令窗口。用户可通过"开始"→"程序"→"IBM DB2"→"命令行工具"→"命令窗口"打开，如图 14-32 所示。

图 14-32　命令窗口界面

下面列出了打开图形工具的常用命令，如表 14-1 所示。

表 14-1　打开图形工具的常用命令

图形工具名称	命令
控制中心(Control Center)	db2cc
命令中心(Command Center)	db2cmdctr
配置助手(Configuration Assistance)	db2ca
健康中心(Health Center)	db2hc
任务中心(Task Center)	db2tc
开发中心(Development Center)	db2dc
命令窗口(CommandWindow)	db2cmd
日志中心(Journal Center)	db2journal
内存可视化器(Memory Visualizer)	db2memvis
信息中心(Information Center)	db2ic
复制中心(Replication Center)	db2rc

3. 命令行处理器

命令行处理器是一个应用程序，可以用来运行 DB2 命令、操作系统命令或 SQL 命令。命令行处理器是 DB2 交互方式下的命令窗口，可通过"开始"→"程序"→"IBM DB2"→"命令行工具"→"命令行处理器"打开，如图 14-33 所示。

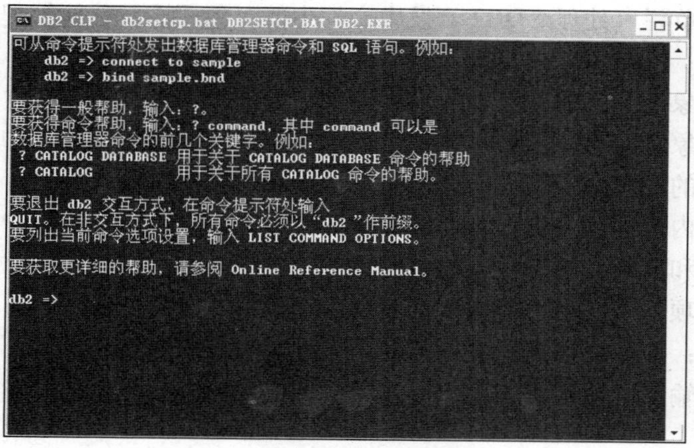

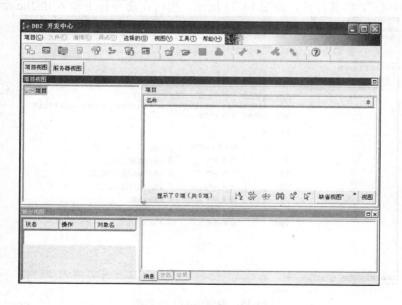

图 14-33 命令行处理器界面

14.3.6 开发中心

IBM DB2 通用数据库"开发中心"是一个图形应用程序，它支持快速开发存储过程、用户定义的函数（UDF）和结构化类型。存储过程和 UDF 通常统称为例程。"开发中心"提供了一种简单的开发环境，它支持从工作站到 z/OS(R)的整个 DB2 系列。可以从任何"IBM DB2 通用数据库"程序或"DB2 通用数据库"中心（例如，"控制中心"、"命令中心"或"任务中心"）将"开发中心"作为独立的应用程序来启动。开发中心可用来完成多种任务，如创建项目、添加连接、创建对象等基本任务，可以通过选择"开始"→"程序"→"IBM DB2"→"开发工具"→"开发中心"命令，打开 DB2 的"DB2 开发中心"窗口，也可以通过在命令行下输入 db2dc 命令来打开，如图 14-34 所示。

图 14-34 开发中心工作界面

开发中心窗口包括以下七个部分。

- 菜单栏：菜单栏可处理"DB2 开发中心"中的对象、访问其他管理中心和工具以及获得帮助等。
- 工具栏：对象树上方的工具栏图标可用来访问基本功能。例如新建或打开项目。
- 对象树：对象树在项目视图和服务器视图中，使用对象树来显示和处理项目中的例程和数据库中的对象。
- 内容窗格：内容窗格在于项目视图和服务器视图中。用于显示用户在对象树中选择的对象的内容和详细信息。
- 项目视图：项目视图用来管理多个项目、数据库连接和例程。
- 服务器视图：服务器视图用于管理多个项目、数据库连接和例程。
- 输出视图：输出视图用于查看用户已经执行或已经尝试执行的开发任务的结果。

14.3.7 健康中心

DB2"健康中心"：它通过通知（例如，警报或警告）来标识 DB2 中重要的性能和资源分配问题，并提供一些建议操作，可以帮助解决问题。

当"健康中心"作为确定和解决问题的工具来运行时，它可以帮助数据库管理员。

步骤 1 使用"健康中心"或 DB2 Web 工具（例如，"Web 健康中心"或"健康中心"个人数字助理（PDA））来监视数据库对象。

步骤 2 对健康监视器守护进程生成的警告做出响应。

步骤 3 通过使用"DB2 Web 命令中心"或其他"DB2 管理工具"来确定和解决问题。

通过标识警告并且提供有关如何获取警告和建议（可以帮助您解决问题）的描述的信息，"健康中心"的操作基于您指定的设置。

要在 Windows 中打开"健康中心"，可选择"开始"→"程序"→"IBM DB2"→"监视工具"→"健康中心"，将其打开，如图 14-35 所示。也可在命令行下输入 db2hc 命令将其打开。

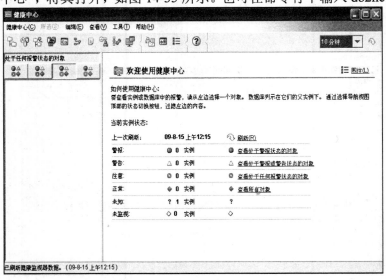

图 14-35　健康中心工作界面

健康中心窗口包括以下四个部分。

- 菜单栏：使用菜单栏可用来打开"健康中心"中的对象、打开其他管理中心和工具以及获得帮助。

- 工具栏：菜单栏下面的工具栏图标可用来访问其他中心和管理工具。
- 切换按钮：用来显示警告条件下数据库对象的不同视图。
- 警告视图：用来显示和使用当前警告。

14.3.8　配置助手

使用"配置助手"来配置和维护用户或者应用程序将使用的数据库对象。在"配置助手"中，可以使用现有数据库对象、添加新的数据库对象、绑定应用程序、设置数据库管理器配置参数以及导入、导出配置信息这些功能。通过配置助手，可以将应用程序绑定到数据库，这样会在数据库中生成程序包，程序包中包含了该应用程序对数据库的存取计划。

可通过选择"开始"→"程序"→"IBM DB2"→"设置工具"→"配置助手"命令打开，如图 14-36 所示。也可在命令窗口中输入 db2ca 命令来打开。

图 14-36　配置助手工作界面

14.3.9　任务中心

使用"任务中心"来创建、调度、和运行任务，可创建下列类型的任务。

- 包含 DB2 命令的 DB2 脚本。
- 具有操作系统命令的 OS 脚本。
- 包含其他任务的分组任务。

通过选择"开始"→"程序"→"IBM DB2"→"一般管理工具"→"任务中心"命令打开，如图 14-37 所示。也可在命令行下输入 db2tc 来打开。

每个任务都可以调度任务，指定成功和失败的条件，指定在这个任务成功完成时或失败时应执行的操作，指定在这个任务成功完成时或失败时应通知的电子邮件地址，还可以创建分组任务。

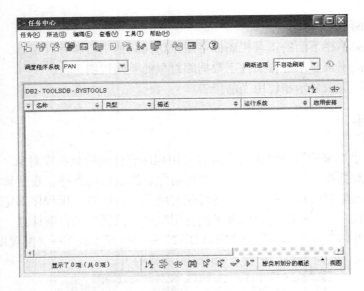

图 14-37　任务中心工作界面

14.3.10　复制中心

"复制中心"可用来管理 DB2 服务器或数据库之间的关系数据的复制。在"复制中心"中，可以定义复制环境、将指定的更改从一个位置复制到另一个位置以及使这个位置的数据同步。

复制中心启动版将引导用户完成一些基本复制功能。

显示对象树和内容窗格中的对象的步骤如下。

步骤 1　打开"复制中心"。

步骤 2　单击对象旁的加号(+)展开对象树。

步骤 3　单击对象树中的对象，将在内容窗格中显示驻留和包含在所选对象中的对象。

可通过选择"开始"→"程序"→"IBM DB2"→"一般管理工具"→"复制中心"命令打开，如图 14-38 所示。也可在命令行下输入 db2rc 来打开。

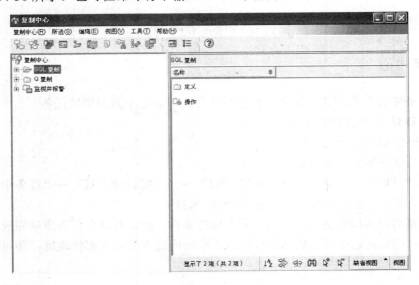

图 14-38　复制中心工作界面

14.3.11 日志

日志可查看在"控制中心"及其组件中生成的历史信息的内容。在"日志"中维护了若干个视图，以便更好地组织其数据。视图包括如下四项。

- 任务历史。
- 数据库历史。
- 消息。
- 通知日志。

通过"开始"→"程序"→"IBM DB2"→"一般管理工具"→"日志"命令，将"日志"打开，如图 14-39 所示。也可在命令行下输入 db2 journal 来打开。

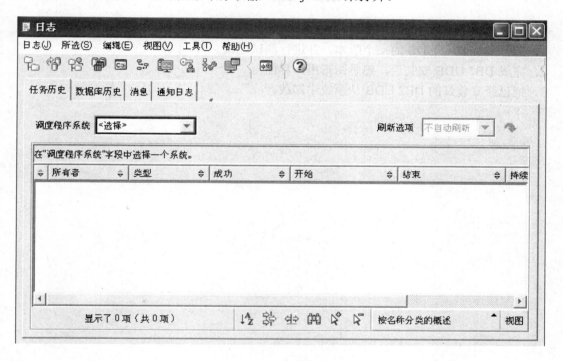

图 14-39　DB2 日志工作界面

该工具的四个选项卡，提供了以下信息。

（1）任务历史记录。显示以前执行过的任务的结果。对于每次执行完毕的任务，可以执行以下操作。

- 查看执行结果。
- 查看执行过的任务。
- 编辑执行过的任务。
- 查看任务的执行统计数据。
- 从日志中删除执行对象。

（2）数据库历史记录。显示来自恢复历史文件的信息。

（3）消息。显示以前从控制中心和其他 GUI 工具发出的消息。

（4）通知日志。显示来自管理通知日志的信息。

14.4   本章小结

通过本章的学习使读者对 DB2 数据库有一个初步的了解和认识，以及能够正确地完成 DB2 的安装、卸载及样本数据库的创建，还介绍了 DB2 中各个级别的对象。希望有关理论对读者以后的学习有所帮助，由于本书的侧重点不同，对于每个理论不能一一详述，具体内容请参见有关 DB2 的书籍。

14.5   练　习

1. 选择安装 DB2 UDB 的一个版本，并进行测试连接。
2. 完成 DB2 UDB 安装后，熟悉图形用户界面。
3. 把已经安装好的 DB2 UDB 从系统中卸载。